中等职业学校机电类规划教材

计算机辅助设计与制造系列

AutoCAD 2009 中文版 辅助机械制图项目教程

姜勇 姜军 编著

人民邮电出版社

北京

图书在版编目（CIP）数据

AutoCAD 2009中文版辅助机械制图项目教程 / 姜勇，
姜军编著.—北京：人民邮电出版社，2009.5(2019.9 重印)
(计算机辅助设计与制造系列)
中等职业学校机电类规划教材
ISBN 978-7-115-19768-9

I. A… II.①姜…②姜… III.机械制图：计算机制图—应用软件，AutoCAD 2009—专业学校—教材 IV.TH126

中国版本图书馆CIP数据核字（2009）第030838号

内 容 提 要

本书采用项目教学法，介绍 AutoCAD 基本功能，重点培养学生 AutoCAD 绘图技能，提高解决实际问题的能力。

全书共有 12 个绘图项目，主要内容包括 AutoCAD 用户界面及基本操作，创建及设置图层，创建二维基本对象，编辑图形，书写文字及标注尺寸，查询图形信息，图块及外部参照的应用，画机械图的方法和技巧，创建三维实体模型，图形输出等。

本书可作为中等职业学校机械类、电子类及工业设计等专业“计算机辅助设计与绘图”课程的教材，也可供广大工程技术人员及计算机爱好者学习参考。

中等职业学校机电类规划教材

计算机辅助设计与制造系列

AutoCAD 2009 中文版辅助机械制图项目教程

◆ 编　　著　姜　勇　姜　军
责任编辑　王　平

◆ 人民邮电出版社出版发行　　北京市丰台区成寿寺路 11 号
邮编　100164　　电子邮件　315@ptpress.com.cn
网址　http://www.ptpress.com.cn
固安县铭成印刷有限公司印刷

◆ 开本：787×1092　1/16
印张：15　　　　2009 年 5 月第 1 版
字数：363 千字　　　　2019 年 9 月河北第 11 次印刷

ISBN 978-7-115-19768-9/TP

定价：24.00 元

读者服务热线：(010)81055256　印装质量热线：(010)81055316
反盗版热线：(010)81055315

丛书前言

我国加入WTO以后，国内机械加工行业和电子技术行业得到快速发展。国内机电技术的革新和产业结构的调整成为一种发展趋势。因此，近年来企业对机电人才的需求量逐年上升，对技术工人的专业知识和操作技能也提出了更高的要求。相应地，为满足机电行业对人才的需求，中等职业学校机电类专业的招生规模在不断扩大，教学内容和教学方法也在不断调整。

为了适应机电行业快速发展和中等职业学校机电专业教学改革对教材的需要，我们在全国机电行业和职业教育发展较好的地区进行了广泛调研；以培养技能型人才为出发点，以各地中职教育教研成果为参考，以中职教学需求和教学一线的骨干教师对教材建设的要求为标准，经过充分研讨与论证，精心规划了这套《中等职业学校机电类规划教材》，包括六个系列，分别为《专业基础课程与实训课程系列》、《数控技术应用专业系列》、《模具设计与制造专业系列》、《机电技术应用专业系列》、《计算机辅助设计与制造系列》、《电子技术应用专业系列》。

本套教材力求体现国家倡导的“以就业为导向，以能力为本位”的精神，结合职业技能鉴定和中等职业学校双证书的需求，精简整合理论课程，注重实训教学，强化上岗前培训；教材内容统筹规划，合理安排知识点、技能点，避免重复；教学形式生动活泼，以符合中等职业学校学生的认知规律。

本套教材广泛参考了各地中等职业学校的教学计划，面向优秀教师征集编写大纲，并在国内机电行业较发达的地区邀请专家对大纲进行了多次评议及反复论证，尽可能使教材的知识结构和编写方式符合当前中等职业学校机电专业教学的要求。

在作者的选择上，充分考虑了教学和就业的实际需要，邀请活跃在各重点学校教学一线的“双师型”专业骨干教师作为主编。他们具有深厚的教学功底，同时具有实际生产操作的丰富经验，能够准确把握中等职业学校机电专业人才培养的客观需求；他们具有丰富的教材编写经验，能够将中职教学的规律和学生理解知识、掌握技能的特点充分体现在教材中。

为了方便教学，我们免费为选用本套教材的老师提供教学辅助资源，教学辅助资源的内容为教材的习题答案、模拟试卷和电子教案（电子教案为教学提纲与书中重要的图表，以及不便在书中描述的技能要领与实训效果）等教学相关资料，部分教材还配有便于学生理解和操作演练的多媒体课件，以求尽量为教学中的各个环节提供便利。老师可到人民邮电出版社教学服务与资源网（http://www.ptpedu.com.cn）下载相关的教学辅助资源。

我们衷心希望本套教材的出版能促进目前中等职业学校的教学工作，并希望能得到职业教育专家和广大师生的批评与指正，以期通过逐步调整、完善和补充，使之更符合中职教学实际。

欢迎广大读者来电来函。

电子函件地址：wangyana@ptpress.com.cn, wangping@ptpress.com.cn

读者服务热线：010-67143005, 67178969, 67184065

计算机技术与工程设计技术的结合，产生了极具生命力的新兴交叉技术——CAD 技术。AutoCAD 是 CAD 技术领域中一个基础性的应用软件包，由美国 Autodesk 公司研制开发。由于 AutoCAD 具有丰富的绘图功能及简便易学的优点，受到了广大工程技术人员的普遍欢迎。目前，AutoCAD 已广泛应用于机械、电子、建筑、服装、船舶等工程设计领域，极大地提高了设计人员的工作效率。

本书根据教育部职业教育与成人教育司组织制订的《中等职业学校计算机及应用专业教学指导方案》的要求，以《全国计算机信息高新技术考试技能培训和鉴定标准》中的“职业技能四级”（操作员）的知识点为标准，针对中等职业学校的教学需求而编写。通过本书的学习，读者可以掌握 AutoCAD 的基本操作方法和应用技巧，并顺利通过相关的职业技能考核。

本书具有以下特色。

- 以“任务驱动，项目教学”为出发点，将理论知识的讲解融于绘图项目中，从而使学生的学习具有很强的目的性，极大地增强了学生的学习兴趣，提高了学习效果。
- 任务多、练习多是本书另一突出特色。通过大量的实践训练，使学生熟练掌握 AutoCAD 绘图命令，增强绘图技能。
- 学生通过学习用 AutoCAD 绘制典型零件图的方法学会一些实用作图技巧，可提高解决实际问题的能力。

本课程的教学时数为 72 课时，各项目的教学课时可参见下面的课时分配表。

项 目	课程内容	课时分配（学时）	
		理论讲授	实践训练
项目一	了解用户界面及学习基本操作	1	1
项目二	绘制直线构成的平面图形	3	6
项目三	绘制直线、圆构成的平面图形	3	6
项目四	绘制多边形、椭圆等对象组成的平面图形	3	6
项目五	绘制倾斜图形	2	6
项目六	绘制圆点、图块等对象组成的图形	2	6
项目七	书写文字	1	2
项目八	标注尺寸	2	6
项目九	绘制零件图	1	6
项目十	绘制装配图	1	2
项目十一	打印图形	1	1
项目十二	创建三维实体模型	2	2
课时总计		22	50

本书可作为中等职业学校机械类、电子类及工业设计等专业“计算机辅助设计与绘图”课程的教材，也可作为广大工程技术人员及计算机爱好者的自学参考书。

本书由姜勇、姜军编著，参加编写工作的还有沈精虎、黄业清、宋一兵、谭雪松、向先波、冯辉、郭英文、计晓明、董彩霞、郝庆文、滕玲、管振起等。由于编者水平有限，书中难免存在疏漏之处，恳请读者指正。

编者

2009 年 2 月

目　录

项 目 一

了解用户界面及学习基本操作

本项目的任务是使读者了解 AutoCAD2009 用户界面的组成及各组成部分的功能，并掌握一些常用基本操作。为了叙述简洁，以下简称软件 AutoCAD。

学习目标

- AutoCAD 用户界面的组成。
- 调用 AutoCAD 命令的方法。
- 选择对象的常用方法。
- 快速缩放、移动图形及全部缩放图形。
- 重复命令和取消已执行的操作。
- 创建图层，设置线型、线宽等。

任务一 熟悉及布置用户界面

本任务内容包括了解 AutoCAD 主要组成部分的功能，打开或关闭功能区及工具栏，切换工作空间等。

一、了解 AutoCAD 用户界面

启动 AutoCAD 2009 后，其用户界面如图 1-1 所示。该界面主要由菜单浏览器、快速访问工具栏、功能区、绘图窗口、滚动条、命令提示窗口、状态栏等部分组成。下面通过操作练习来熟悉 AutoCAD 用户界面。

【步骤解析】

1. 单击菜单浏览器图标，弹出菜单列表，选择菜单命令【工具】/【选项板】/【功能区】，关闭功能区。
2. 再次单击菜单浏览器图标，弹出菜单列表，选择菜单命令【工具】/【选项板】/【功能区】，打开功能区。
3. 单击功能区中的【注释】标签，展开【注释】选项卡，再单击该选项卡【标注】面板上的按钮，展开面板。面板右下角有按钮，单击此按钮，固定面板。
4. 用鼠标右键单击任一选项卡标签，弹出快捷菜单，选择【选项卡】/【注释】选项，关

闭【注释】选项卡。

5. 单击功能区中的【常用】标签，展开【常用】选项卡。用鼠标右键单击该选项卡的任一面板，弹出快捷菜单，选择【面板】/【修改】选项，关闭【修改】面板。

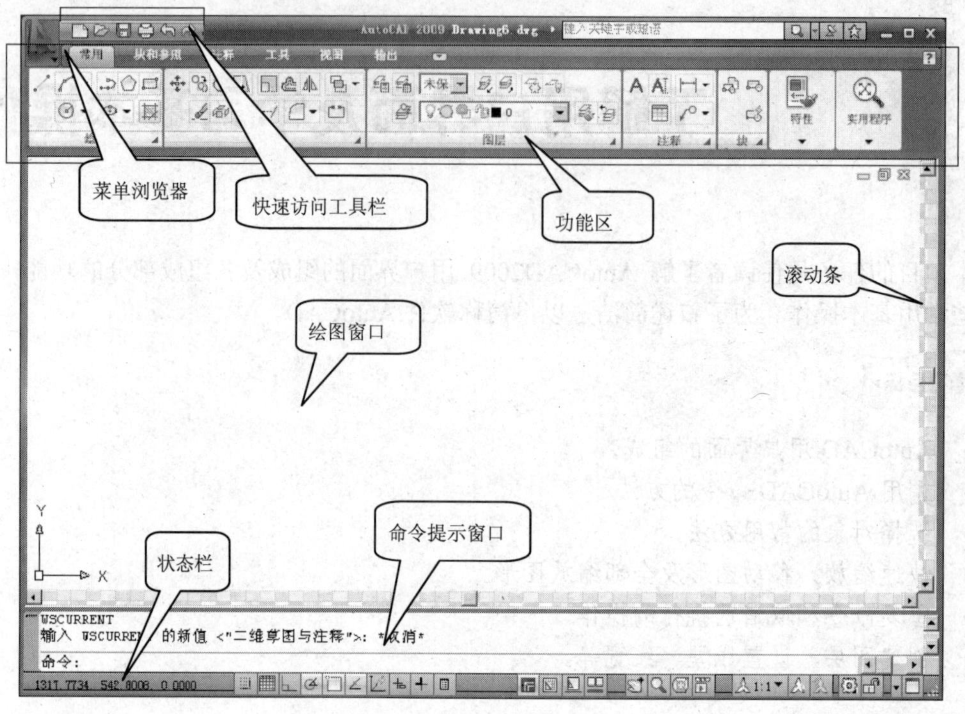

图1-1 AutoCAD 用户界面

6. 单击功能区顶部的按钮，收拢功能区，仅显示选项卡及面板的文字标签，再次单击该按钮，面板的文字标签消失，继续单击该按钮，展开功能区。
7. 用鼠标右键单击任一选项卡标签，选择【浮动】选项，则功能区位置变为可动。将光标放置在功能区的标题栏上，按住鼠标左键移动光标，改变功能区的位置。
8. 命令提示窗口位于 AutoCAD 2009 程序窗口的底部，用户输入的命令、系统的提示信息等都反映在此窗口中。将鼠标指针放在窗口的上边缘，鼠标指针变成双向箭头，按住鼠标左键向上拖动就可以增加命令窗口显示的行数。按 F2 键将打开命令提示窗口，再次按 F2 键可关闭此窗口。
9. 绘图窗口是用户绘图的工作区域，该区域无限大，其左下方有一个表示坐标系的图标，图标中的箭头分别指示 x 轴和 y 轴的正方向。在绘图区域中移动光标，状态栏上将显示光标点的坐标读数。单击该坐标区可以改变坐标的显示方式。
10. 单击程序窗口右下角的按钮，使绘图窗口全屏显示，再次单击该按钮，又恢复原来的显示。
11. 在绘图区域中单击鼠标右键，弹出快捷菜单，选择【选项】，打开【选项】对话框。进入【配置】选项卡，选择【重置】选项，恢复 AutoCAD 的默认界面。

二、打开及布置工具栏

工具栏提供了访问 AutoCAD 命令的快捷方式，它包含了许多命令按钮，只需单击某个按钮，AutoCAD 就会执行相应命令。

在工具栏中，有些按钮是单一型的，有些则是嵌套型的（按钮图标右下角带有小黑三角形）。在嵌套型按钮上按住鼠标左键，将弹出嵌套的命令按钮。

【步骤解析】

1. 将鼠标指针移动到快速访问工具栏的任一按钮上，单击鼠标右键，选择【工具栏】/【AutoCAD】/【绘图】选项，打开【绘图】工具栏。
2. 用同样的方法打开【修改】工具栏。
3. 改变【修改】工具栏的位置。将鼠标指针移动到该工具栏边缘处或头部的双线处，按下鼠标左键并移动，工具栏就随光标移动，如图 1-2 所示。
4. 改变【修改】工具栏的形状。将鼠标指针放置在拖出的【修改】工具栏的边缘处，当其变成双向箭头时，按住鼠标左键拖动，工具栏形状就发生变化，如图 1-2 所示。

图1-2 打开及布置工具栏

三、切换工作空间

工作空间是 AutoCAD 用户界面中工具栏、面板及选项板等元素的组合。当用户绘制二维或三维图形时，就切换到相应的工作空间，此时，AutoCAD 仅显示出与绘图任务密切相关的工具栏及面板等，而隐藏一些不必要的界面元素。

AutoCAD 提供的默认工作空间有以下 3 种。

- 二维草图与注释。
- 三维建模。
- AutoCAD 经典。

【步骤解析】

1. 单击状态栏上的⚙按钮，弹出快捷菜单，该菜单中【二维草图与注释】选项被选中，表明现在处于【二维草图与注释】工作空间。选择该选项，AutoCAD 重新更新用户界面，恢复【二维草图与注释】工作空间的原有设置，已打开的【绘图】及【修改】工具栏被关闭。

2. 单击⚙按钮，选择【AutoCAD 经典】选项，切换至以前版本的默认工作空间。
3. 单击⚙按钮，选择【三维建模】选项，切换至三维建模工作空间。

四、在模型空间及图纸空间切换

AutoCAD 提供了两种绘图环境：模型空间及图纸空间。默认情况下，AutoCAD 的绘图环境是模型空间，用户在这里按实际尺寸绘制二维或三维图形。

图纸空间提供了一张虚拟图纸（与手工绘图时的图纸类似），用户可在这张图纸上将模型空间的图样按不同缩放比例布置在图纸上。

【步骤解析】

1. 单击状态栏上的⚙按钮，选择【二维草图与注释】选项，切换至【二维草图与注释】工作空间。
2. 单击快速访问工具栏上的按钮，打开教学资源文件“项目 1\素材\1-1-A.dwg”。
3. 单击状态栏上的按钮，切换到图纸空间。
4. 单击按钮，切换到模型空间。
5. 单击状态栏上的按钮，出现【模型】、【布局 1】及【布局 2】3 个预览图，如图 1-3 所示。它们分别代表模型空间中的图形、“图纸 1”上的图形、“图纸 2”上的图形。单击其中之一，就切换到相应图形。

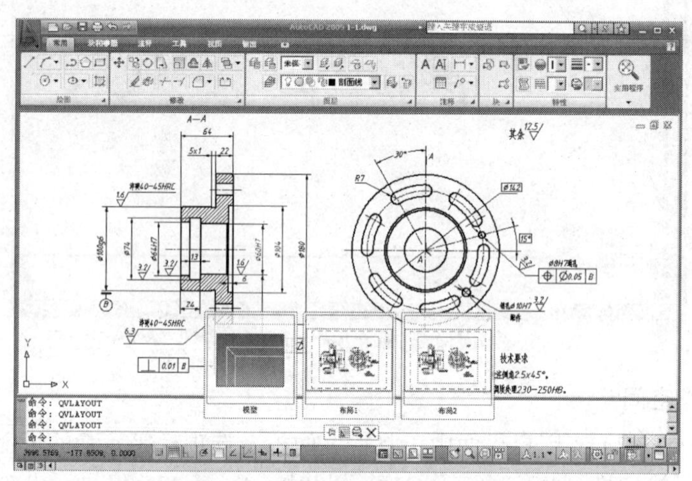

图1-3 在模型空间及图纸空间切换

五、预览打开的文件及在文件间切换

AutoCAD 是一个多文档设计环境，用户可以同时打开多个图形文件。此设计环境具有 Windows 窗口的剪切、复制、粘贴等功能，因而可以快捷地在各个图形文件间拷贝、移动对象。如果考虑到复制的对象需要在其他的图形中准确定位，则还可以在复制对象的同时指定基准点，这样在执行粘贴操作时就可以根据基准点将图元复制到正确的位置。

【步骤解析】

1. 单击【快速访问】工具栏上的按钮，打开教学资源文件“项目 1\素材\1-1-B.dwg”。
2. 单击程序窗口底部的按钮，显示出所有打开文件的预览图，如图 1-4 所示，已打开 2 个文件，预览图则显示了 2 个文件中的图形。

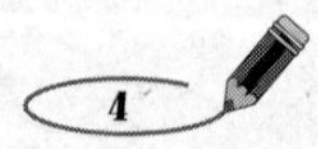

3. 单击某一预览图，就切换到该图形。

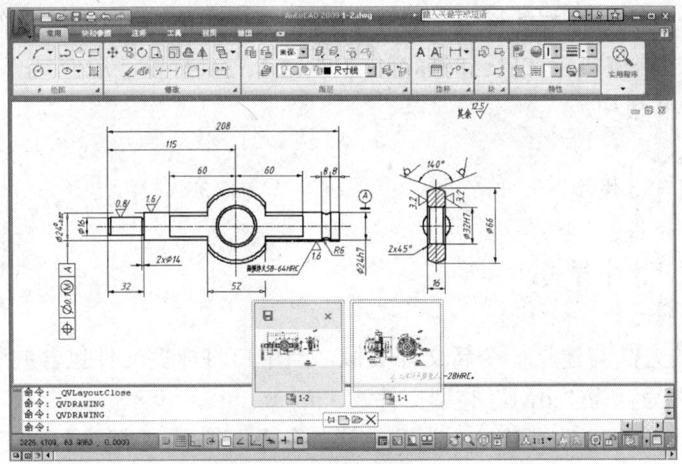

图1-4　预览文件及在文件间切换

任务二　绘制一个简单平面图形

本任务内容包括设定绘图区域的大小，调用 AutoCAD 命令，创建符合国标的图层，选择对象及删除对象，快速移动及缩放图形等。

一、利用样板文件创建新图形

在具体的设计工作中，许多项目都需要设定为相同标准，如字体、标注样式、图层、标题栏等。保证所有文件具有相同标准的有效方法是使用样板文件，在样板文件中包含了各种标准设置，当建立新图时，就以样板文件为原型进行创建，这样新图就具有与样板图相同的设置。

另一种保证图形具有相同标准的方法是打开一个文件，然后将该文件另存为新文件。

【步骤解析】

单击菜单浏览器，选择菜单命令【文件】/【新建】（或单击快速访问工具栏上的□按钮，创建新图形），打开【选择样板】对话框，如图 1-5 所示。该对话框中列出了许多用于创建新图形的样板文件，默认的样板文件是“acadiso.dwt”。单击 打开(O) 按钮，开始绘制新图形。

图1-5　【选择样板】对话框

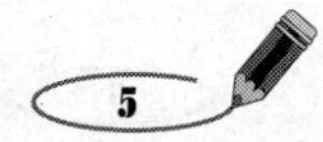

【知识链接】

AutoCAD 中有许多标准的样板文件，它们都保存在"Template"文件夹中，扩展名是".dwt"。用户可根据需要建立自己的标准样板，这个标准样板一般应具有以下一些设置。

- 单位类型和精度。
- 图形界限。
- 图层、颜色、线型。
- 标题栏、边框。
- 标注样式及文字样式。
- 常用标注符号。

创建样板图的方法与建立一个新文件类似，当用户将样板文件包含的所有标准项目设置完成后，将此文件另存为".dwt"类型文件。

当要通过样板图创建新图形时，选择菜单命令【文件】/【新建】，打开【选择样板】对话框，通过该对话框找到所需的样板文件，单击 打开(O) 按钮，AutoCAD 就以此文件为样板创建新图形。

二、设定绘图区域的大小

AutoCAD 的绘图空间是无限大的，但用户可以设定在程序窗口中显示出的绘图区域的大小。绘图时，事先对绘图区域的大小进行设定将有助于用户了解图形分布的范围。当然，也可在绘图过程中随时缩放（使用按钮）图形以控制其在屏幕上显示的效果。

用 LIMITS 命令设定绘图区域大小，该命令可以改变栅格的长宽尺寸及位置。所谓栅格是点在矩形区域中按行、列形式分布形成的图案，如图 1-6 所示。当栅格在程序窗口中显示出来以后，用户就可以根据栅格分布的范围估算出当前绘图区的大小了。

【步骤解析】

1. 选择菜单命令【格式】/【图形界限】，AutoCAD 命令行提示如下。

```
命令: '_limits
指定左下角点或 [开(ON)/关(OFF)] <0.0000,0.0000>:100,80
            //输入 A 点的 x、y 坐标值，或任意单击一点，如图 1-6 所示
指定右上角点 <420.0000,297.0000>: @500,500
            //输入 B 点相对于 A 点的坐标，按 Enter 键
```

2. 将光标移动到程序窗口下方的按钮上，单击鼠标右键，选择【设置】选项，打开【草图设置】对话框，取消对【显示超出界线的栅格】复选项的选择。
3. 关闭【草图设置】对话框，单击按钮，打开栅格显示，再选择菜单命令【视图】/【缩放】/【范围】，使矩形栅格充满整个程序窗口。
4. 单击鼠标右键，选择【缩放】选项，按住鼠标左键向下拖动光标使矩形栅格缩小，如图 1-6 所示。该栅格的长宽尺寸是 500 × 500，且左下角点的 x、y 坐标为（100,80）。
5. 单击按钮，关闭栅格显示。

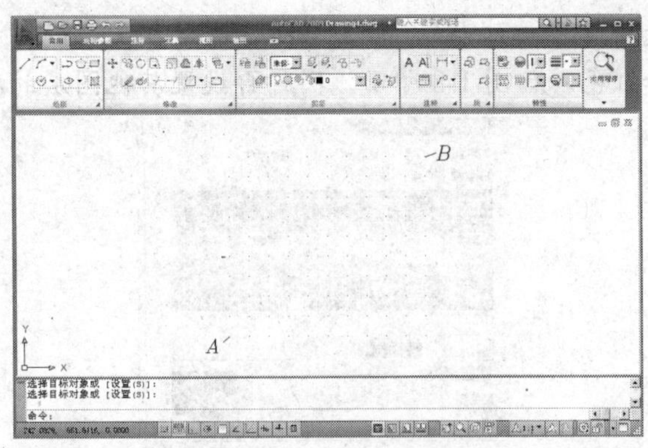

图1-6　设定绘图区域大小

绘制一个圆，将该圆充满整个图形窗口显示出来，依据圆的尺寸就能估计出当前绘图区的大小了。

三、设置符合国标的图层、线型、线宽及颜色

AutoCAD 的图形对象总是位于某个图层上。默认情况下，当前层是 0 层，此时所画的图形对象在 0 层上。每个图层都有与其相关联的颜色、线型及线宽等属性信息，用户可以对这些信息进行设定或修改。

下面创建以下图层并设置图层的颜色、线型及线宽。

名称	颜色	线型	线宽
轮廓线层	白色	Continuous	0.5
中心线层	红色	Center	默认
虚线层	黄色	dashed	默认
剖面线层	绿色	Continuous	默认
尺寸标注层	绿色	Continuous	默认
文字说明层	绿色	Continuous	默认

【步骤解析】

1. 单击【图层】面板上的按钮，打开【图层特性管理器】对话框，再单击按钮，列表框显示出名称为“图层 1”的图层，直接输入“轮廓线层”，按 Enter 键结束。
2. 再次按 Enter 键，又创建一个新图层。用同样的方法总共创建 6 个图层，结果如图 1-7 所示。图层“0”前有绿色标记“√”，表示该图层是当前层。

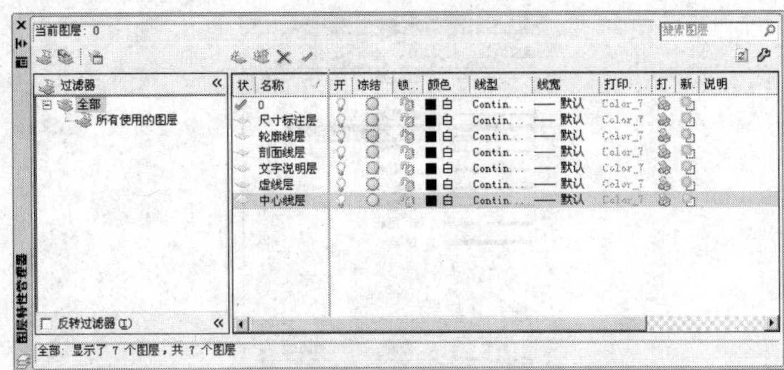

图1-7　创建图层

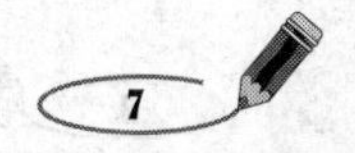

3. 指定图层颜色。选中“中心线层”，单击与所选图层相关联的图标■白色，弹出【选择颜色】对话框，选择红色，如图 1-8 所示。同样再设置其他图层的颜色。

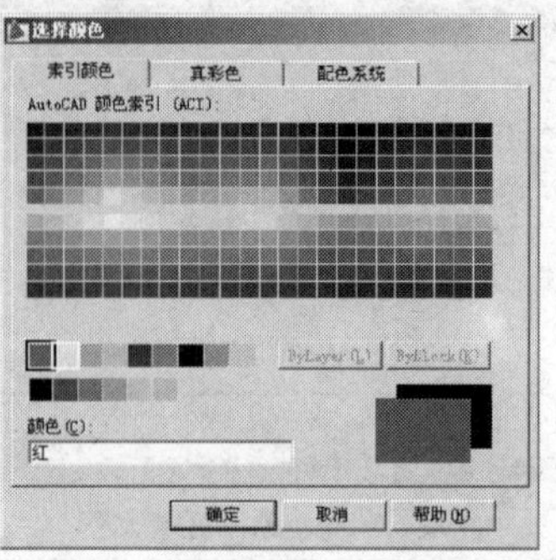

图1-8 【选择颜色】对话框

4. 给图层分配线型。默认情况下，图层线型是“Continuous”。选中“中心线层”，单击与所选图层相关联的“Continuous”，弹出【选择线型】对话框，如图 1-9 所示，通过此对话框，用户可以选择一种线型或从线型库文件中加载更多线型。
5. 单击 加载(L)... 按钮，打开【加载或重载线型】对话框，如图 1-10 所示。选择线型“CENTER”及“DASHED”，再单击 确定 按钮，这些线型就被加载到系统中。当前线型库文件是“acadiso.lin”，单击 文件(F)... 按钮，可选择其他的线型库文件。

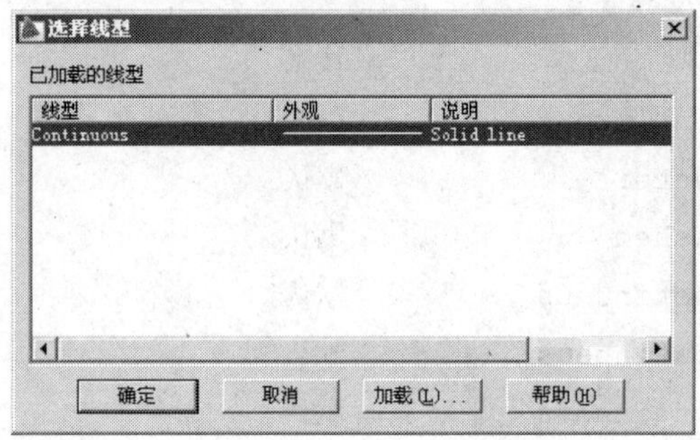

图1-9 【选择线型】对话框

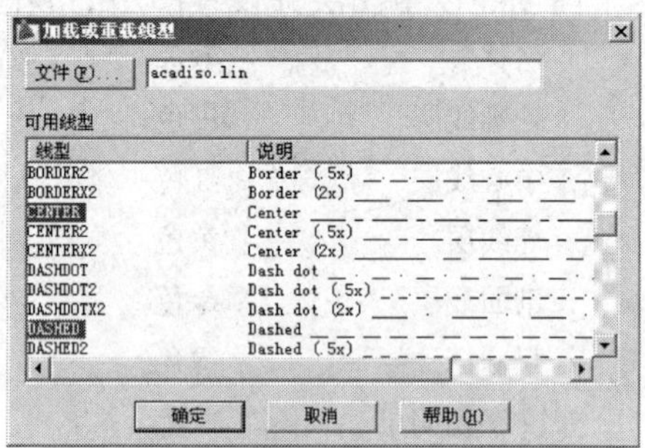

图1-10 【加载或重载线型】对话框

6. 返回【选择线型】对话框，选择“CENTER”，单击 确定 按钮，该线型就分配给“中心线层”。用相同的方法将“DASHED”线型分配给“虚线层”。
7. 设定线宽。选中“轮廓线层”，单击与所选图层相关联的图标—— 默认，弹出【线宽】对话框，指定线宽为“0.50 毫米”，如图 1-11 所示。

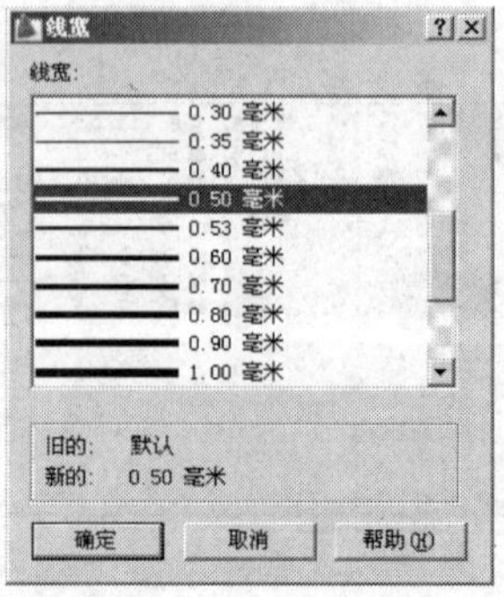

图1-11 【线宽】对话框

【知识链接】

(1) 在 AutoCAD 中，各种图线的颜色及采用的线型如表 1-1 所示，同一类型的图线应采用同样的颜色。

表 1-1　　图线的颜色

图线名称	线型	颜色
粗实线	Continuous	白色
细实线	Continuous	绿色
波浪线	Continuous	
双折线	Continuous	
虚线	Dashed	黄色
细点划线	Center	红色
粗点划线	Center	棕色
双点划线	Phantom	粉红色

(2) 如果要使图形对象的线宽在模型空间中显示得更宽或更窄一些，可以调整线宽比例。在状态栏的按钮上单击鼠标右键，弹出快捷菜单，选择【设置】命令，弹出【线宽设置】对话框，如图 1-12 所示，在【调整显示比例】分组框中移动滑块来改变显示比例值。

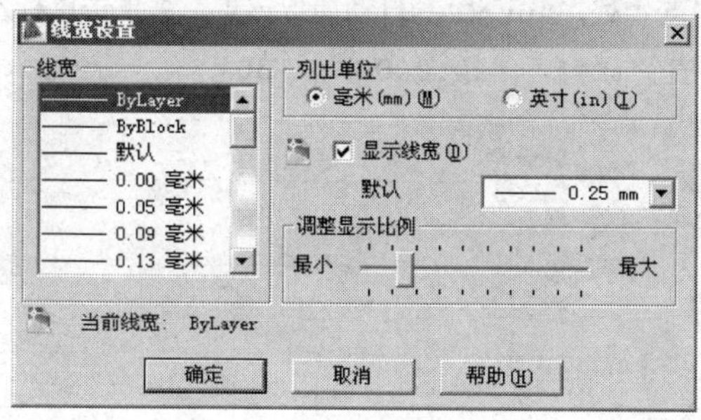

图1-12 【线宽设置】对话框

四、使用 AutoCAD 命令

启动 AutoCAD 命令的方法一般有两种，一种是在命令行中输入命令全称或简称，另一种是用鼠标选择一个菜单命令或单击工具栏中的命令按钮。

【步骤解析】

1. 指定当前层。打开【图层】面板中的【图层控制】下拉列表，选择轮廓线层，则该层成为当前层。
2. 按状态栏上的、及按钮，注意，不要按下按钮。
3. 单击功能区中【绘图】面板上的按钮，AutoCAD 命令行提示如下。

```
命令: _line 指定第一点:                    //单击 A 点，如图 1-13 所示
指定下一点或 [放弃(U)]: 500                 //向右移动光标，输入线段长度并按 Enter 键
指定下一点或 [闭合(C)/放弃(U)]: 100         //向下移动光标，输入线段长度并按 Enter 键
指定下一点或 [闭合(C)/放弃(U)]:             //按 Enter 键结束命令
命令:                                       //按 Enter 键重复画线命令
line 指定第一点:                            //单击 B 点，如图 1-13 所示
指定下一点或 [放弃(U)]: 400                 //向右移动光标，输入线段长度并按 Enter 键
```

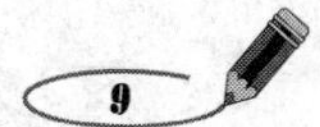

指定下一点或 [闭合(C)/放弃(U)]: 100　　//向下移动光标，输入线段长度并按 Enter 键
指定下一点或 [闭合(C)/放弃(U)]:　　//按 Enter 键结束命令
命令:　　//按 Enter 键重复画线命令
line 指定第一点:　　//单击 *C* 点，如图 1-13 所示
指定下一点或 [放弃(U)]: 300　　//向右移动光标，输入线段长度并按 Enter 键
指定下一点或 [闭合(C)/放弃(U)]: 100　　//向下移动光标，输入线段长度并按 Enter 键
指定下一点或 [闭合(C)/放弃(U)]:　　//按 Enter 键结束命令

结果如图 1-13 所示。

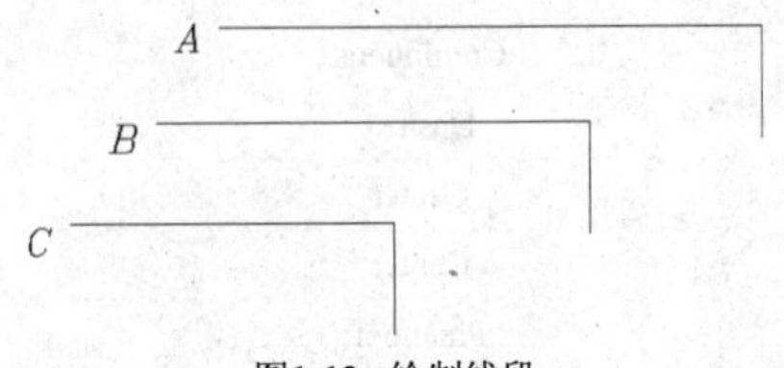

图1-13　绘制线段

4. 输入画圆命令全称 CIRCLE 或简称 C，AutoCAD 命令行提示如下。

命令: _circle 指定圆的圆心或 [三点(3P)/两点(2P)/相切、相切、半径(T)]:
//将光标移动到端点 *C* 处，AutoCAD 自动捕捉该点，再单击鼠标左键确认，如图 1-14 所示
指定圆的半径或 [直径(D)] <120.0000>: 100　　//输入圆半径，按 Enter 键

结果如图 1-14 所示。

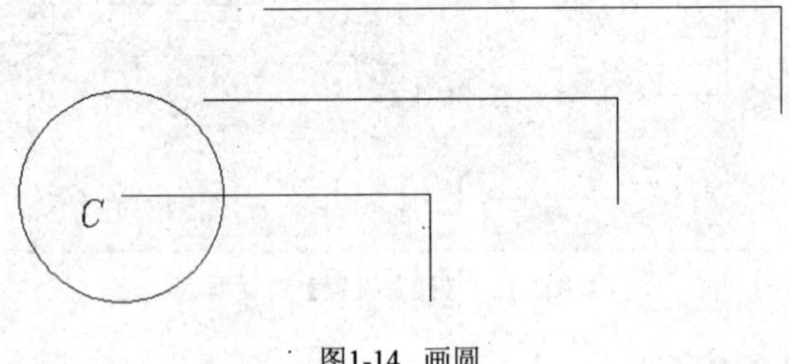

图1-14　画圆

5. 单击状态栏上的+按钮，显示线宽。

【知识链接】

AutoCAD 的命令执行过程是交互式的。当用户输入命令后，需按 Enter 键确认，系统才执行该命令。而执行过程中，系统有时要等待用户输入必要的绘图参数，如输入命令选项、点的坐标或其他几何数据等，输入完成后，也要按 Enter 键，系统才能继续执行下一步操作。

(1) 命令提示中方括弧“[ ]”里以“/”隔开的内容表示各个选项。若要选择某个选项，则需输入圆括号中的字母，可以是大写形式，也可以是小写形式，如想通过三点画圆，就输入“3P”。

(2) 命令提示中尖括号“<>”中的内容是当前默认值。

(3) 当使用某一命令时按 F1 键，AutoCAD 将显示该命令的帮助信息。也可将光标在命令按钮上放置片刻，则 AutoCAD 在按钮附近显示该命令的简要提示信息。

(4) AutoCAD 绘图时，用户多数情况下是通过鼠标发出命令的。鼠标各按键定义如下。

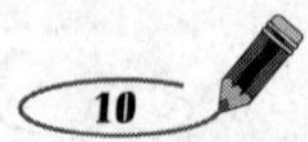

- 左键：拾取键。用于单击工具栏按钮及选取菜单选项，以发出命令，也可以在绘图过程中指定点和选择图形对象等。
- 右键：一般作为回车键，命令执行完成后，常单击鼠标右键来结束命令。在有些情况下，单击鼠标右键将弹出快捷菜单，该菜单上有【确认】选项。
- 滚轮：转动滚轮，将放大或缩小图形，默认情况下，缩放增量为 10%。按住滚轮并拖动鼠标，则平移图形。

五、选择、删除对象及取消已执行的操作

利用 ERASE 命令删除对象，然后再恢复对象。

【步骤解析】

1. 单击功能区中【修改】面板上的按钮（删除对象），AutoCAD 命令行提示如下。

```
命令: _erase
选择对象:                  //单击 A 点，如图 1-15 左图所示
指定对角点: 找到 1 个      //向右下方拖动光标，出现一个实线矩形窗口
                           //在 B 点处单击一点，矩形窗口内的圆被选中，被选对象变为虚线
选择对象:                  //按 Enter 键删除圆
命令:ERASE                 //按 Enter 键重复命令
选择对象:                  //单击 C 点
指定对角点: 找到 2 个      //向左下方拖动光标，出现一个虚线矩形窗口
                           //在 D 点处单击一点，矩形窗口内及与该窗口相交的所有对象都被选中
选择对象:                  //按 Enter 键删除两条线段
```

结果如图 1-15 右图所示。

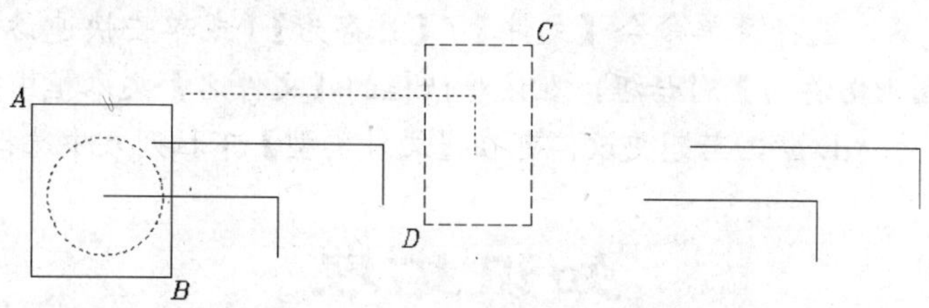

图1-15 删除对象

2. 单击快速访问工具栏上的按钮，被删除的两条线段恢复出来，再次单击该按钮，被删除的圆也恢复出来。
3. 单击快速访问工具栏上的按钮，被恢复的圆消失，继续单击该按钮，被恢复的线段也消失。
4. 单击两次按钮，再次使被删除的圆和线段显示出来。

六、快速移动及缩放图形

AutoCAD 的图形缩放及移动功能是很完备的，使用起来也很方便。绘图时，经常通过状态栏上的、按钮来完成这两项功能。

【步骤解析】

1. 单击状态栏上的按钮并按 Enter 键，AutoCAD 进入实时缩放状态，光标变成放大镜

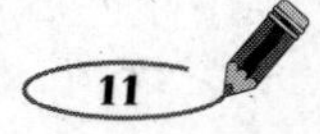

形状，此时按住鼠标左键向上拖动光标，放大图形，向下拖动光标缩小图形。按 Esc 键或 Enter 键退出实时缩放状态。也可单击鼠标右键，然后选择快捷菜单上的【退出】选项，实现这一操作。

2. 单击状态栏上的按钮，AutoCAD 进入实时平移状态，光标变成手的形状，此时按住鼠标左键并拖动光标，就可以平移视图。单击鼠标右键，打开快捷菜单，然后选择【退出】选项，退出实时平移状态。

七、窗口放大图形、全部显示图形及返回上一次的显示

在绘图过程中，用户经常要将图形的局部区域放大，以方便绘图。绘制完成后，又要返回上一次的显示或是将图形全部显示在程序窗口中，以观察绘图效果。利用【实用程序】面板的、及按钮可以实现这 3 项功能。

【步骤解析】

1. 单击【实用程序】面板上的按钮，指定矩形窗口的第一个角点，再指定另一角点，系统将尽可能地把矩形内的图形放大，以充满整个程序窗口。
2. 单击【实用程序】面板上的按钮，或者选择菜单命令【视图】/【缩放】/【范围】，则全部图形充满整个程序窗口显示出来。
3. 单击【实用程序】面板上的按钮，返回上一次的显示。
4. 单击鼠标右键，选择【缩放】选项，按住左键向下拖动光标，缩小图形。
5. 单击鼠标右键，选择【缩放】选项，再次单击鼠标右键，选择【窗口缩放】选项，按住鼠标左键拖出一个矩形，松开鼠标左键，系统放大矩形内的图形。
6. 单击鼠标右键，选择【缩放】选项，再次单击鼠标右键，选择【范围缩放】选项，则全部图形充满整个程序窗口显示出来。
7. 单击菜单浏览器，选择菜单命令【文件】/【另存为】(或单击快速访问工具栏上的按钮)，弹出【图形另存为】对话框，在该对话框的【文件名】文本框中输入新文件名。该文件默认类型为“dwg”，若想更改，可在【文件类型】下拉列表中选择其他类型。

知识拓展

以下主要介绍选择对象的方法及图层状态的控制等。

一、选择对象的常用方法

用户在使用编辑命令时，选择的多个对象将构成一个选择集。系统提供了多种构造选择集的方法。默认情况下，用户可以逐个地拾取对象或是利用矩形、交叉窗口一次选取多个对象。

(1) 用矩形窗口选择对象。

当系统提示选择要编辑的对象时，用户在图形元素的左上角或左下角单击一点，然后向右拖动鼠标，AutoCAD 显示一个实线矩形窗口，让此窗口完全包含要编辑的图形实体，再单击一点，则矩形窗口中所有对象（不包括与矩形边相交的对象）被选中，被选中的对象将以虚线形式表示出来。

下面通过 ERASE 命令来演示这种选择方法。

【案例1-1】 用矩形窗口选择对象。

【步骤解析】

打开教学资源文件"项目 1\素材\1-1.dwg"，如图 1-16 左图所示。用 ERASE 命令将左图修改为右图所示样式。

```
命令:_erase
选择对象:                          //在 A 点处单击一点，如图 1-16 左图所示
指定对角点: 找到 9 个               //在 B 点处单击一点
选择对象:                          //按 Enter 键结束
```

结果如图 1-16 右图所示。

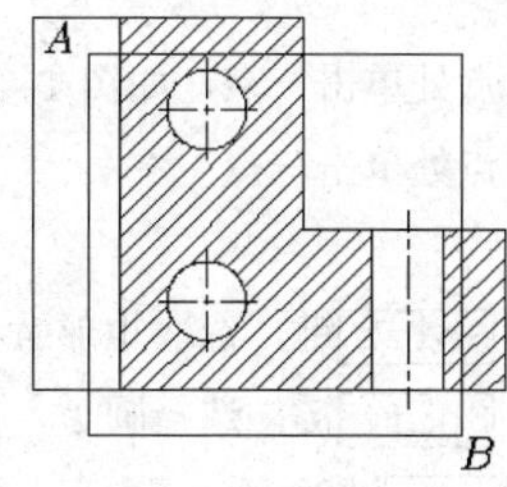

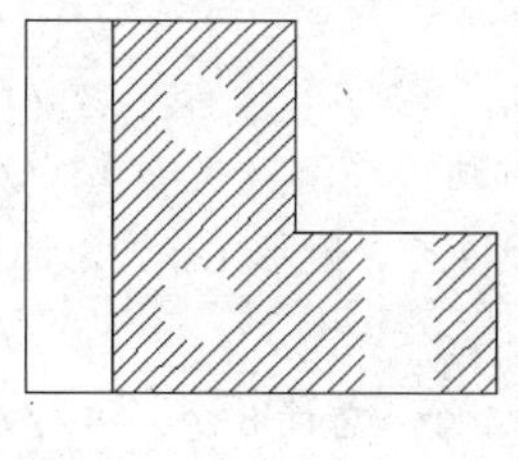

图1-16 用矩形窗口选择对象

(2) 用交叉窗口选择对象。

当 AutoCAD 提示"选择对象"时，在要编辑的图形元素右上角或右下角单击一点，然后向左拖动光标，此时出现一个虚线矩形框，使该矩形框包含被编辑对象的一部分，而让其余部分与矩形框边相交，再单击一点，则框内的对象和与框边相交的对象全部被选中。

下面通过 ERASE 命令来演示这种选择方法。

【案例1-2】 用交叉窗口选择对象。

【步骤解析】

打开教学资源文件"项目 1\素材\1-2.dwg"，如图 1-17 左图所示。用 ERASE 命令将左图修改为右图所示样式。

```
命令:_erase
选择对象:                          //在 C 点处单击一点，如图 1-17 左图所示
指定对角点: 找到 14 个              //在 D 点处单击一点
选择对象:                          //按 Enter 键结束
```

结果如图 1-17 右图所示。

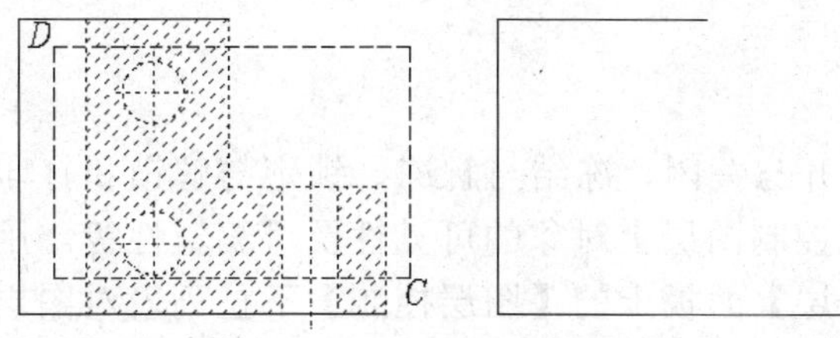

图1-17 用交叉窗口选择对象

(3) 给选择集添加或去除对象。

编辑过程中，用户构造选择集常常不能一次完成，需向选择集中添加或从选择集中删除对象。在添加对象时，可直接选取或利用矩形窗口、交叉窗口选择要加入的图形元素。若要删除对象，可先按住Shift键，再从选择集中选择要清除的多个图形元素。

下面通过 ERASE 命令来演示修改选择集的方法。

【案例1-3】 修改选择集。

【步骤解析】

打开教学资源文件"项目 1\素材\1-3.dwg"，如图 1-18 左图所示。用 ERASE 命令将左图修改为右图所示样式。

```
命令: _erase
选择对象:                              //在 C 点处单击一点，如图 1-18 左图所示
指定对角点: 找到 8 个                   //在 D 点处单击一点
选择对象: 找到 1 个，删除 1 个，总计 7 个
                                       //按住 Shift 键，选取矩形 A ，该矩形从选择集中去除
选择对象:找到 1 个，总计 8 个            //松开 Shift 键，选择圆 B
选择对象:                              //按 Enter 键结束
```

结果如图 1-18 右图所示。

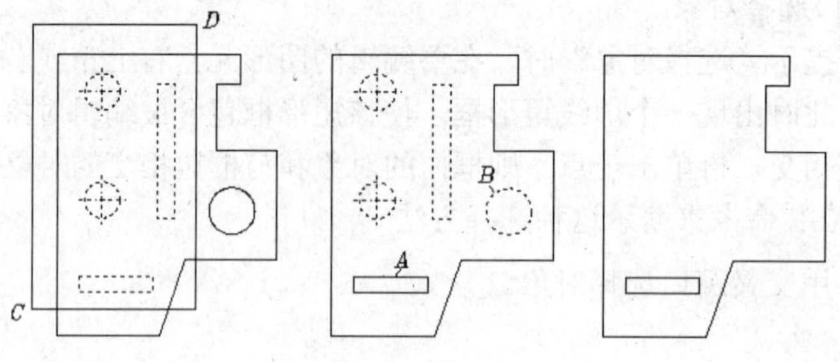

图1-18 修改选择集

二、撤销和重复命令

发出某个命令后，用户可随时按Esc键终止该命令。此时，系统又返回到命令行。

用户经常遇到的一个情况是在图形区域内偶然选择了图形对象，该对象上出现了一些高亮的小框，这些小框被称为关键点，可用于编辑对象，要取消这些关键点，按Esc键即可。

在绘图过程中，用户会经常重复使用某个命令，重复刚使用过的命令的方法是直接按Enter键。

三、控制图层状态

每个图层都具有打开与关闭、冻结与解冻、锁定与解锁和打印与不打印等状态，通过改变图层状态，就能控制图层上对象的可见性及可编辑性等。用户可以用【图层特性管理器】对话框或【图层】面板上的【图层控制】下拉列表对图层状态进行控制，如图 1-19 所示。

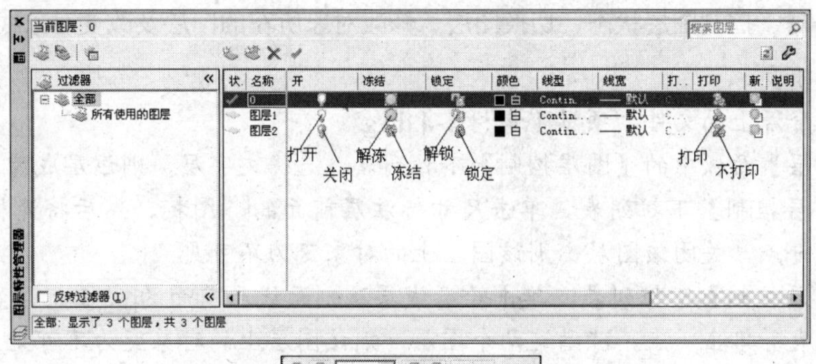

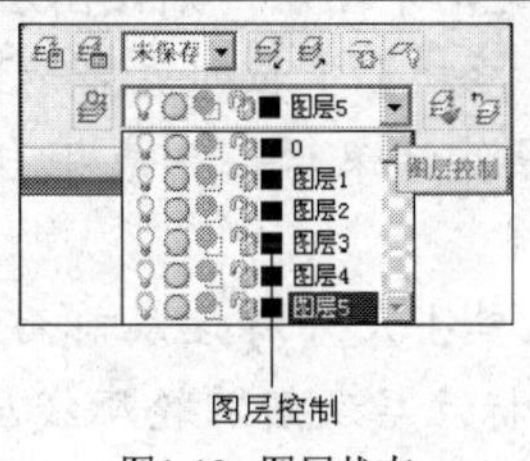

图1-19 图层状态

以下对图层状态作简要说明。

- 打开/关闭：单击图标，将关闭或打开某一图层。打开的图层是可见的，而关闭的图层则不可见，也不能被打印。当图形重新生成时，被关闭的层将一起被生成。
- 解冻/冻结：单击图标，将冻结或解冻某一图层。解冻的图层是可见的，冻结的图层为不可见的，也不能被打印。当重新生成图形时，系统不再重新生成被冻结层上的对象，因而冻结一些图层后，可以加快许多操作的速度。
- 解锁/锁定：单击图标，将锁定或解锁某一图层。被锁定的图层是可见的，但该图层上的对象不能被编辑。
- 打印/不打印：单击图标，就可设定图层是否能被打印。

四、修改对象图层、颜色、线型和线宽

用户通过【特性】面板上的【颜色控制】、【线型控制】和【线宽控制】下拉列表可以方便地修改或设置对象的颜色、线型及线宽等属性，如图 1-20 所示。默认情况下，这 3 个列表框中显示“BYLAYER”，“BYLAYER”的意思是所绘对象的颜色、线型及线宽等属性与当前层所设定的完全相同。

当要设置将要绘制的对象的颜色、线型及线宽等属性时，可直接在【颜色控制】、【线型控制】和【线宽控制】下拉列表中选择相应选项。

若要修改已有对象的颜色、线型及线宽等属性时，可先选择对象，然后在【颜色控制】、【线型控制】和【线宽控制】下拉列表中选择新的颜色、线型及线宽即可。

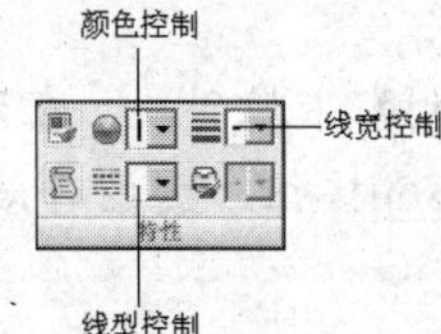

图1-20 【颜色控制】、【线型控制】和【线宽控制】下拉列表

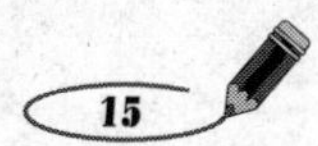

【案例1-4】 控制图层状态、切换图层、修改对象所在的图层及改变对象线型和线宽。

【步骤解析】

1. 打开教学资源上的文件“项目 1\素材\1-4.dwg”。
2. 打开【图层】面板中的【图层控制】下拉列表，选择文字层，则该层成为当前层。
3. 打开【图层控制】下拉列表，单击尺寸标注层前面的图标，然后将光标移出下拉列表并单击一点，关闭该图层，则该图层上的对象变为不可见。
4. 打开【图层控制】下拉列表，单击轮廓线层及剖面线层前面的图标，然后将光标移出下拉列表并单击一点，冻结这两个图层，则该图层上的对象变为不可见。
5. 选中所有黄色线条，则【图层控制】下拉列表显示这些线条所在的图层——虚线层。在该列表中选择中心线层，操作结束后，列表框自动关闭，被选对象转移到中心线层上。
6. 打开【图层控制】下拉列表，单击尺寸标注层前面的图标，再单击轮廓线层及剖面线层前面的图标，打开尺寸标注层及解冻轮廓线层和剖面线层，则 3 个图层上的对象变为可见。
7. 选中所有图形对象，打开【特性】面板上的【颜色控制】下拉列表，从列表中选择蓝色，则所有对象变为蓝色。改变对象线型及线宽的方法与修改对象颜色类似。

五、修改非连续线的外观

非连续线是由短横线、空格等构成的重复图案，图案中短线长度、空格大小由线型比例控制。用户绘图时常会遇到这样一种情况：本来想画虚线或点画线，但最终绘制出的线型看上去却和连续线一样，出现这种现象的原因是线型比例设置得太大或太小。

LTSCALE 是控制线型外观的全局比例因子，它将影响图样中所有非连续线型的外观，其值增加时，将使非连续线中短横线及空格加长，反之，会使它们缩短。图 1-21 所示为使用不同比例因子时，虚线及点画线的外观。

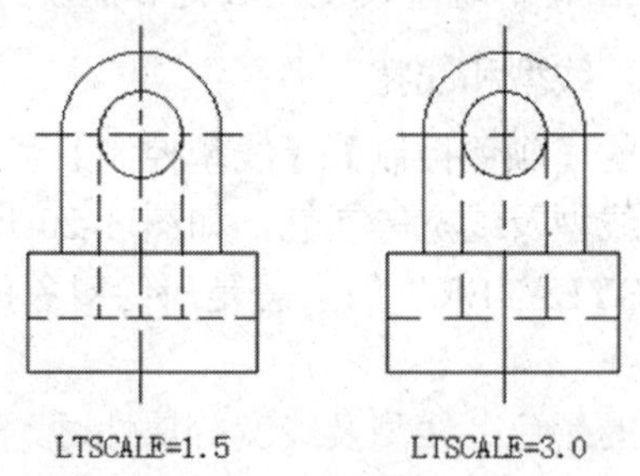

图1-21 全局线型比例因子对非连续线外观的影响

【案例1-5】 改变线型全局比例因子。

【步骤解析】

1. 打开【特性】面板上的【线型控制】下拉列表，在列表中选择“其他”选项，弹出【线型管理器】对话框，再单击显示细节(D)按钮，则该对话框底部出现【详细信息】分组框，如图 1-22 所示。

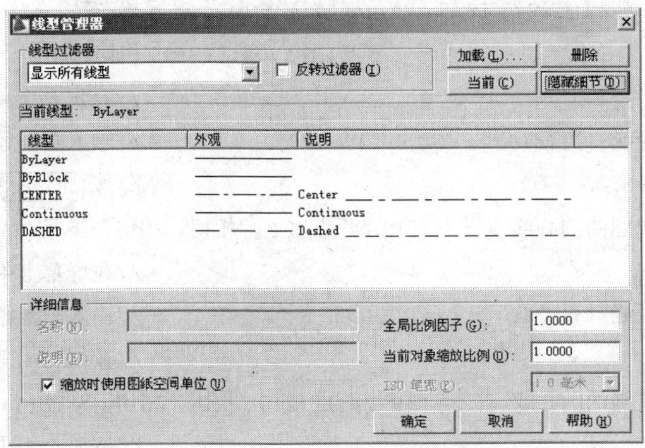

图1-22 【线型管理器】对话框

2. 在【详细信息】分组框的【全局比例因子】文本框中，输入新的比例值。

实训

设定绘图区域大小及创建图层等。

实训1 布置用户界面及设定绘图区域大小

1. 启动AutoCAD，打开【绘图】及【修改】工具栏并调整工具栏的位置，如图1-23所示。
2. 用鼠标右键单击功能区选项卡标签，选择“浮动”选项，调整功能区的位置，如图1-23所示。

图1-23 布置用户界面

3. 单击状态栏上的⚙按钮，选择【二维草图与注释】选项。
4. 利用AutoCAD提供的样板文件“Acad.dwt”创建新文件。
5. 设定绘图区域的大小为1 500×1 200。打开栅格显示。单击鼠标右键，选择【缩放】选项，再次单击鼠标右键，选择【范围缩放】选项，使栅格充满整个图形窗口显示出来。

6. 单击【绘图】工具栏上的按钮，AutoCAD 命令行提示如下。

```
命令: _circle 指定圆的圆心或 [三点(3P)/两点(2P)/相切、相切、半径(T)]:
                                                    //在屏幕上单击一点
指定圆的半径或 [直径(D)] <30.0000>: 1               //输入圆半径
命令:                                               //按 Enter 键重复上一个命令
CIRCLE 指定圆的圆心或 [三点(3P)/两点(2P)/相切、相切、半径(T)]:
                                                    //在屏幕上单击一点
指定圆的半径或 [直径(D)] <1.0000>: 5                //输入圆半径
命令:                                               //按 Enter 键重复上一个命令
CIRCLE 指定圆的圆心或 [三点(3P)/两点(2P)/相切、相切、半径(T)]: *取消*
                                                    //按 Esc 键取消命令
```

7. 单击【实用程序】面板上的按钮，使圆充满整个绘图窗口。
8. 单击鼠标右键，选择【选项】命令，打开【选项】对话框，在【显示】选项卡的【圆弧和圆的平滑度】栏中输入“10000”。
9. 利用状态栏上的、按钮移动和缩放图形。
10. 以文件名“User.dwg”保存图形。

实训 2　使用图层及修改线型比例

这个练习的内容包括创建图层、改变图层状态、将图形对象修改到其他图层上及修改线型比例等。

【步骤解析】

1. 打开教学资源文件“项目 1\素材\1-7.dwg”。
2. 创建图层如下。

尺寸标注	绿色	Continuous	默认
文字说明	绿色	Continuous	默认

3. 关闭“轮廓线”、“剖面线”及“中心线”层，将尺寸标注及文字说明分别修改到“尺寸标注”及“文字说明”层上。
4. 修改全局线型比例因子为“0.5”，然后打开“轮廓线”、“剖面线”及“中心线”层。
5. 将轮廓线的线宽修改为“0.7”。

项目小结

本项目主要内容总结如下。

- AutoCAD 工作界面主要由菜单浏览器、快速访问工具栏、功能区、绘图窗口、滚动条、命令提示窗口、状态栏等部分组成。其中功能区及快速访问工具栏中包含了许多命令按钮，单击按钮启动命令。
- AutoCAD 是一个多文档设计环境，用户可以在 AutoCAD 窗口中同时打开多个图形文件，并能在不同文件间复制几何元素、颜色、图层及线型等信息，这给

设计工作带来了很大的便利。

- AutoCAD 的绘图空间是无限大的，但用户可以设定在程序窗口中显示出的绘图区域大小。
- 调用 AutoCAD 命令的方法。在命令行中输入命令全称或简称，也可用鼠标选择一个菜单项或单击工具栏中的命令按钮。
- 按 Enter 键重复命令，按 Esc 键终止命令，单击按钮取消已执行的操作。
- 选择对象的常用方法。利用光标逐个选取对象，或是通过矩形窗口、交叉窗口一次选取多个对象。
- 绘图时，可以用状态栏上的按钮缩放图形，用按钮平移图形，也可以单击鼠标右键，通过【平移】、【缩放】选项完成此类任务。
- 创建图层，设置图层线型、线宽及颜色，控制图层的状态。

思考与练习

1. 下面这个练习内容包括重新布置用户界面、恢复用户界面及切换工作空间等。

(1) 打开【绘图】、【修改】、【对象捕捉】及【建模】工具栏，移动所有工具栏的位置，并调整【建模】工具栏的形状，如图 1-24 所示。

(2) 单击状态栏上的按钮，选择【二维草图与注释】选项，用户界面恢复成原始布置。

(3) 单击状态栏上的按钮，选择【AutoCAD 经典】选项，切换至【AutoCAD 经典】工作空间。

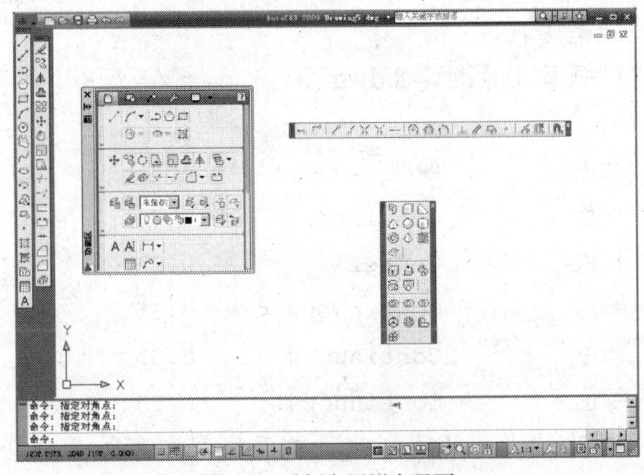

图1-24 重新布置用户界面

2. 下面这个练习内容包括创建及存储图形文件、新建图层，熟悉 AutoCAD 命令执行过程及快速查看图形等。

(1) 利用 AutoCAD 提供的样板文件"acadiso.dwt t"创建新文件。

进入【AutoCAD 经典】工作空间，用 LIMITS 命令设定绘图区域的大小为 1000×1000。

单击状态栏上的按钮，再单击菜单命令【视图】/【缩放】/【范围】，使栅格充满整个图形窗口显示出来。

创建以下图层。

名称	颜色	线型	线宽
轮廓线	白色	Continuous	0.70
中心线	红色	Center	默认

(2) 切换到轮廓线层，单击【绘图】面板上的⊙按钮，AutoCAD 命令行提示如下。

```
命令: _circle 指定圆的圆心或 [三点(3P)/两点(2P)/相切、相切、半径(T)]:
                                          //在屏幕上单击一点
指定圆的半径或 [直径(D)] <30.0000>: 50      //输入圆半径
命令:                                      //按Enter键重复上一个命令
CIRCLE 指定圆的圆心或 [三点(3P)/两点(2P)/相切、相切、半径(T)]:
                                          //在屏幕上单击一点
指定圆的半径或 [直径(D)] <50.0000>: 100     //输入圆半径
命令:                                      //按Enter键重复上一个命令
CIRCLE 指定圆的圆心或 [三点(3P)/两点(2P)/相切、相切、半径(T)]: *取消*
                                          //按Esc键取消命令
```

(3) 单击【绘图】面板上的╱按钮，绘制任意几条线段，然后将这些线段修改到中心线层上。

(4) 单击【特性】面板上的【线型控制】下拉列表，将线型全局比例因子修改为“2”。

(5) 单击【实用程序】面板上的按钮，使图形充满整个绘图窗口。

(6) 单击状态栏上的、按钮来移动和缩放图形。

(7) 以文件名“User.dwg”保存图形。

3. 下面这个练习的内容包括创建图层、控制图层状态、将图形对象修改到其他图层上及改变对象的颜色及线型等。

(1) 打开教学资源文件“项目 1\素材\1-8.dwg”。

创建以下图层。

名称	颜色	线型	线宽
轮廓线	白色	Continuous	0.70
中心线	红色	Center	0.35
尺寸线	绿色	Continuous	0.35
剖面线	绿色	Continuous	0.35
文本	绿色	Continuous	0.35

(2) 将图形的轮廓线、对称轴线、尺寸标注、剖面线及文字等分别修改到轮廓线层、中心线层、尺寸线层、剖面线层及文本层上。

(3) 通过【特性】面板上的【颜色控制】下拉列表，把尺寸标注及对称轴线修改为“蓝色”。

(4) 通过【特性】面板上的【线型控制】下拉列表，将轮廓线的线型修改为“Dashed”。

(5) 将轮廓线的线宽修改为“0.5”。

(6) 关闭或冻结尺寸线层。

项 目 二

绘制直线构成的平面图形

本项目的任务是绘制如图 2-1 所示的平面图形，该图形由线段组成。首先画出图形的外轮廓线，然后依次绘制图形的局部细节。

用 LINE、OFFSET、EXTEND、TRIM 等命令，绘制平面图形。

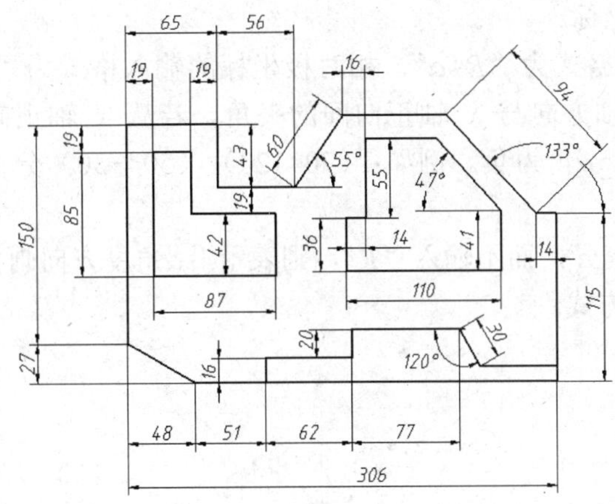

图2-1 画直线构成的图形

学习目标

- 输入端点的坐标绘制线段。
- 使用极轴追踪、对象捕捉及自动追踪功能绘制线段。
- 绘制平行线、任意角度斜线。
- 延伸线条及剪断线条。

任务一 输入坐标及使用辅助工具画线

输入点的坐标绘制图形外轮廓线，然后利用画线辅助工具绘制线段，具体绘图过程，如图 2-2 所示。

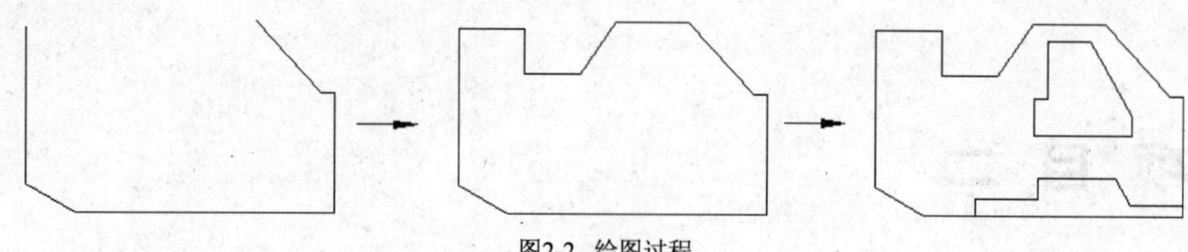

图2-2 绘图过程

一、输入点的坐标画线

LINE 命令可在二维或三维空间中创建线段，发出命令后，用户通过鼠标指定线的端点或利用键盘输入端点坐标，AutoCAD 就将这些点连接成线段。

常用的点坐标形式如下。

(1) 绝对或相对直角坐标。

绝对直角坐标的输入格式为“*x,y*”，相对直角坐标的输入格式为“@*x,y*”。*x* 表示点的 *x* 坐标值，*y* 表示点的 *y* 坐标值。两坐标值之间用“,”号分隔开。例如：(−60，30)、(40，70) 分别表示图 2-3 中的 *A*、*B* 点。

(2) 绝对或相对极坐标。

绝对极坐标的输入格式为“*R*<*α*”，相对极坐标的输入格式为“@*R*<*α*”。*R* 表示点到原点的距离，*α*表示极轴方向与 *x* 轴正向间的夹角。若从 *x* 轴正向逆时针旋转到极轴方向，则*α*角为正，否则，*α*角为负。例如：(70<120)、(50<−30) 分别表示图 2-3 中的 *C*，*D* 点。

画线时若只输入“<*α*”，而不输入“*R*”，则表示沿*α*角度方向画任意长度的直线，这种画线方式称为角度覆盖方式。

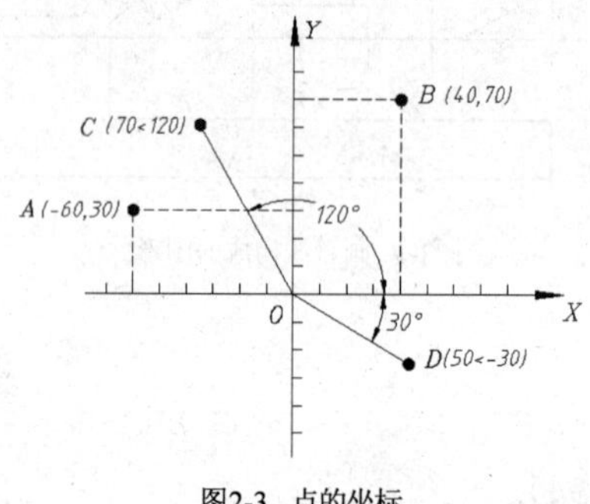

图2-3 点的坐标

【步骤解析】

1. 设定绘图区域大小为 300×300，单击【实用程序】面板上的按钮，使绘图区域充满整个图形窗口显示出来。
2. 单击【绘图】面板上的按钮或输入命令代号 LINE，启动画线命令。

```
命令: _line 指定第一点:                        //单击 A 点，如图 2-4 所示
指定下一点或 [放弃(U)]: @0,-150                //输入 B 点的相对直角坐标
指定下一点或 [放弃(U)]: @48,-27                //输入 C 点的相对直角坐标
指定下一点或 [闭合(C)/放弃(U)]: @258,0         //输入 D 点的相对直角坐标
指定下一点或 [闭合(C)/放弃(U)]: @0,115         //输入 E 点的相对直角坐标
```

指定下一点或 [闭合(C)/放弃(U)]: @-14,0 //输入 F 点的相对直角坐标
指定下一点或 [闭合(C)/放弃(U)]: @94<133 //输入 G 点的相对极坐标
指定下一点或 [闭合(C)/放弃(U)]: //按 Enter 键结束

结果如图 2-4 所示。

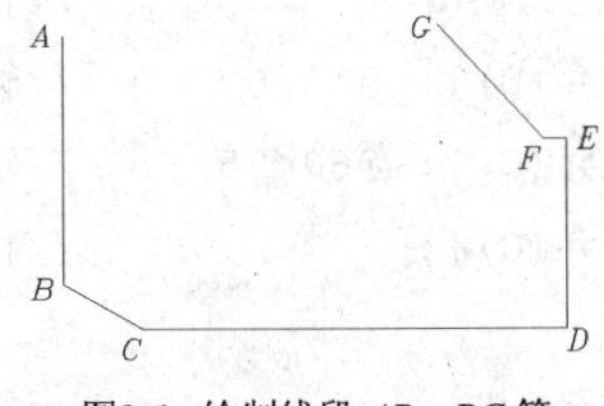

图2-4 绘制线段 AB、BC 等

【知识链接】LINE 命令选项如下。

(1) 指定第一点：在此提示下，用户需指定线段的起始点，若此时按 Enter 键，AutoCAD 将以上一次所画线段或圆弧的终点作为新线段的起点。

(2) 指定下一点：在此提示下，输入线段的端点，按 Enter 键后，AutoCAD 继续提示"指定下一点"，用户可输入下一个端点。若在"指定下一点"提示下按 Enter 键，则命令结束。

(3) 放弃(U)：在"指定下一点"提示下，输入字母 U，将删除上一条线段，多次输入 U，则会删除多条线段，该选项可以及时纠正绘图过程中的错误。

(4) 闭合(C)：在"指定下一点"提示下，输入字母 C，AutoCAD 将使连续折线自动封闭。

二、使用对象捕捉精确画线

画线时可打开对象捕捉功能，自动捕捉一些特殊的几何点，如圆心、端点及交点等，这样就能在这些几何点间精确连线了。也可以在画线的过程中根据需要输入某一类型点的捕捉代号，启动捕捉功能捕捉该种类型的点。

【步骤解析】

1. 单击状态栏上的□按钮，打开对象捕捉。再用鼠标右键单击此按钮，选择【设置】选项，弹出【草图设置】对话框，在该对话框的【对象捕捉】选项卡中设置自动捕捉类型为"端点"及"交点"，如图 2-5 所示。

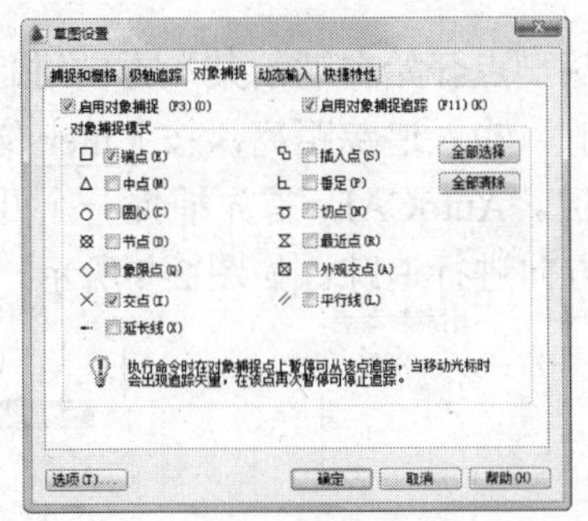

图2-5 【草图设置】对话框

2. 画线段 *HI*、*IJ* 等，*H* 及 *M* 点通过对象捕捉确定，如图 2-6 所示。

```
命令: _line 指定第一点:                      //将光标移动到 H 点处，AutoCAD 自动
                                                 捕捉该点，单击鼠标左键确认
指定下一点或 [放弃(U)]: @65,0                //输入 I 点的相对直角坐标
指定下一点或 [放弃(U)]: @0,-43               //输入 J 点的相对直角坐标
指定下一点或 [闭合(C)/放弃(U)]: @56,0        //输入 K 点的相对直角坐标
指定下一点或 [闭合(C)/放弃(U)]: @60<55       //输入 L 点的相对极坐标
指定下一点或 [闭合(C)/放弃(U)]:              //将光标移动到 M 点处，AutoCAD 自动
                                                 捕捉该点，单击鼠标左键确认
指定下一点或 [闭合(C)/放弃(U)]:              //按 Enter 键结束
```

结果如图 2-6 所示。

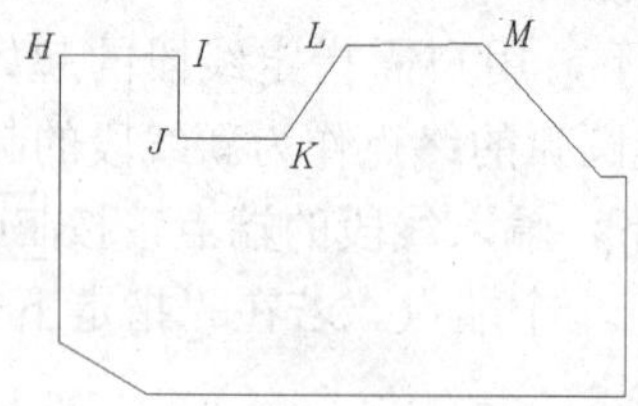

图2-6 绘制线段 *HI*、*IJ* 等

三、结合极轴追踪、对象捕捉及自动追踪功能画线

首先简要说明 AutoCAD 极轴追踪及自动追踪功能，然后通过练习掌握它们。

(1) 极轴追踪。

打开极轴追踪功能并启动 LINE 命令后，光标就沿用户设定的极轴方向移动，AutoCAD 在该方向上显示一条追踪辅助线及光标点的极坐标值，如图 2-7 所示。输入线段的长度，按 Enter 键，就绘制出指定长度的线段。

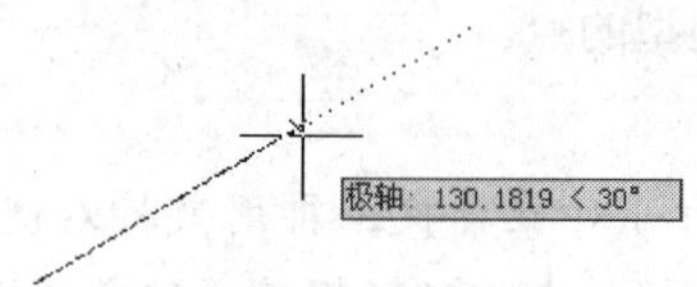

图2-7 极轴追踪

(2) 自动追踪。

自动追踪是指 AutoCAD 从一点开始自动沿某一方向进行追踪，追踪方向上将显示一条追踪辅助线及光标点的极坐标值。输入追踪距离，按 Enter 键，就确定新的点。在使用自动追踪功能时，必须打开对象捕捉。AutoCAD 首先捕捉一个几何点作为追踪参考点，然后沿水平、竖直方向或设定的极轴方向进行追踪，如图 2-8 所示。

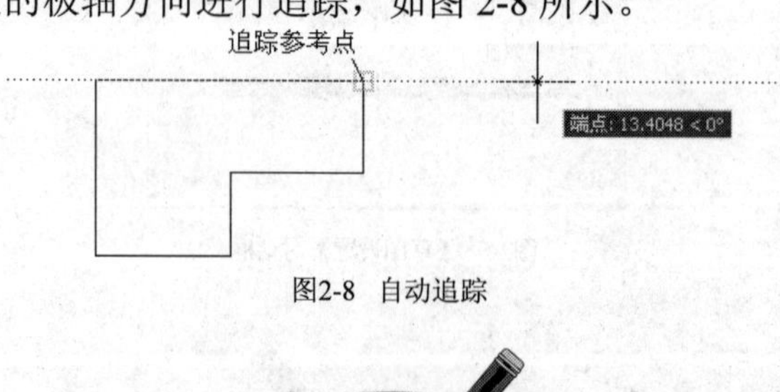

图2-8 自动追踪

【步骤解析】

1. 用鼠标右键单击状态栏上的按钮，选择【设置】选项，弹出【草图设置】对话框，进入【极轴追踪】选项卡，在该选项卡的【增量角】下拉列表中设定极轴角增量为 30°，如图 2-9 所示。此后若用户打开极轴追踪画线，则光标将自动沿 0°、60°、90°、120° 等方向进行追踪，再输入线段长度值，AutoCAD 就在该方向上画出线段。单击确定按钮，关闭【草图设置】对话框。

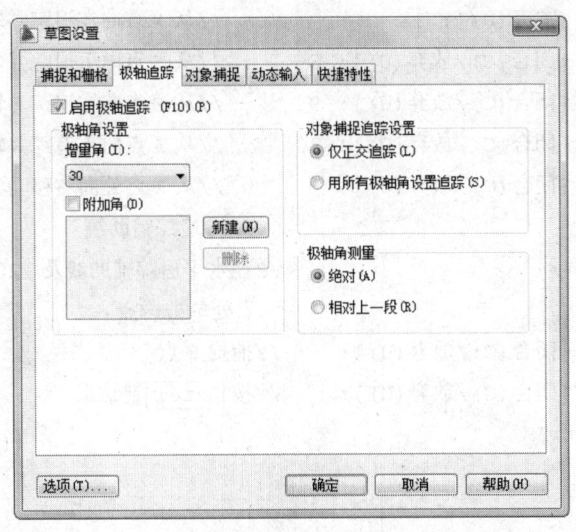

图2-9 【草图设置】对话框

2. 单击状态栏上的及按钮，打开极轴追踪及自动追踪功能。
3. 画线段 *OP*、*PQ* 等，如图 2-10 所示。

```
命令: _line 指定第一点: 51//将光标移动到 N 点处，再向右移动光标，显示追踪辅助线
                                       //输入追踪距离值
指定下一点或 [放弃(U)]: 16             //从 O 点向上追踪并输入追踪距离
指定下一点或 [放弃(U)]: 62             //从 P 点向右追踪并输入追踪距离
指定下一点或 [闭合(C)/放弃(U)]: 20     //从 Q 点向上追踪并输入追踪距离
指定下一点或 [闭合(C)/放弃(U)]: 77     //从 R 点向右追踪并输入追踪距离
指定下一点或 [闭合(C)/放弃(U)]: 30     //从 S 点沿 300° 方向追踪并输入追踪距离
指定下一点或 [闭合(C)/放弃(U)]:        //从 T 点向右追踪并捕捉交点 U
指定下一点或 [闭合(C)/放弃(U)]:        //按 Enter 键结束
```

结果如图 2-10 所示。

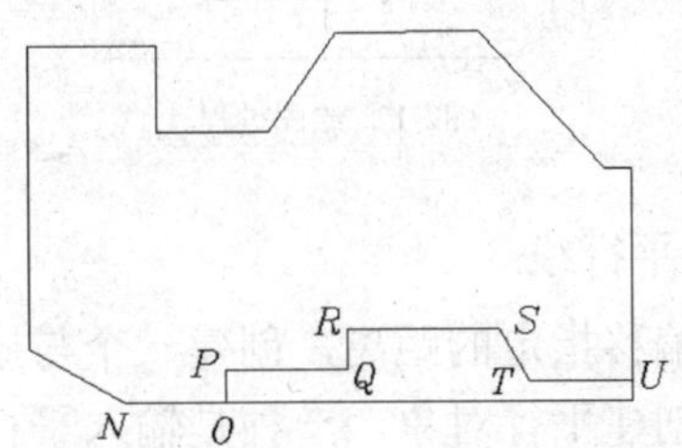

图2-10 绘制线段 *OP*、*PQ* 等

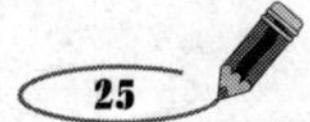

4. 画线段 WX、XY 等，W 点通过对象捕捉代号"FROM"确定，如图 2-11 所示。

命令: _line 指定第一点: FROM　　//输入正交偏移捕捉代号"FROM"，按Enter键

基点:　　//将光标移动到 V 点处，AutoCAD 自动捕捉该点，单击鼠标左键确认

<偏移>: @16,-16　　//输入 W 点相对于 V 点的坐标

指定下一点或 [放弃(U)]: 55　　//从 W 点向下追踪并输入追踪距离

指定下一点或 [放弃(U)]: 14　　//从 X 点向左追踪并输入追踪距离

指定下一点或 [闭合(C)/放弃(U)]: 36　　//从 Y 点向下追踪并输入追踪距离

指定下一点或 [闭合(C)/放弃(U)]: 97　　//从 Z 点向右追踪并输入追踪距离

指定下一点或 [闭合(C)/放弃(U)]: 20　　//从 A 点向上追踪并输入追踪距离

指定下一点或 [闭合(C)/放弃(U)]:　　//从 W 点处向右移动光标直至出现 120° 方向追踪辅助线

//在水平追踪辅助线及 120° 方向追踪辅助线的交点处单击一点

指定下一点或 [闭合(C)/放弃(U)]:　　//捕捉 W 点

指定下一点或 [闭合(C)/放弃(U)]:　　//按Enter键结束

结果如图 2-11 所示。

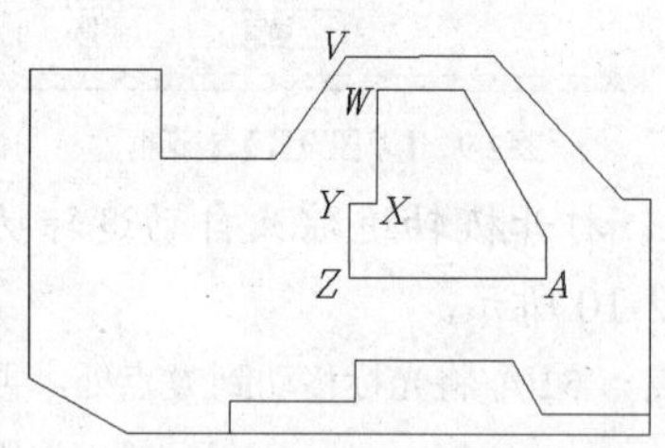

图2-11 绘制线段 WX、XY 等

任务二　绘制平行线及改变线条长度

绘制平行线，延伸线条，然后修剪多余线条，绘图过程如图 2-12 所示。

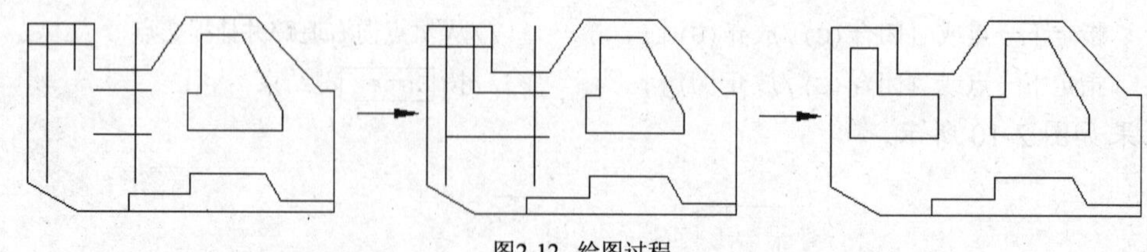

图2-12 绘图过程

一、用 OFFSET 命令绘制平行线

OFFSET 命令可以将对象偏移指定的距离，创建一个与原对象类似的新对象。使用该命令时，用户可以通过两种方式创建平行对象，一种是输入平行线之间的距离，另一种是指定新平行线通过的点。

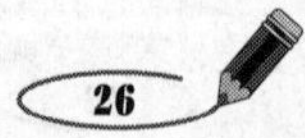

【步骤解析】

单击【绘图】面板上的按钮或输入命令代号 OFFSET，启动绘制平行线命令。

命令: _offset

指定偏移距离或 [通过(T)/删除(E)/图层(L)] <87.0000>: 19 //输入平移距离

选择要偏移的对象，或 [退出(E)/放弃(U)] <退出>: //选择线段 B

指定要偏移的那一侧上的点，或 [退出(E)/多个(M)/放弃(U)] <退出>: //在线段 B 的右边单击一点

选择要偏移的对象<退出>: //选择线段 C

指定要偏移的那一侧上的点<退出>: //在线段 C 的下边单击一点

选择要偏移的对象<退出>: //选择线段 D

指定要偏移的那一侧上的点<退出>: //在线段 D 的左边单击一点

选择要偏移的对象: //选择线段 E

指定要偏移的那一侧上的点<退出>: //在线段 E 的下边单击一点

选择要偏移的对象<退出>: //按 Enter 键结束

继续绘制以下平行线:

向下偏移线段 F 至 G，平移距离等于 42。

向右偏移线段 H 至 I，平移距离等于 87。

结果如图 2-13 所示。

为简化说明，已将 OFFSET 命令中与当前操作无关的提示信息删除，仅将必要的提示信息罗列出来。这种讲解方式在后续的实例中也将采用。

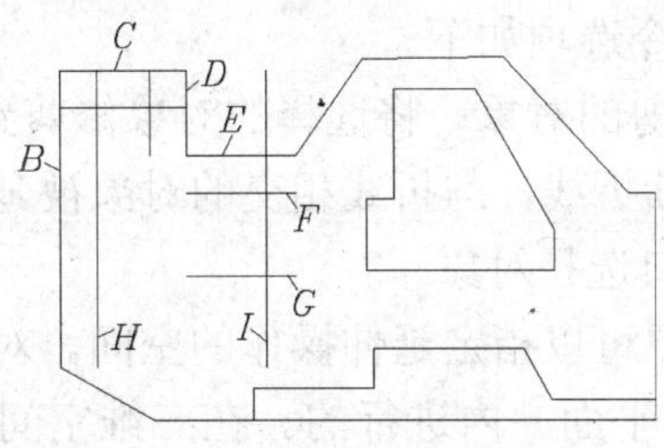

图2-13 绘制平行线

【知识链接】OFFSET 命令选项如下。

(1) 通过(T): 通过指定点创建新的偏移对象。

(2) 删除(E): 偏移源对象后将其删除。

(3) 图层(L): 指定将偏移后的新对象放置在当前图层或源对象所在的图层上。

(4) 多个(M): 在要偏移的一侧单击多次，就创建多个等距对象。

二、延伸线条

用 EXTEND 命令可以将线段、曲线等对象延伸到一个边界对象，使其与边界对象相交。有时，对象延伸后并不与边界直接相交，而是与边界的延长线相交。

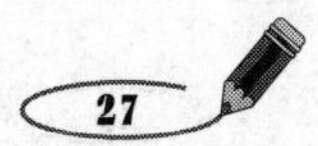

【步骤解析】

单击【修改】面板上的--/按钮，或输入命令代号 EXTEND，启动延伸命令。

```
命令: _extend
选择对象或 <全部选择>:  找到 1 个                //选择边界线段 J，如图 2-14 左图所示
选择对象:                                        //按 Enter 键
选择要延伸的对象，或按住 Shift 键选择要修剪的对象，或
[栏选(F)/窗交(C)/投影(P)/边(E)/放弃(U)]:               //选择要延伸的线段 K
选择要延伸的对象，或按住 Shift 键选择要修剪的对象，或
[栏选(F)/窗交(C)/投影(P)/边(E)/放弃(U)]:               //按 Enter 键结束
命令:EXTEND                                      //重复命令
选择对象:总计 2 个                               //选择边界线段 L、M
选择对象:                                        //按 Enter 键
选择要延伸的对象:                                //选择要延伸的线段 L
选择要延伸的对象:                                //选择要延伸的线段 M
选择要延伸的对象:                                //按 Enter 键结束
```

结果如图 2-14 右图所示。

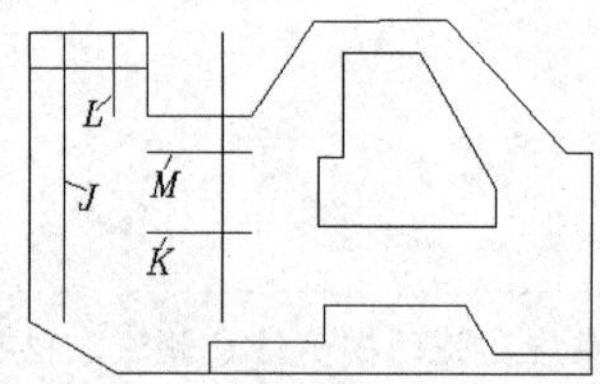

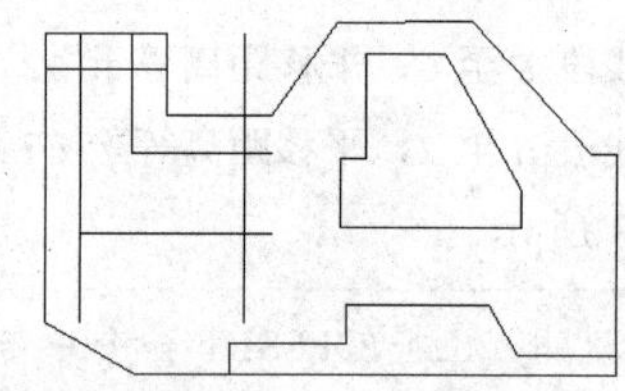

图2-14　延伸线段

【知识链接】 EXTEND 命令选项如下。

(1) 按住 Shift 键选择要修剪的对象：将选择的对象修剪到边界而不是将其延伸。

(2) 栏选(F)：用户绘制连续折线，与折线相交的对象被延伸。

(3) 窗交(C)：利用交叉窗口选择对象。

(4) 投影(P)：该选项使用户可以指定延伸操作的空间。对于二维绘图来说，延伸操作是在当前用户坐标平面（*xy* 平面）内进行的。在三维空间作图时，用户可以通过该选项将两个交叉对象投影到 *xy* 平面或当前视图平面内执行延伸操作。

(5) 边(E)：当边界边太短，延伸对象后不能与其直接相交时，就打开该选项，此时 AutoCAD 假想将边界边延长，然后延伸线条到边界边。

(6) 放弃(U)：取消上一次的操作。

三、修剪线条

使用 TRIM 命令可以将多余线条修剪掉。启动该命令后，用户首先指定一个或几个对象作为剪切边（可以想象为剪刀），然后选择被修剪的部分。

【步骤解析】

单击【修改】面板上的-/-按钮或输入命令代号 TRIM，启动修剪命令。

```
命令: _trim
选择对象:总计 6 个                             //选择剪切边 O、P、Q、R、S、T
选择对象:                                      //按Enter键
选择要修剪的对象，或按住Shift键选择要延伸的对象，或
[栏选(F)/窗交(C)/投影(P)/边(E)/删除(R)/放弃(U)]:  //选择要修剪的部分
选择要修剪的对象，或按住 Shift 键选择要延伸的对象，或
[栏选(F)/窗交(C)/投影(P)/边(E)/删除(R)/放弃(U)]:  //按Enter键结束
```

结果如图 2-15 右图所示。

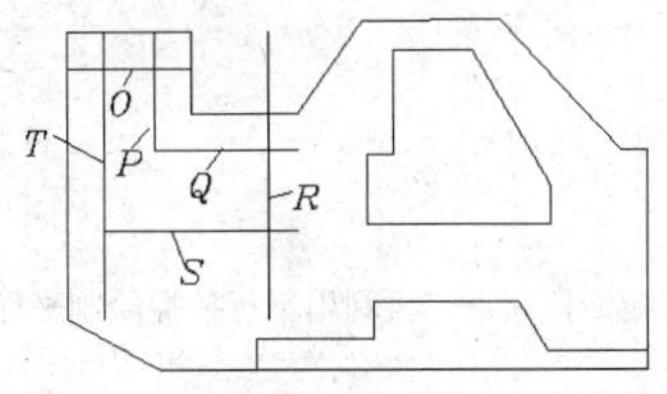

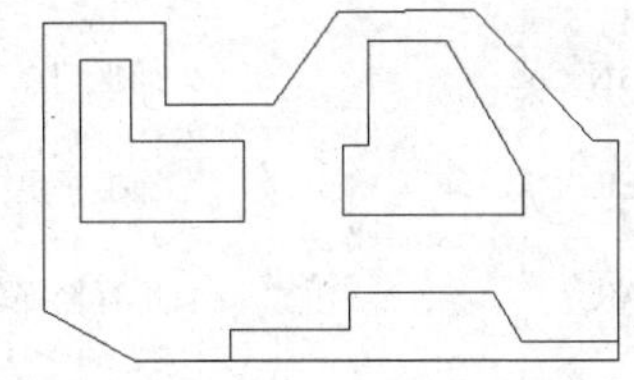

图2-15 修剪线段

【知识链接】TRIM 命令选项如下。

(1) 按住Shift键选择要延伸的对象：将选定的对象延伸至剪切边。

(2) 栏选(F)：用户绘制连续折线，与折线相交的对象被修剪。

(3) 窗交(C)：利用交叉窗口选择对象。

(4) 投影(P)：该选项可以使用户指定执行修剪的空间，如三维空间中两条线段呈交叉关系，用户可利用该选项假想将其投影到某一平面上执行修剪操作。

(5) 边(E)：如果剪切边太短，没有与被修剪对象相交，就利用此选项假想将剪切边延长，然后执行修剪操作。

(6) 删除(R)：不退出 TRIM 命令就能删除选定的对象。

(7) 放弃(U)：若修剪有误，可输入字母“U”撤销修剪。

知识拓展

以下内容介绍对象捕捉及调整线条长度等。

一、对象捕捉

【对象捕捉】工具栏中包含了各种对象捕捉工具，其中常用捕捉工具的功能及命令代号如表 2-1 所示。

表 2-1　对象捕捉工具及代号

捕捉按钮	代号	功能
	FROM	正交偏移捕捉。先指定基点，再输入相对坐标确定新点
	END	捕捉端点

续表

捕捉按钮	代号	功能
	MID	捕捉中点
	INT	捕捉交点
	EXT	捕捉延伸点。从线段端点开始沿线段方向捕捉一点
	CEN	捕捉圆、圆弧、椭圆的中心
	QUA	捕捉圆、椭圆的 0°、90°、180°或 270°处的点——象限点
	TAN	捕捉切点
	PER	捕捉垂足
	PAR	平行捕捉。先指定线段起点，再利用平行捕捉绘制平行线
无	M2P	捕捉两点间连线的中点

调用对象捕捉功能的方法有以下 3 种。

(1) 绘图过程中，当 AutoCAD 提示输入一个点时，用户可单击捕捉按钮或输入捕捉命令代号来启动对象捕捉，然后将光标移动到要捕捉的特征点附近，AutoCAD 就自动捕捉该点。

(2) 启动对象捕捉的另一种方法是利用快捷菜单。发出 AutoCAD 命令后，按下 Shift 键并单击鼠标右键，弹出快捷菜单，通过此菜单，用户可以选择捕捉何种类型的点。

(3) 前面所述的捕捉方式仅对当前操作有效，命令结束后，捕捉模式自动关闭，这种捕捉方式称为覆盖捕捉方式。除此之外，用户还可以采用自动捕捉方式来定位点，单击状态栏上的按钮，就打开这种方式。

【案例2-1】 打开教学资源文件“项目 2\素材\2-1.dwg”，如图 2-16 左图所示。使用 LINE 命令将左图修改为右图所示样式。

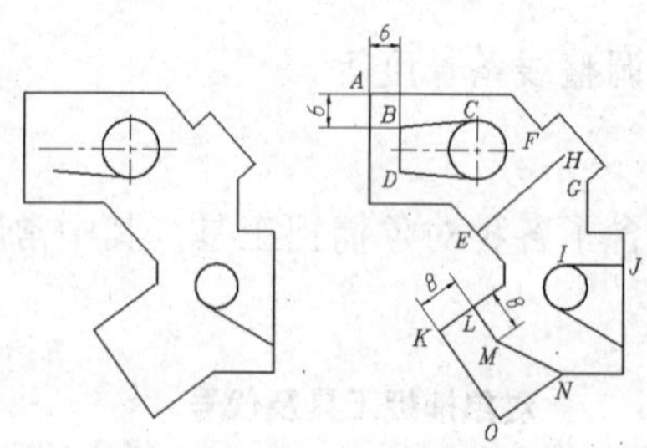

图2-16 利用对象捕捉精确画线

1. 单击状态栏上的按钮，打开自动捕捉方式。再用鼠标右键单击此按钮，选择【设置】选项，弹出【草图设置】对话框，在该对话框的【对象捕捉】选项卡中设置自动捕捉类型为“端点”、“中点”及“交点”，如图 2-17 所示。

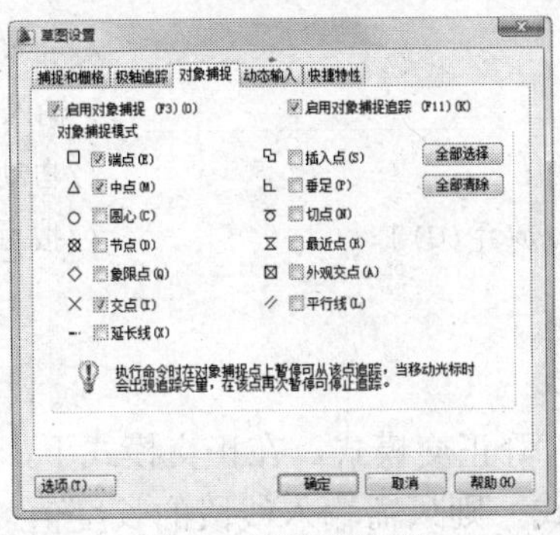

图2-17 设置对象捕捉

2. 画线段 *BC*、*BD*，*B* 点的位置用正交偏移捕捉确定，如图 2-16 右图所示。

命令: _line 指定第一点: from	//输入正交偏移捕捉代号“FROM”，按 Enter 键
基点:	//将光标移动到 A 点处，AutoCAD 自动捕捉该点，单击鼠标左键确认
<偏移>: @6,-6	//输入 B 点的相对坐标
指定下一点或 [放弃(U)]: tan 到	//输入切点代号“TAN”并按 Enter 键，捕捉切点 C
指定下一点或 [放弃(U)]:	//按 Enter 键结束
命令:	//重复命令
LINE 指定第一点:	//自动捕捉端点 B
指定下一点或 [放弃(U)]:	//自动捕捉端点 D
指定下一点或 [放弃(U)]:	//按 Enter 键结束

结果如图 2-16 右图所示。

3. 画线段 *EH*、*IJ*，如图 2-16 右图所示。

命令: _line 指定第一点:	//自动捕捉中点 E
指定下一点或 [放弃(U)]: m2p	//输入捕捉代号“M2P”，按 Enter 键
中点的第一点:	//自动捕捉端点 F
中点的第二点:	//自动捕捉端点 G
指定下一点或 [放弃(U)]:	//按 Enter 键结束
命令:	//重复命令
LINE 指定第一点: qua 于	//输入象限点代号捕捉象限点 I
指定下一点或 [放弃(U)]: per 到	//输入垂足代号捕捉垂足 J
指定下一点或 [放弃(U)]:	//按 Enter 键结束

结果如图 2-16 右图所示。

4. 画线段 *LM*、*MN*，如图 2-16 右图所示。

命令: _line 指定第一点: EXT	//输入延伸点代号“EXT”并按 Enter 键
于 8	//从 K 点开始沿线段进行追踪，输入 L 点与 K 点的距离
指定下一点或 [放弃(U)]: PAR	//输入平行偏移捕捉代号“PAR”并按 Enter 键

```
到 8                                    //将光标从线段 KO 处移动到 LM 处，再
                                          输入 LM 线段的长度
指定下一点或 [放弃(U)]:                   //自动捕捉端点 N
指定下一点或 [闭合(C)/放弃(U)]:           //按 Enter 键结束
```

结果如图 2-16 右图所示。

二、利用正交模式辅助画线

单击状态栏上的按钮，打开正交模式。在正交模式下，光标只能沿水平或竖直方向移动。画线时，若同时打开该模式，则只需输入线段的长度值，AutoCAD 就自动画出水平或竖直线段。

当调整水平或竖直方向线段的长度时，可利用正交模式限制光标的移动方向。选择线段，线段上出现关键点（实心矩形点），选中端点处的关键点，移动光标，就沿水平或竖直方向改变线段的长度。

三、修剪及延伸线条

修剪及延伸线条的命令在平面绘图过程中使用得很频繁，下面给出两个案例以强化这两个命令的应用。

【案例2-2】 练习 TRIM 命令的使用。

打开教学资源文件“项目 2\素材\2-2.dwg”，如图 2-18 左图所示。下面用 TRIM 命令将左图修改为右图所示样式。

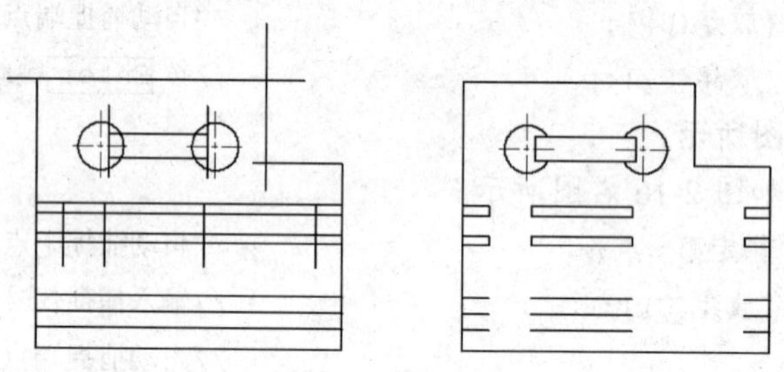

图2-18 修剪对象

1. 单击【修改】面板上的按钮或输入命令代号 TRIM，启动修剪命令。

```
命令: _trim
选择对象或 <全部选择>: 找到 1 个           //选择剪切边 A，如图 2-19 左图所示
选择对象:                                  //按 Enter 键
选择要修剪的对象，或按住 Shift 键选择要延伸的对象，或
[栏选(F)/窗交(C)/投影(P)/边(E)/删除(R)/放弃(U)]:   //在 B 点处选择要修剪的多余
                                                      线条
选择要修剪的对象，或按住 Shift 键选择要延伸的对象，或
[栏选(F)/窗交(C)/投影(P)/边(E)/删除(R)/放弃(U)]:   //按 Enter 键结束
命令:TRIM                                           //重复命令
选择对象:总计 2 个                                  //选择剪切边 C、D
选择对象:                                           //按 Enter 键
```

选择要修剪的对象或[/边(E)]： e //选择“边(E)”选项
输入隐含边延伸模式 [延伸(E)/不延伸(N)] <不延伸>： e
//选择“延伸(E)”选项
选择要修剪的对象： //在 E、F、G 点处选择要修剪的部分
选择要修剪的对象： //按 Enter 键结束

结果如图 2-19 右图所示。

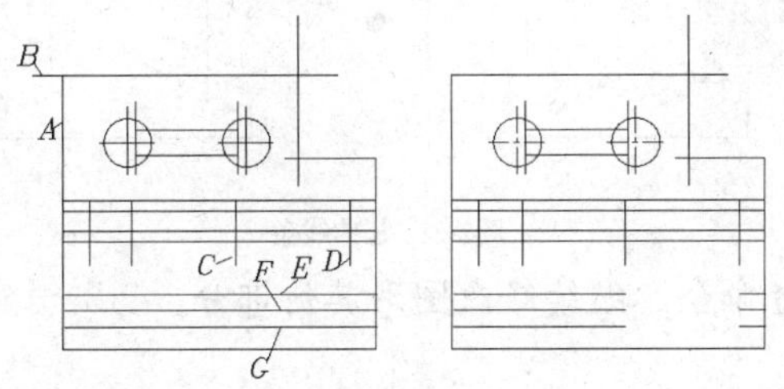

图2-19 修剪线段 E、F 等

2. 请利用 TRIM 命令修剪图中其他多余线条。

【案例2-3】 练习 EXTEND 命令的使用。

打开教学资源文件“项目 2\素材\2-3.dwg”，如图 2-20 左图所示。用 EXTEND 及 TRIM 命令将左图修改为右图所示样式。

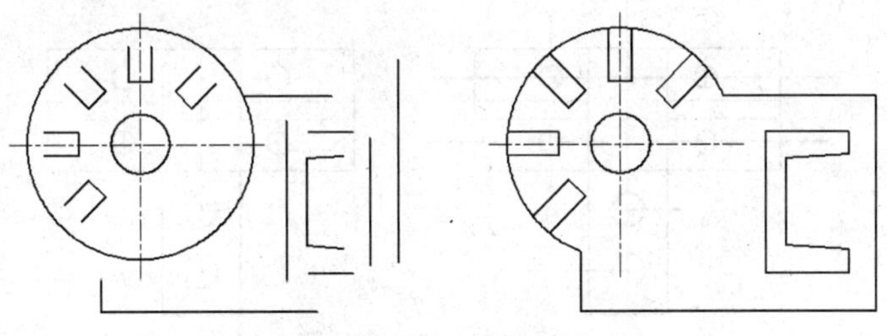

图2-20 延伸及修剪线条

1. 单击【修改】面板上的 按钮或输入命令代号 EXTEND，启动延伸命令。

命令： _extend
选择对象或 <全部选择>： 找到 1 个 //选择边界线段 A，如图 2-21 左图所示
选择对象： //按 Enter 键
选择要延伸的对象，或按住 Shift 键选择要修剪的对象，或
[栏选(F)/窗交(C)/投影(P)/边(E)/放弃(U)]： //选择要延伸的线段 B
选择要延伸的对象，或按住 Shift 键选择要修剪的对象，或
[栏选(F)/窗交(C)/投影(P)/边(E)/放弃(U)]： //按 Enter 键结束
命令:EXTEND //重复命令
选择对象:总计 2 个 //选择边界线段 A、C
选择对象： //按 Enter 键
选择要延伸的对象或[/边(E)]： e //选择“边(E)”选项
输入隐含边延伸模式 [延伸(E)/不延伸(N)] <不延伸>： e
//选择“延伸(E)”选项

选择要延伸的对象：　　　　　　　　　　　　//选择要延伸的线段 *A*、*C*

选择要延伸的对象：　　　　　　　　　　　　//按 Enter 键结束

结果如图 2-21 右图所示。

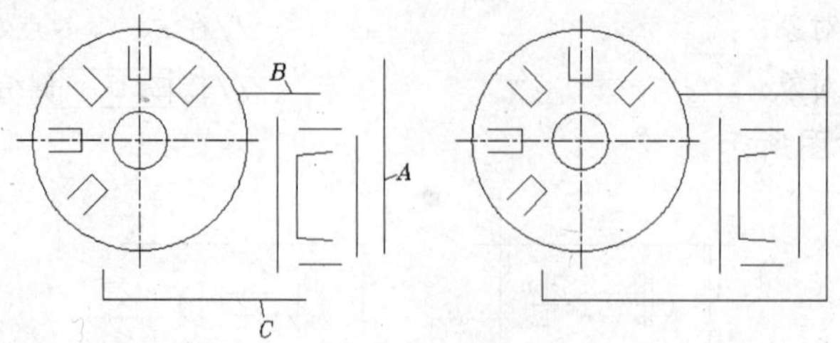

图2-21　延伸线条

2.　用 EXTEND 及 TRIM 命令，继续修改图形其他部分。

四、打断线条

BREAK 命令可以删除对象的一部分，常用于打断线段、圆、圆弧、椭圆等，此命令既可以在一个点打断对象，也可以在指定的两点打断对象。

【案例2-4】　打开教学资源文件"项目 2\素材\2-4.dwg"，如图 2-22 左图所示。用 BREAK 等命令将左图修改为右图所示样式。

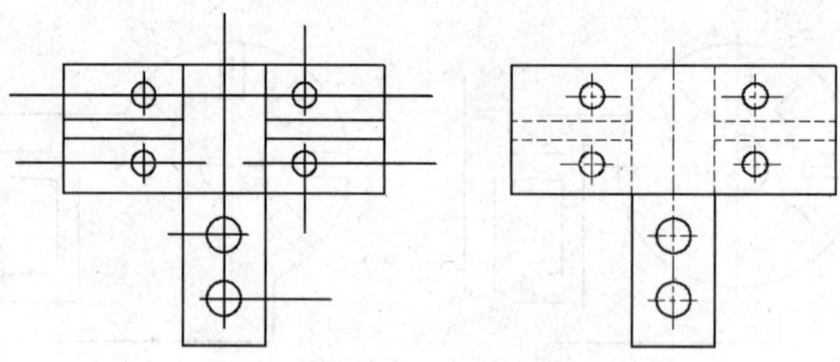

图2-22　打断线条

1.　用 BREAK 命令打断线条，如图 2-23 所示。

单击【修改】面板上的按钮，或输入命令代号 BREAK，启动打断命令。

命令：_break

选择对象：　　　　　　　　　　　　//在 *A* 点处选择对象，如图 2-23 左图所示

指定第二个打断点 或 [第一点(F)]：　　　　//在 *B* 点处选择对象

命令：　　　　　　　　　　　　//重复命令

BREAK 选择对象：　　　　　　　　　　//在 *C* 点处选择对象

指定第二个打断点 或 [第一点(F)]：　　　　//在 *D* 点处选择对象

命令：　　　　　　　　　　　　//重复命令

BREAK 选择对象：　　　　　　　　　　//选择线段 *E*

指定第二个打断点 或 [第一点(F)]：f　　　　//选择"第一点(F)"选项

指定第一个打断点：int 于　　　　　　　　//捕捉交点 *F*

指定第二个打断点：@　　　　　　　　　//输入相对坐标符号，按 Enter 键，在同一点打断对象

再将线段 E 修改到虚线层上，结果如图 2-23 右图所示。

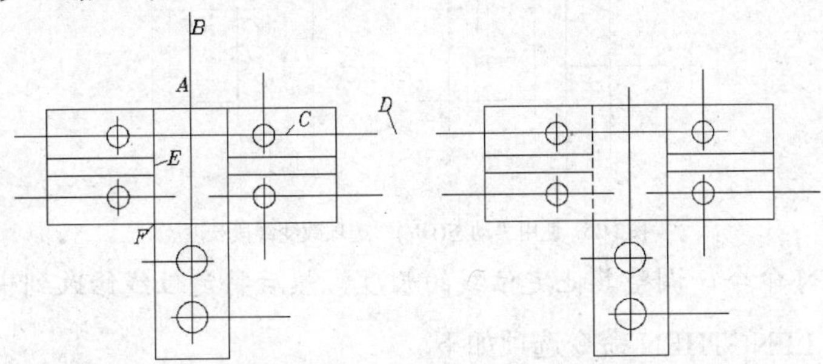

图2-23 在两点处或一点处打断线条

2. 用 BREAK 等命令，修改图形的其他部分。

【知识链接】BREAK 命令选项如下。

(1) 指定第二个打断点：在图形对象上选取第二点后，AutoCAD 将第一打断点与第二打断点之间的部分删除。

(2) 第一点(F)：该选项使用户可以重新指定第一打断点。

五、调整线条长度

LENGTHEN 命令可以一次改变线段、圆弧、椭圆弧等多个对象的长度。使用此命令时，经常采用的选项是“动态”，即直观地拖动对象来改变其长度。

【案例2-5】 打开教学资源文件“项目 2\素材\2-5.dwg”，如图 2-24 左图所示。用 LENGTHEN 等命令将左图修改为右图所示样式。

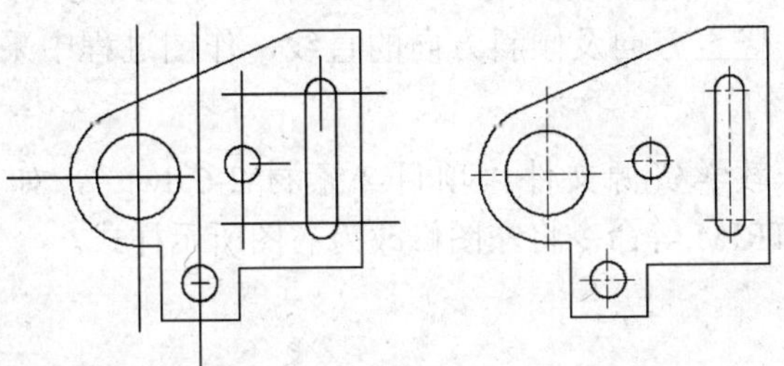

图2-24 改变线条长度

1. 用 LENGTHEN 命令调整线段 A、B 的长度，如图 2-25 所示。

```
命令: _lengthen
选择对象或 [增量(DE)/百分数(P)/全部(T)/动态(DY)]: dy
                                          //选择“动态(DY)”选项
选择要修改的对象或 [放弃(U)]:              //在线段 A 的上端选中对象
指定新端点:                                //向下移动光标，单击一点
选择要修改的对象或 [放弃(U)]:              //在线段 B 的上端选中对象
指定新端点:                                //向下移动光标，单击一点
选择要修改的对象或 [放弃(U)]:              //按 Enter 键，结束
```

结果如图 2-25 右图所示。

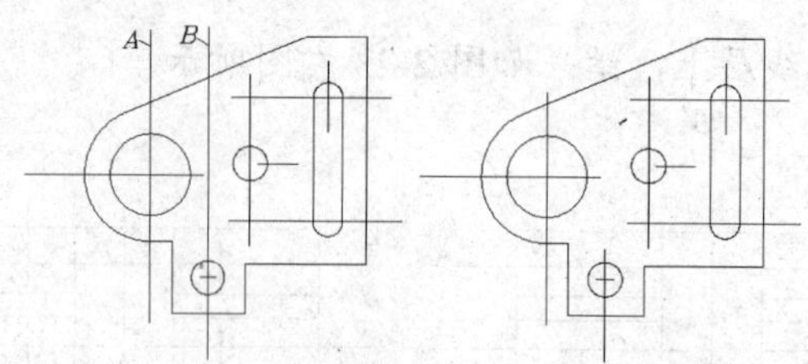

图2-25 使用“动态(DY)”选项改变线段长度

2. 用 LENGTHEN 命令，调整其他定位线的长度，然后将定位线修改到中心线层上。

【知识链接】LENGTHEN 命令选项如下。

(1) 增量(DE)：以指定的增量值改变线段或圆弧的长度。对于圆弧，还可以通过设定角度增量改变其长度。

(2) 百分数(P)：以对象总长度的百分比形式改变对象长度。

(3) 全部(T)：通过指定线段或圆弧的新长度来改变对象总长。

(4) 动态(DY)：拖动鼠标就可以动态地改变对象长度。

六、用 LINE 及 XLINE 命令绘制任意角度斜线

用以下 2 种方法可以绘制倾斜线段。

(1) 用 LINE 命令沿某一方向画任意长度的线段。启动该命令，当 AutoCAD 提示输入点时，输入一个小于号“<”及角度值，该角度表明了画线的方向，AutoCAD 将把光标锁定在此方向上。移动光标，线段的长度就发生变化，获取适当长度后，单击鼠标左键结束，这种画线方式称为角度覆盖。

(2) 用 XLINE 命令画任意角度斜线。XLINE 命令可以画无限长的构造线，利用它能直接画出水平方向、竖直方向及倾斜方向的直线，作图过程中采用此命令画定位线或绘图辅助线是很方便的。

【案例2-6】 打开教学资源文件“项目 2\素材\2-6.dwg”，如图 2-26 左图所示。用 LINE、XLINE 及 TRIM 等命令将左图修改为右图所示样式。

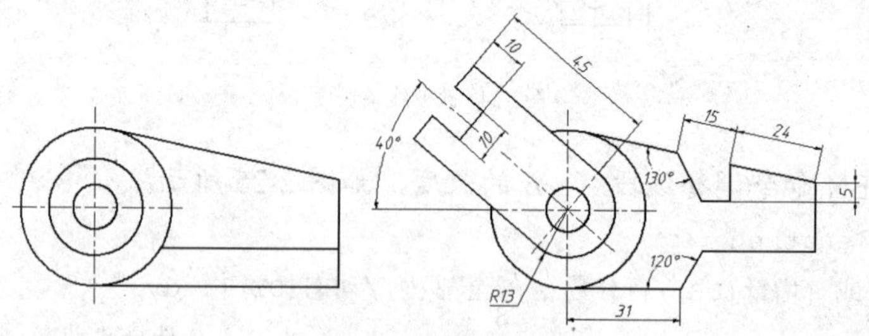

图2-26 绘制倾斜线段

1. 用 XLINE 命令画直线 *G*、*H*、*I*，用 LINE 命令画斜线 *J*，如图 2-27 左图所示。

单击【绘图】面板上的按钮或输入命令代号 XLINE，启动绘制构造线命令。

```
命令: _xline
指定点或 [水平(H)/垂直(V)/角度(A)/二等分(B)/偏移(O)]: v
                                    //选择“垂直(V)”选项
指定通过点: ext                      //捕捉延伸点 B
```

```
于 24                                                          //输入 B 点与 A 点的距离
指定通过点:                                                    //按 Enter 键结束
命令:                                                          //重复命令
XLINE 指定点或 [水平(H)/垂直(V)/角度(A)/二等分(B)/偏移(O)]: h
                                                               //选择“水平(H)”选项
指定通过点: ext                                                //捕捉延伸点 C
于 5                                                           //输入 C 点与 A 点的距离
指定通过点:                                                    //按 Enter 键结束
命令:                                                          //重复命令
XLINE 指定点或 [水平(H)/垂直(V)/角度(A)/二等分(B)/偏移(O)]: a
                                                               //选择“角度(A)”选项
输入构造线的角度 (0) 或 [参照(R)]: r                          //选择“参照(R)”选项
选择直线对象:                                                  //选择线段 AB
输入构造线的角度 <0>: 130                                      //输入构造线与线段 AB 的夹角
指定通过点: ext                                                //捕捉延伸点 D
于 39                                                          //输入 D 点与 A 点的距离
指定通过点:                                                    //按 Enter 键结束
命令: _line 指定第一点: ext                                    //捕捉延伸点 F
于 31                                                          //输入 F 点与 E 点的距离
指定下一点或 [放弃(U)]: <60                                    //设定画线的角度
指定下一点或 [放弃(U)]:                                        //沿 60° 方向移动光标
指定下一点或 [放弃(U)]:                                        //单击一点结束
```

结果如图 2-27 左图所示。修剪多余线条，结果如图 2-27 右图所示。

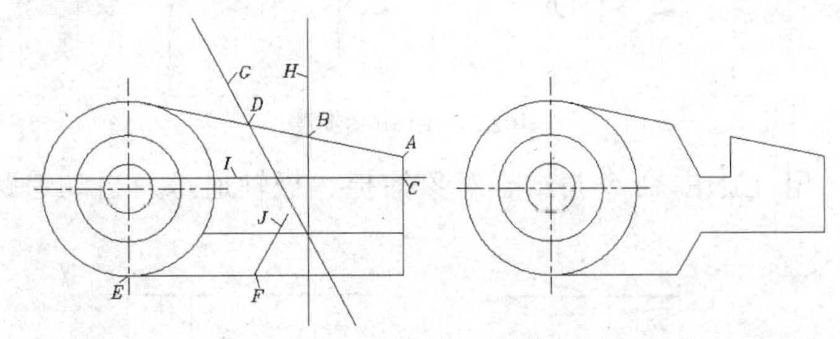

图2-27 画直线 *G*、*H* 等

2. 用 XLINE、OFFSET 及 TRIM 等命令，绘制图形的其余部分。

【知识链接】XLINE 命令选项如下。

(1) 水平(H)：画水平方向直线。

(2) 垂直(V)：画竖直方向直线。

(3) 角度(A)：通过某点画一个与已知直线成一定角度的直线。

(4) 二等分(B)：绘制一条平分已知角度的直线。

(5) 偏移(O)：可输入一个偏移距离来绘制平行线，或指定直线通过的点来创建新平行线。

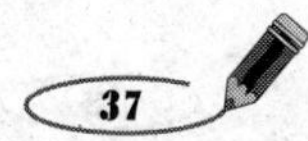

实训

用 LINE、OFFSET 及 TRIM 等命令绘制平面图形及简单零件图。

实训 1　绘制线段、平行线及调整线条长度

【案例2-7】 利用输入点坐标的方式绘制平面图形，如图 2-28 所示。

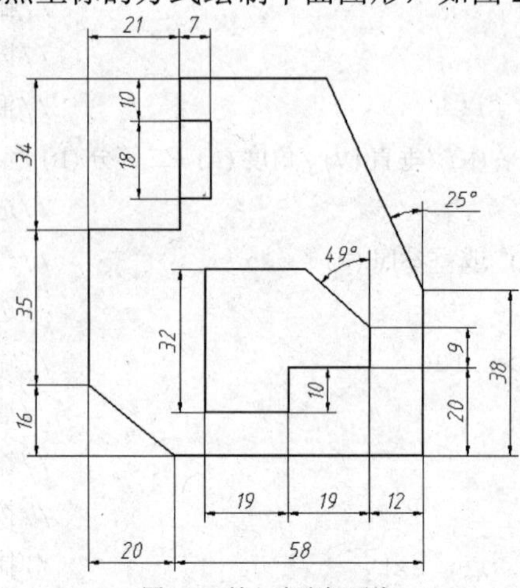

图2-28　输入点坐标画线

主要作图步骤，如图 2-29 所示。

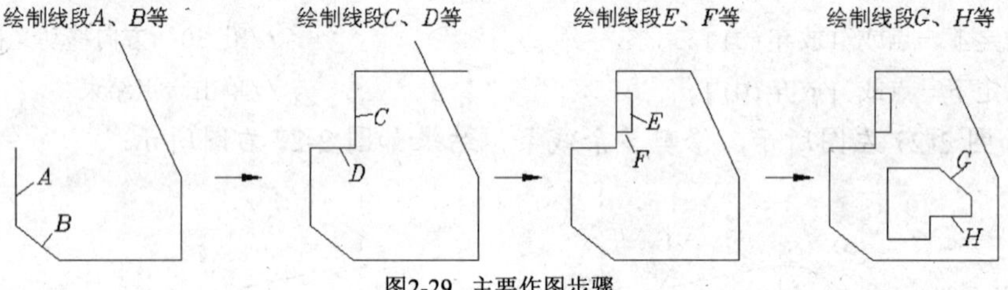

图2-29　主要作图步骤

【案例2-8】 用 LINE 命令并结合对象捕捉、极轴追踪及自动追踪功能画线，如图 2-30 所示。

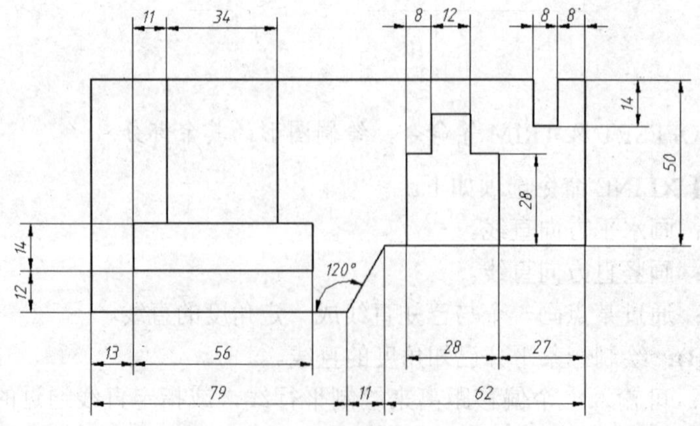

图2-30　利用极轴追踪、对象捕捉及自动追踪功能画线

主要作图步骤，如图 2-31 所示。

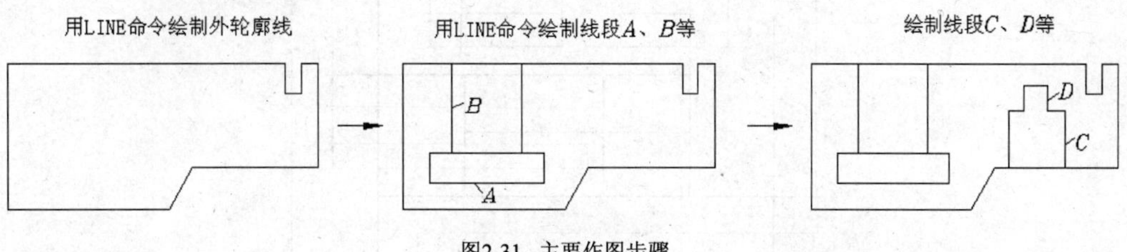

图2-31　主要作图步骤

【案例2-9】 用 LINE、OFFSET 及 TRIM 等命令绘制平面图形，如图 2-32 所示。

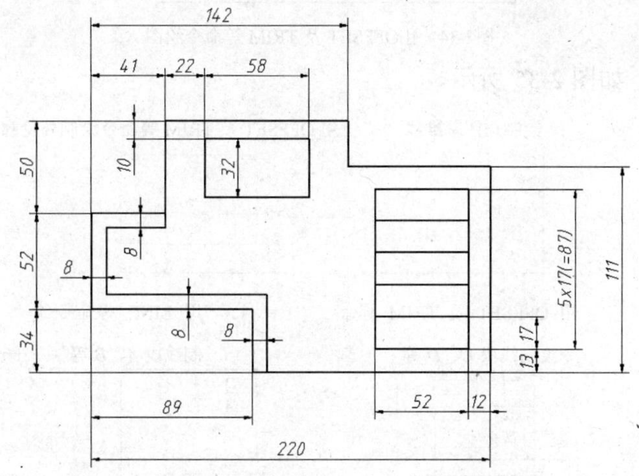

图2-32　用 OFFSET 及 TRIM 等命令绘图

主要作图步骤，如图 2-33 所示。

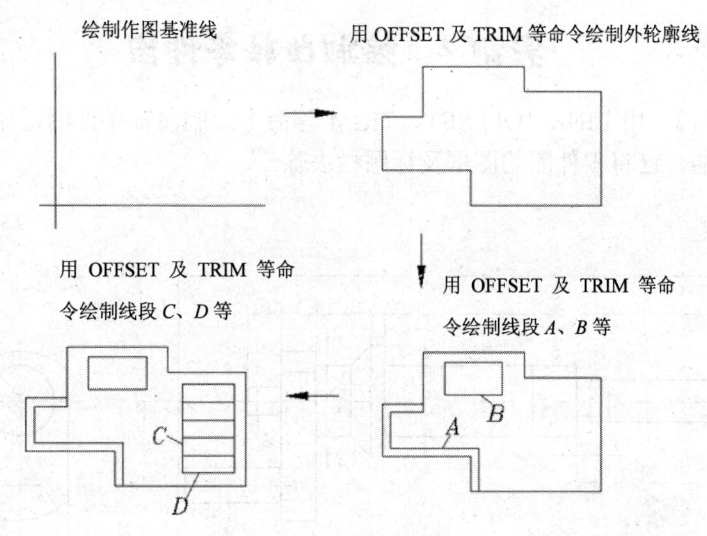

图2-33　主要作图步骤

【案例2-10】 用 LINE、OFFSET、TRIM 等命令绘制平面图形，如图 2-34 所示。

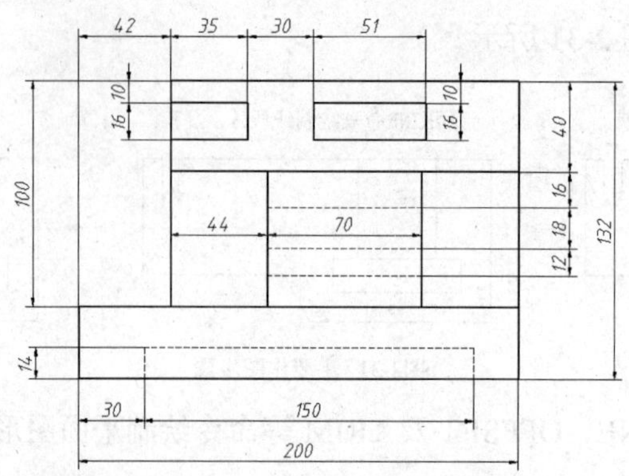

图2-34 用 OFFSET 及 TRIM 等命令绘图

主要作图步骤，如图 2-35 所示。

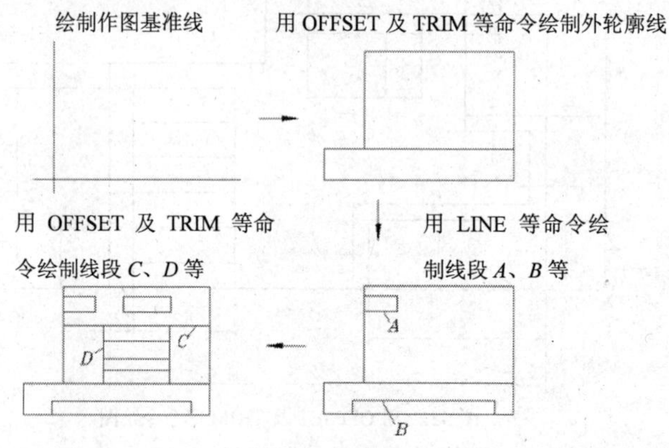

图2-35 主要作图步骤

实训 2 绘制曲轴零件图

【案例2-11】 用 LINE、OFFSET、TRIM 等命令绘制曲轴零件图，如图 2-36 所示。为使图面简洁，已将零件图的图框及标题栏去除。

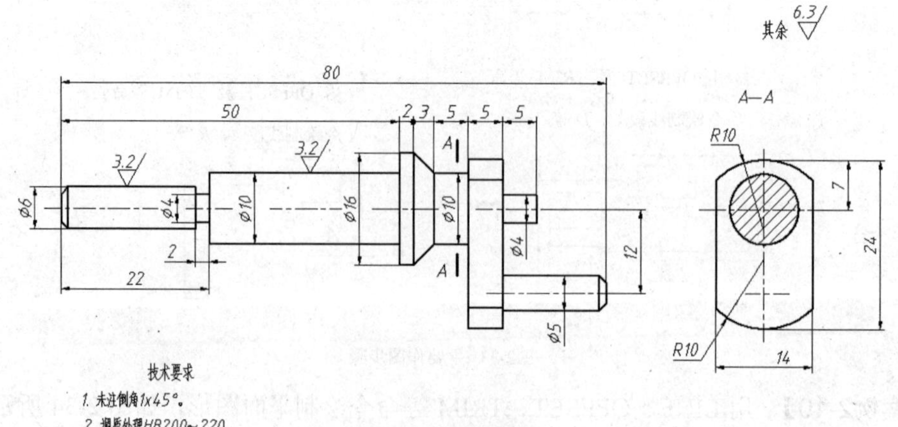

图2-36 画曲轴零件图

【步骤解析】

1. 创建 3 个图层。

名称	颜色	线型	线宽
轮廓线层	白色	Continuous	0.5
虚线层	黄色	Dashed	默认
中心线层	红色	Center	默认

2. 通过【线型控制】下拉列表打开【线型管理器】对话框，在此对话框中设定线型全局比例因子为 0.1。
3. 打开极轴追踪、对象捕捉及自动追踪功能。指定极轴追踪角度增量为 90°，设定对象捕捉方式为“端点”、“交点”。
4. 设定绘图区域大小为 100×100。单击【实用程序】面板上的按钮，使绘图区域充满整个图形窗口显示出来。
5. 切换到轮廓线层，绘制两条作图基准线 *A*、*B*，如图 2-37 所示。线段 *A* 的长度约为 120，线段 *B* 的长度约为 30。
6. 以 *A*、*B* 线为基准线，用 OFFSET 及 TRIM 命令绘制曲轴左边的第一段、第二段，如图 2-37 所示。

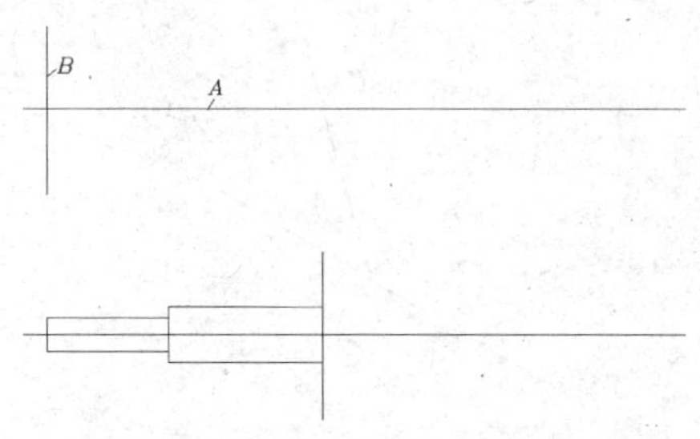

图2-37 绘制曲轴左边的第一段、第二段

7. 用同样的方法绘制曲轴的其他段。
8. 绘制左视图定位线 *C*、*D*，然后画出左视图细节，如图 2-38 所示。左视图中的圆用 CIRCLE 命令绘制，启动该命令后，先指定圆心，然后输入半径即可。

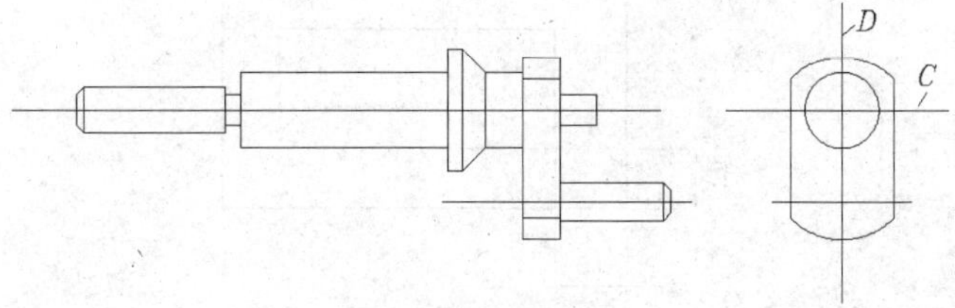

图2-38 画左视图细节

9. 用 LENGTHEN 命令调整轴线、定位线的长度，然后将它们修改到中心线层上。

项目小结

本项目主要内容总结如下。

- 输入点的绝对坐标和相对坐标。相对坐标的表示形式是在绝对坐标值前加入符号@。

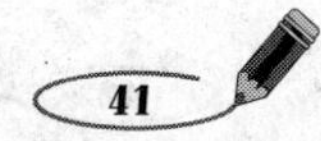

- 输入点的坐标画线，打开正交功能画线，结合对象捕捉、极轴追踪及自动追踪功能画线。画线时，一般应将对象捕捉、极轴追踪及自动追踪功能都打开，这样只需输入线段的长度就可以画线，另外，还能以某点为参考点偏移一定距离画线。
- 用 TRIM 命令修剪多余线条，用 EXTEND 命令将线条延伸到指定的边界线。
- 用 BREAK 命令在两点或一点处打断线条。
- 用 LENGTHEN 命令的"动态(DY)"选项一次改变多条线段的长度。
- 用 OFFSET 命令绘制平行线。该命令与 TRIM 命令结合使用可快速绘制图形。
- 用 XLINE 命令绘制水平、竖直及倾斜直线。
- 用 LINE 命令的角度覆盖方式绘制任意角度斜线。

思考与练习

一、思考题

1. 如何快速绘制水平和竖直线？
2. 过线段 *A* 上的 *B* 点绘制线段 *C*，如图 2-39 所示，应使用何种捕捉方式？

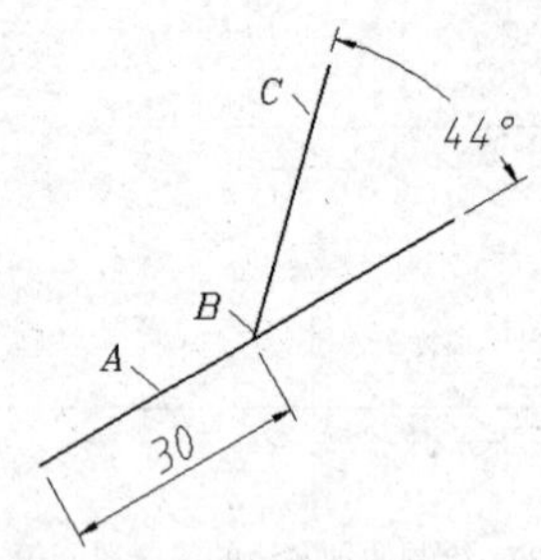

图2-39 绘制斜线

3. 若要从 *A* 点开始画线，如图 2-40 所示，应使用何种捕捉方式？

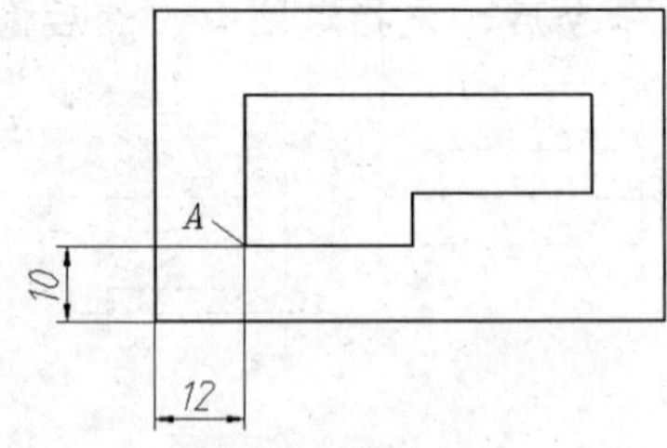

图2-40 画圆

4. 若没有打开自动捕捉功能，也可以使用自动追踪吗？
5. 过一点画已知直线的平行线，有几种方法？
6. 可以用哪些命令改变线段的长度？
7. 可以对不相交的两条线段（延伸其中一条后相交）执行修剪操作吗？

二、操作题

1. 利用点的相对坐标画线，如图 2-41 所示。

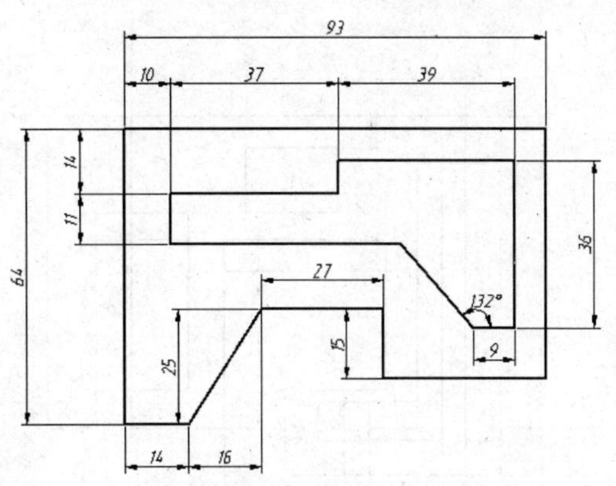

图2-41 输入坐标画线

2. 打开极轴追踪、对象捕捉及自动追踪功能画线，如图 2-42 所示。

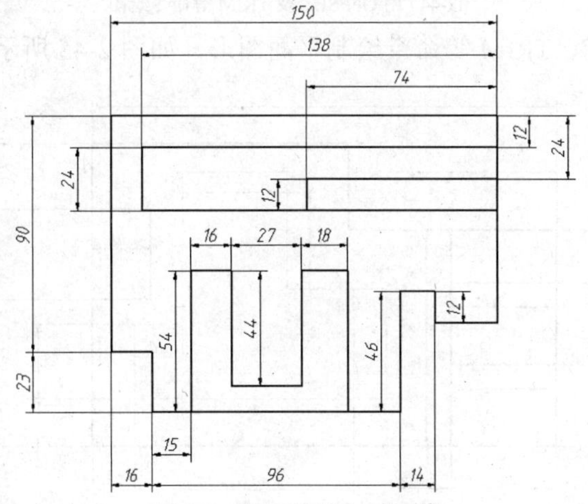

图2-42 利用画线辅助工具画线

3. 打开极轴追踪、对象捕捉及自动追踪功能画线，如图 2-43 所示。

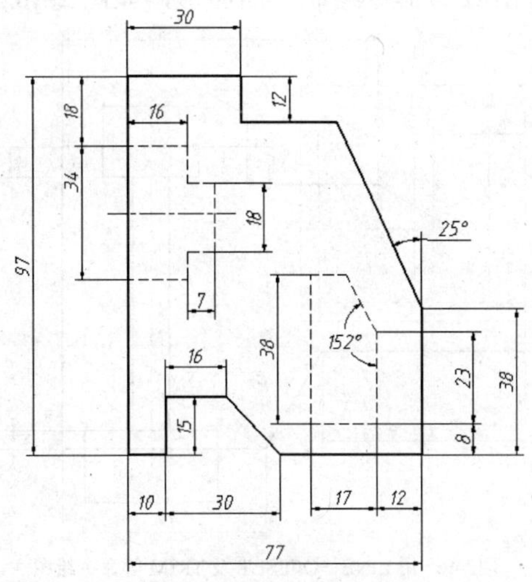

图2-43 利用画线辅助工具画线

4. 用 OFFSET、TRIM 等命令绘制平面图形，如图 2-44 所示。

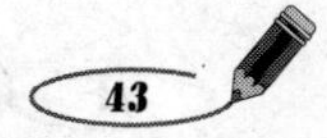

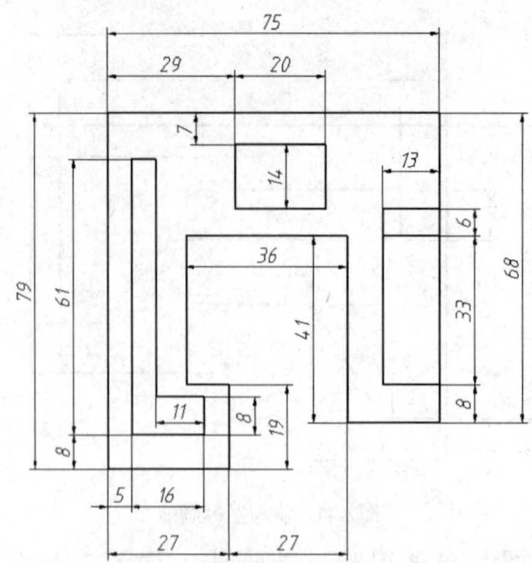

图2-44 用 OFFSET 及 TRIM 等命令绘图

5. 用 LINE、OFFSET、TRIM 等命令绘制平面图形，如图 2-45 所示。

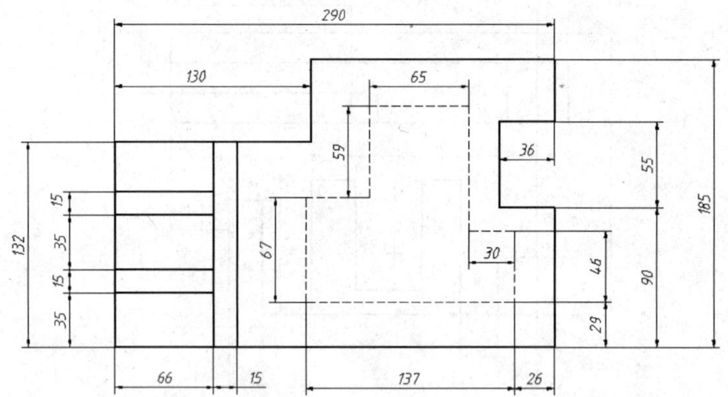

图2-45 用 LINE、OFFSET 及 TRIM 等命令绘图

6. 用 LINE、OFFSET、TRIM 等命令绘制平面图形，如图 2-46 所示。

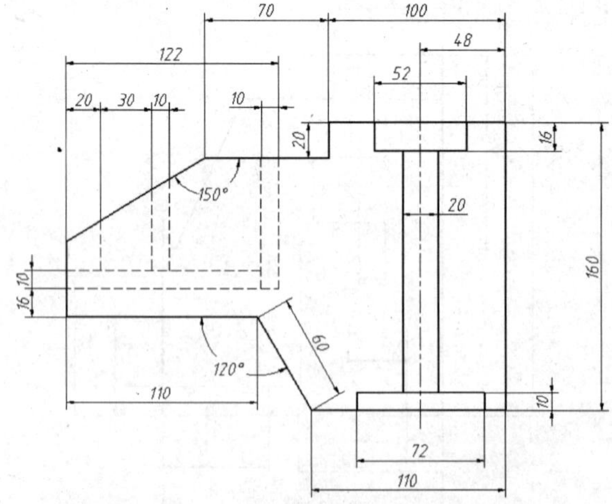

图2-46 用 LINE、OFFSET 及 TRIM 等命令绘图

项 目 三

绘制直线、圆构成的平面图形

本项目的任务是使用 LINE、CIRCLE、COPY、ARRAY 等命令绘制如图 3-1 所示的平面图形，该图形由线段组成。首先画出圆的定位线及圆，然后形成圆弧连接关系并阵列圆。

【案例3-1】 用 LINE、CIRCLE、COPY、ARRAY 等命令绘制平面图形。

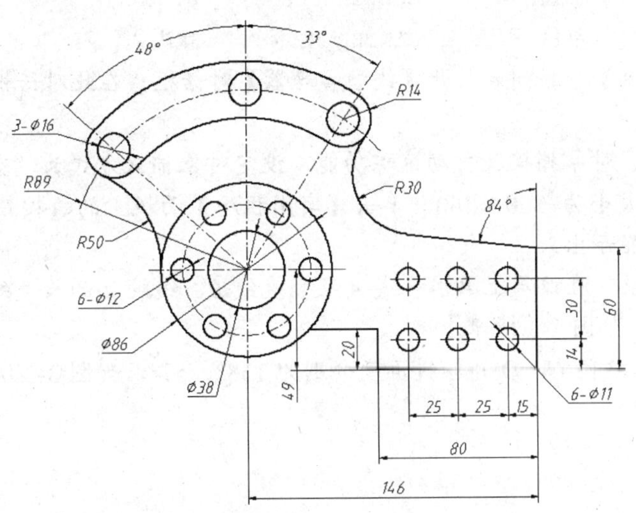

图3-1 画直线、圆构成的图形

学习目标

- 画圆、圆弧连接及圆的切线。
- 移动及复制对象。
- 创建对象的矩形及环形阵列。
- 倒圆角及倒斜角。

任务一 绘制圆的定位线及圆

创建圆的主要定位线，画圆，然后复制圆，绘图过程如图 3-2 所示。

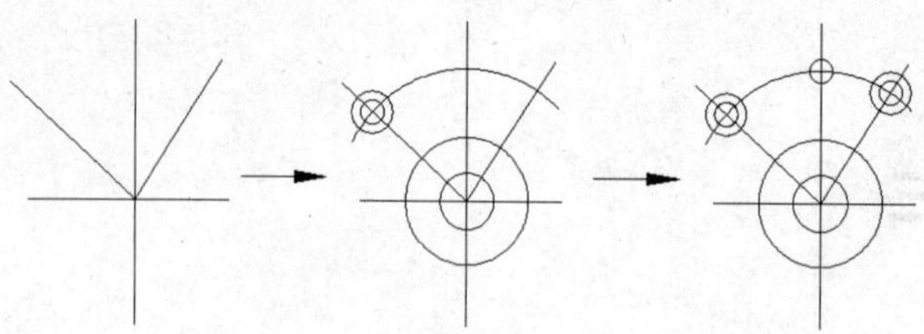

图3-2 绘图过程

一、形成主要定位线

首先绘制图形的主要定位线，这些定位线将是以后作图的重要基准线。

【步骤解析】

1. 单击【图层】面板上的按钮，打开【图层特性管理器】对话框，通过此对话框创建以下图层。

名称	颜色	线型	线宽
轮廓线层	白色	Continuous	0.50
中心线层	红色	CENTER	默认

2. 通过【线型控制】下拉列表打开【线型管理器】对话框，在此对话框中设定线型全局比例因子为 0.2。
3. 打开极轴追踪、对象捕捉及自动追踪功能。设定对象捕捉方式为“交点”。
4. 设定绘图区域大小为 300 × 300，单击【实用程序】面板上的按钮，使绘图区域充满整个图形窗口显示出来。
5. 切换到轮廓线层。在该层上画水平线 *A* 及竖直线 *B*，线段 *A* 的长度约为 130，线段 *B* 的长度约为 200，如图 3-3 所示。
6. 画线段 *C*、*D*，线段 *C*、*D* 的倾斜角度分别为 138°、57°，如图 3-3 所示。

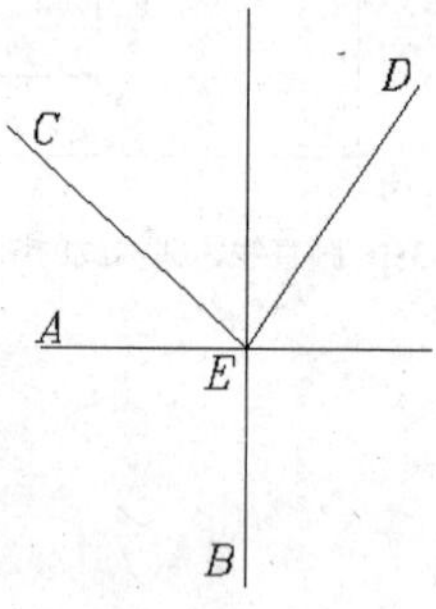

图3-3 绘制定位线

二、画圆

用 CIRCLE 命令绘制圆，常用的画圆方法是指定圆心和半径。此外，还可通过两点或三点画圆。

【步骤解析】

1. 单击【绘图】面板上的按钮或输入命令代号 CIRCLE，启动画圆命令。

命令: _circle 指定圆的圆心或 [三点(3P)/两点(2P)/切点、切点、半径(T)]:

//捕捉交点 *E*，如图 3-4 所示

指定圆的半径或 [直径(D)]: 19　　//输入圆 *F* 的半径值

继续绘制圆 *G*、*H*、*I* 和 *J*，圆半径分别为 43、89、8 和 14，结果如图 3-4 左图所示。

2. 用 BREAK 命令打断圆 *H*，结果如图 3-4 右图所示。

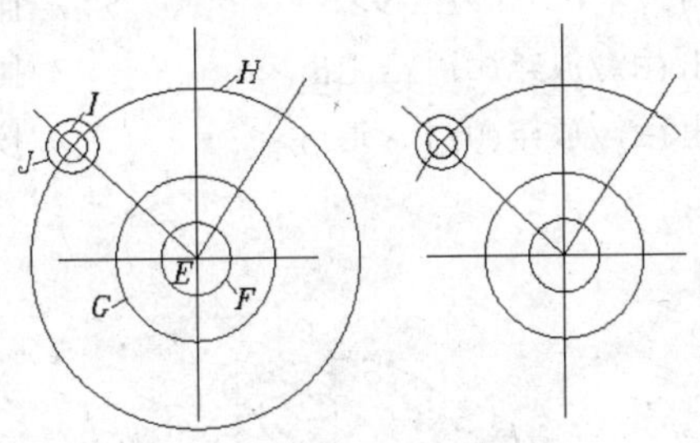

图3-4　画圆

【知识链接】 CIRCLE 命令选项如下。

(1) 指定圆的圆心：默认选项。输入圆心坐标或拾取圆心后，AutoCAD 提示输入圆半径或直径值。

(2) 三点(3P)：输入 3 个点绘制圆，如图 3-5 所示。

(3) 两点(2P)：指定直径的两个端点画圆。

(4) 切点、切点、半径(T)：指定圆的两个切点和半径画圆，如图 3-6 所示。

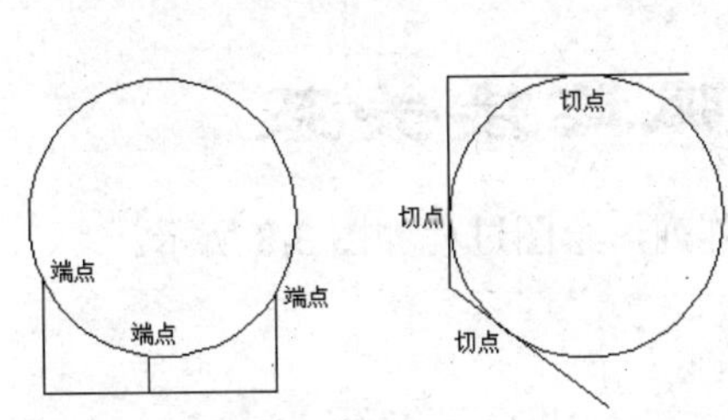

图3-5　根据 3 点绘制圆

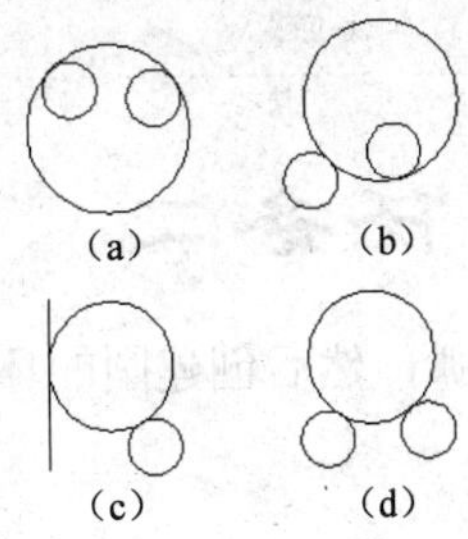

图3-6　绘制公切圆

三、复制对象

启动 COPY 命令后，首先选择要复制的对象，然后通过两点或直接输入位移值指定对象复制的距离和方向，AutoCAD 就将图形元素从原位置拷贝到新位置。

【步骤解析】

单击【修改】面板上的按钮或输入命令代号 COPY，启动复制命令。

命令: _copy

选择对象: 找到 1 个　　//选择圆 *J*，如图 3-7 所示

选择对象:　　//按 Enter 键确认

指定基点或 [位移(D)/模式(O)] <位移>:　　//捕捉交点 *A*

指定第二个点或 <使用第一个点作为位移>:　　//捕捉交点 *B*

指定第二个点或 [退出(E)/放弃(U)] <退出>:　　//按 Enter 键结束

命令:　　//重复命令

```
COPY
选择对象: 找到 1 个                                    //选择圆 I，如图 3-7 所示
选择对象:                                              //按 Enter 键确认
指定基点或 [位移(D)/模式(O)] <位移>:                   //捕捉交点 A
指定第二个点或 <使用第一个点作为位移>:                  //捕捉交点 B
指定第二个点或 [退出(E)/放弃(U)] <退出>:               //捕捉交点 C
指定第二个点或 [退出(E)/放弃(U)] <退出>:               //按 Enter 键结束
```

结果如图 3-7 所示。

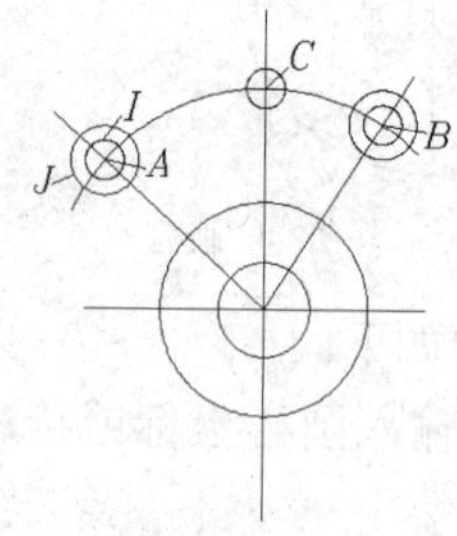

图3-7 复制圆 *I*、*J*

默认情况下，COPY 命令的复制模式是“多个”，该选项使用户可以在一次操作中同时对原对象作多个拷贝。

任务二 形成圆弧连接关系

绘制连接圆弧，然后创建圆的环形阵列和矩形阵列，绘图过程如图 3-8 所示。

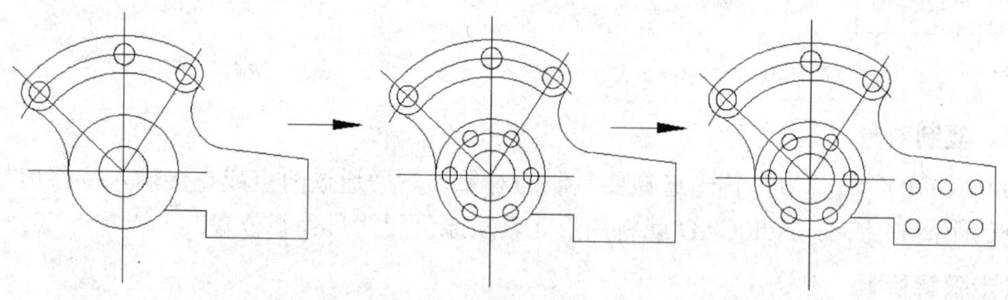

图3-8 绘图过程

一、画切线及圆弧连接

用 CIRCLE 命令还可绘制各种圆弧。下面将演示用 CIRCLE 命令绘制圆弧的方法。

【步骤解析】

1. 用 LINE 命令绘制线框 *A*，结果如图 3-9 所示。

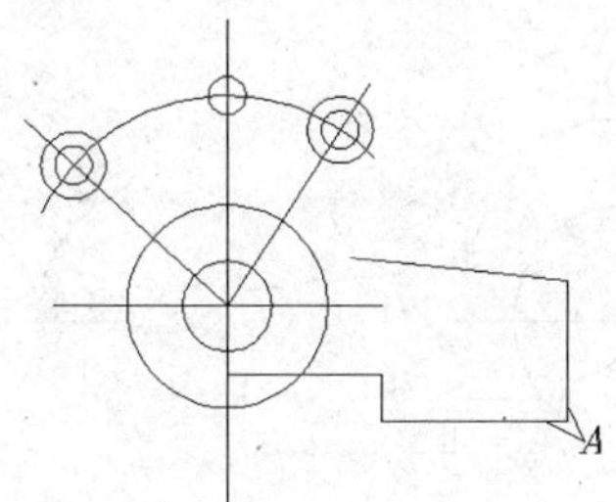

图3-9 绘制线框 *A*

2. 画相切圆 *K*、*L*，如图 3-10 所示。

```
命令: _circle 指定圆的圆心或 [三点(3P)/两点(2P)/切点、切点、半径(T)]:
                                        //捕捉交点 B，如图 3-10 左图所示
指定圆的半径或 [直径(D)]:                 //捕捉交点 C
命令:                                    //重复命令
CIRCLE 指定圆的圆心或 [三点(3P)/两点(2P)/切点、切点、半径(T)]:
                                        //捕捉交点 B
指定圆的半径或 [直径(D)]:                 //捕捉交点 D
```

修剪多余线条，结果如图 3-10 右图所示。

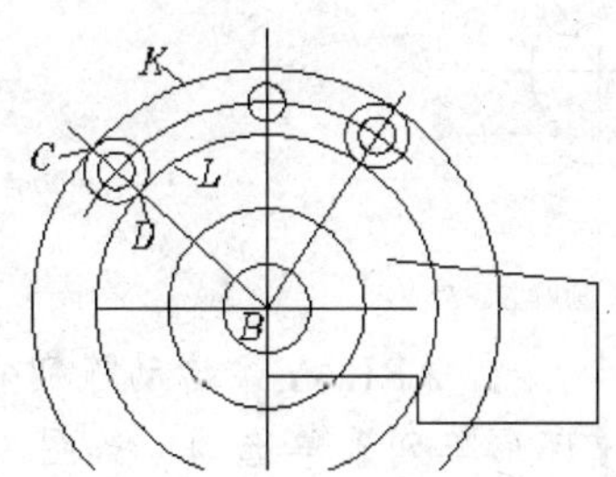

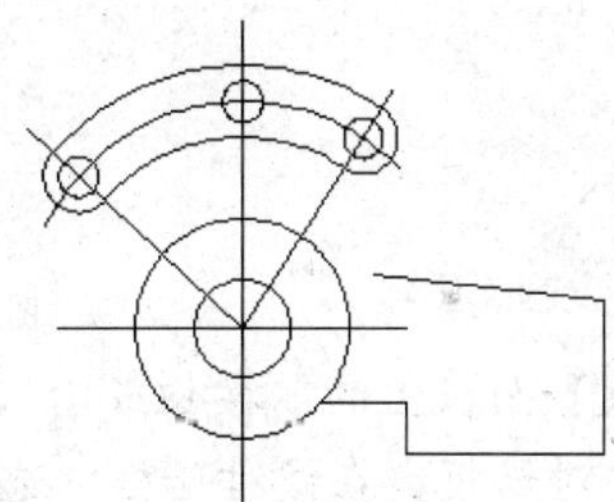

图3-10 画圆 *K*、*L*

3. 画相切圆 *M*、*N*，如图 3-11 所示。

```
命令: _circle 指定圆的圆心或 [三点(3P)/两点(2P)/切点、切点、半径(T)]: t
                                    //选择“T”选项画圆 M，如图 3-11 左图所示
指定对象与圆的第一个切点:              //捕捉切点 O
指定对象与圆的第二个切点:              //捕捉切点 P
指定圆的半径 <103.0000>: 50           //输入圆半径
命令:                                //重复命令
CIRCLE 指定圆的圆心或 [三点(3P)/两点(2P)/切点、切点、半径(T)]: t
                                    //选择“T”选项画圆 N
指定对象与圆的第一个切点:              //捕捉切点 Q
指定对象与圆的第二个切点:              //捕捉切点 R
指定圆的半径 <50.0000>: 30            //输入圆半径
```

修剪多余线条，结果如图 3-11 右图所示。

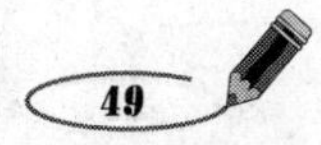

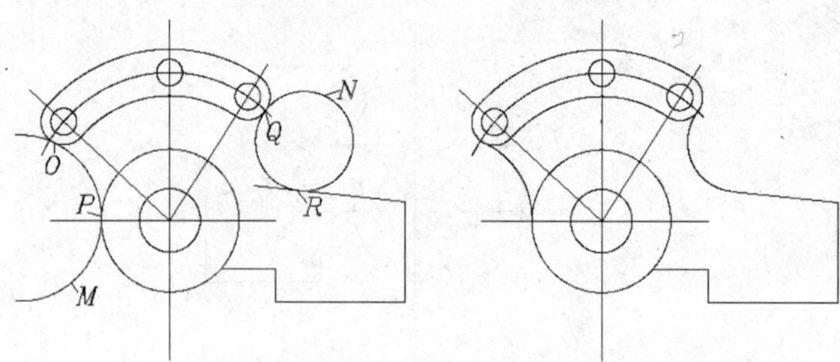

图3-11 画圆 *M*、*N*

二、环形阵列对象

ARRAY 命令可创建环形阵列。环形阵列是指把对象绕阵列中心等角度均匀分布。决定环形阵列的主要参数有阵列中心、阵列总角度及阵列数目。此外，用户也可以通过输入阵列总数及每个对象间的夹角来生成环形阵列。

【步骤解析】

1. 画圆 *S*、*T*，圆 *S*、*T* 的半径分别为 32、6，如图 3-12 所示。

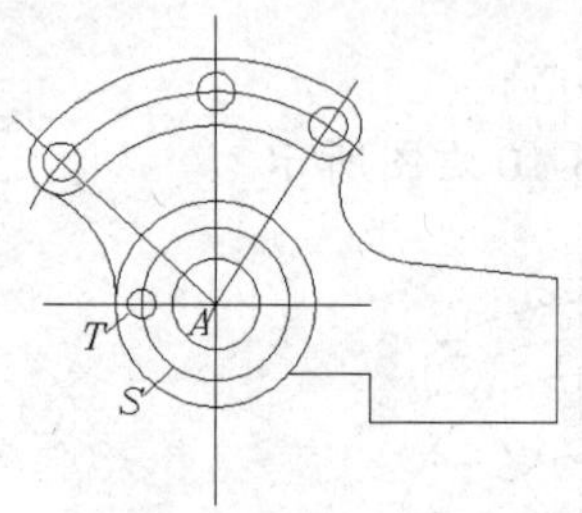

图3-12 画圆 *S*、*T*

2. 单击【修改】面板上的按钮或输入命令代号 ARRAY，启动阵列命令。AutoCAD 弹出【阵列】对话框，在该对话框中选取【环形阵列】单选项，如图 3-13 所示。

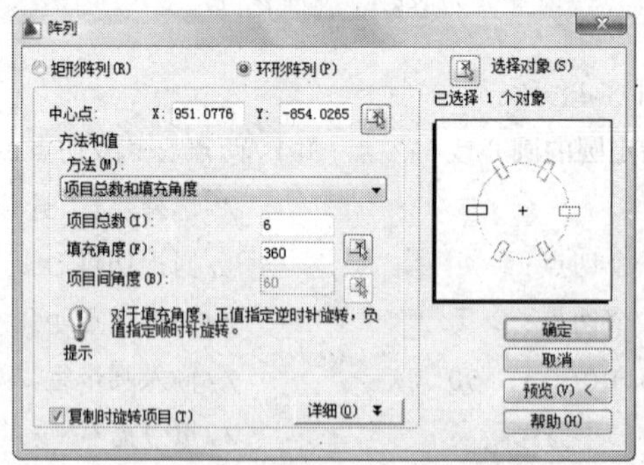

图3-13 【阵列】对话框

3. 单击按钮，AutoCAD 命令行提示"选择对象"，选择要阵列的图形对象 *T*，如图 3-12 所示。
4. 在【中心点】区域中单击按钮，AutoCAD 切换到绘图窗口，在屏幕上指定阵列中心点 *A*，如图 3-12 所示。
5. 【方法】下拉列表中提供了 3 种创建环形阵列的方法，选择其中一种，AutoCAD 就列

出需设定的参数。默认情况下，“项目总数和填充角度”是当前选项。此时，用户需输入的参数有项目总数和填充角度。

6. 在【项目总数】文本框中输入环形阵列的数目，在【填充角度】文本框中输入阵列分布的总角度值，如图 3-13 所示。若阵列角度为正，则 AutoCAD 沿逆时针方向创建阵列，反之，按顺时针方向创建阵列。
7. 单击 预览(V) < 按钮，用户可以预览阵列效果。单击此按钮，AutoCAD 返回绘图窗口，并按设定的参数显示出环形阵列。
8. 单击 确定 按钮生成环形阵列，结果如图 3-14 所示。

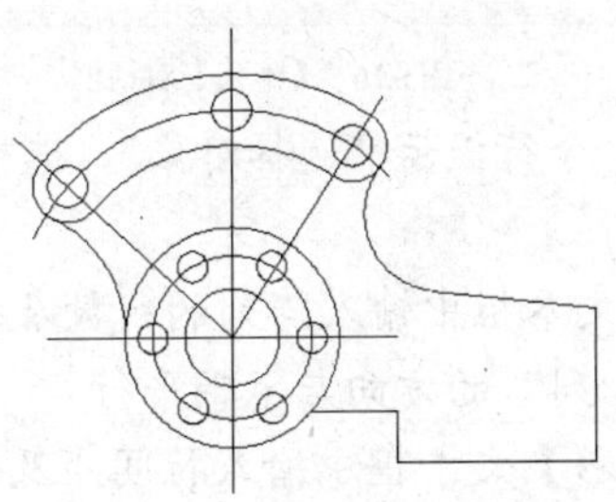

图3-14　环形阵列结果

三、矩形阵列对象

ARRAY 命令除了可以创建环形阵列以外，还能创建矩形阵列。矩形阵列是指将对象按行、列方式进行排列。操作时，用户一般应告诉 AutoCAD 阵列的行数、列数、行间距及列间距等，如果要沿倾斜方向生成矩形阵列，还应输入阵列的倾斜角度。

【步骤解析】

1. 画圆 D，结果如图 3-15 所示。

```
命令: _circle 指定圆的圆心或 [三点(3P)/两点(2P)/切点、切点、半径(T)]: from
                                                  //使用正交偏移捕捉
基点:                                             //捕捉交点 C
 <偏移>: @-15,14                                  //输入相对坐标
指定圆的半径或 [直径(D)] <6.0000>: 5.5            //输入圆半径
```

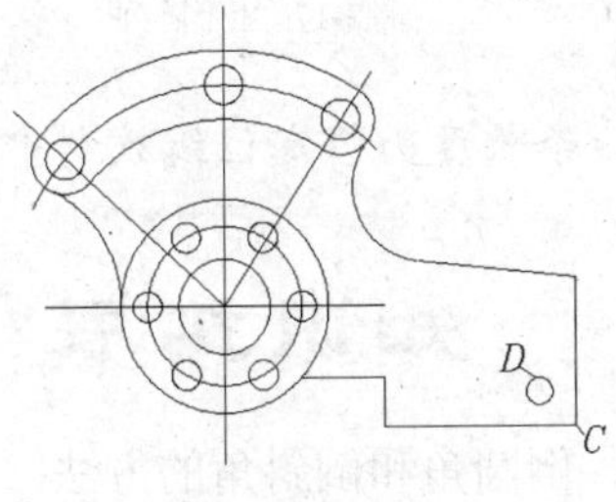

图3-15　画圆 D

2. 单击【修改】面板上的▦按钮，启动阵列命令。AutoCAD 弹出【阵列】对话框，在该对话框中选择【矩形阵列】单选项，如图 3-16 所示。

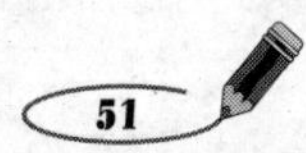

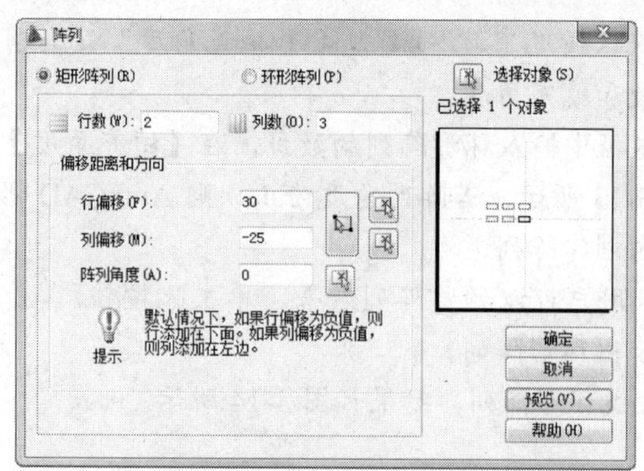

图3-16 【阵列】对话框

3. 单击按钮，AutoCAD 命令行提示“选择对象”，选择要阵列的图形对象 D，如图 3-15 所示。
4. 分别在【行数】、【列数】文本框中输入阵列的行数及列数，如图 3-16 所示。“行”的方向与坐标系的 x 轴平行，“列”的方向与 y 轴平行。
5. 分别在【行偏移】、【列偏移】文本框中输入行间距及列间距，如图 3-16 所示。行、列间距的数值可为正或负，若是正值，则 AutoCAD 沿 x 轴、y 轴的正方向形成阵列，反之，沿反方向形成阵列。
6. 在【阵列角度】文本框中输入阵列方向与 x 轴的夹角，如图 3-16 所示。该角度逆时针为正，顺时针为负。
7. 单击 预览(V) < 按钮，用户可以预览阵列效果。
8. 单击 确定 按钮，生成矩形阵列，结果如图 3-17 所示。

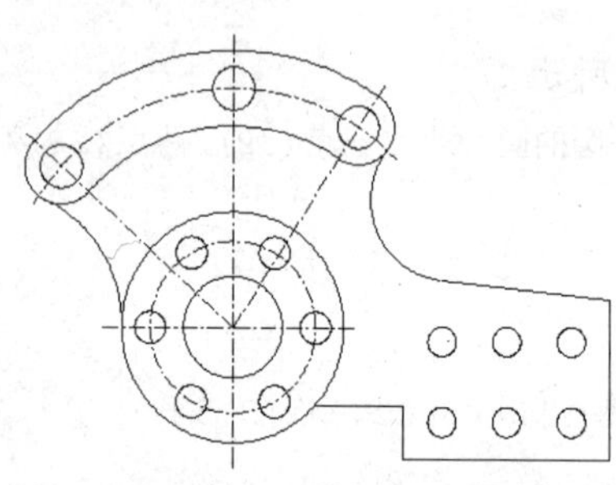

图3-17 矩形阵列

9. 用 LENGTHEN 命令调整线条长度，将定位线放到中心线层，结果如图 3-17 所示。

知识拓展

以下介绍移动及复制对象、倒圆角和倒斜角的方法。

一、移动及复制对象

移动图形实体的命令是 MOVE，复制图形实体的命令是 COPY，这两个命令都可以在二维、三维空间中操作，它们的使用方法是相似的。

【案例3-2】 练习 MOVE 命令的使用。

打开教学资源文件“项目 3\素材\3-2.dwg”，如图 3-18 左图所示。用 MOVE 命令将左图修改为右图所示样式。

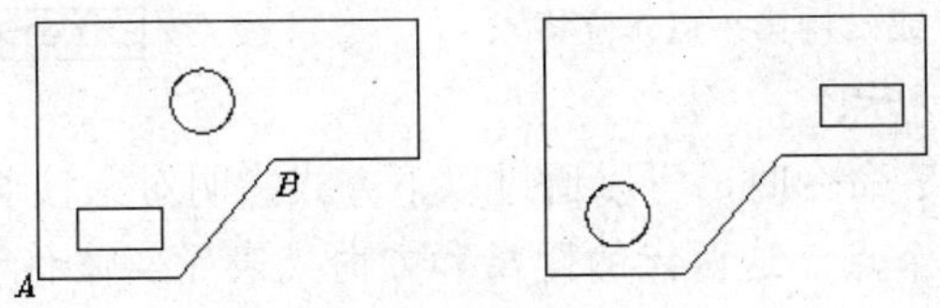

图3-18　移动对象

单击【修改】面板上的按钮或输入命令代号 MOVE，启动移动命令。

```
命令: _move
选择对象: 找到 1 个                              //选择矩形，如图 3-18 左图所示
选择对象:                                        //按 Enter 键确认
指定基点或位移:                                  //捕捉交点 A
指定位移的第二点或 <用第一点作位移>:             //捕捉交点 B
命令:                                            //重复命令
MOVE
选择对象: 指定对角点: 找到 1 个                  //选择圆，如图 3-18 左图所示
选择对象:                                        //按 Enter 键确认
指定基点或位移: -15,-18                          //输入沿 x、y 轴移动的距离
指定位移的第二点或 <用第一点作位移>:             //按 Enter 键结束
```

结果如图 3-18 右图所示。

【案例3-3】 练习 COPY 命令的使用。

打开教学资源文件“项目 3\素材\3-3.dwg”，如图 3-19 左图所示。用 COPY 命令将左图修改为右图所示样式。

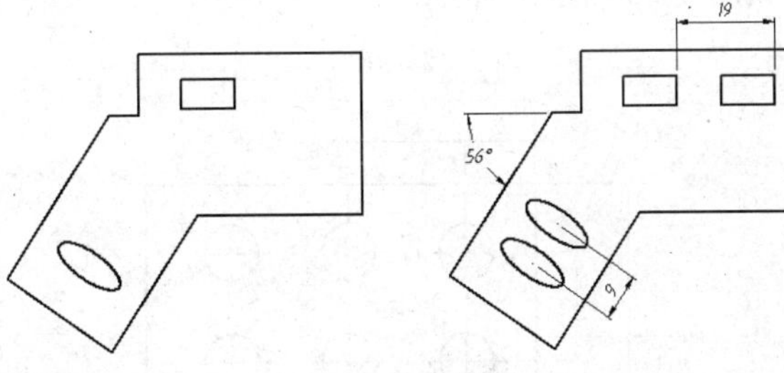

图3-19　复制对象

单击【修改】面板上的按钮或输入命令代号 COPY，启动复制命令。

```
命令: _copy
选择对象: 找到 1 个                              //选择矩形，如图 3-19 左图所示
选择对象:                                        //按 Enter 键
指定基点或位移，或者 [重复(M)]:                  //在屏幕上单击一点
指定位移的第二点或 <用第一点作位移>: 19          //向右追踪并输入追踪距离
命令:COPY                                        //重复命令
```

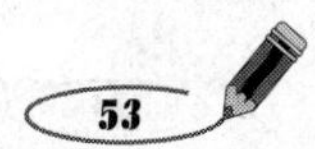

```
选择对象: 找到 1 个                                //选择椭圆
选择对象:                                         //按 Enter 键
指定基点或位移, 或者 [重复(M)]: 9<56              //输入复制的距离和方向
指定位移的第二点或 <用第一点作位移>:              //按 Enter 键结束
```

结果如图 3-19 右图所示。

使用 MOVE 或 COPY 命令时，可以通过以下方式指明对象移动或复制的距离和方向。

- 在屏幕上指定两个点，这两点的距离和方向代表了实体移动的距离和方向。当 AutoCAD 命令行提示“指定基点”时，指定移动的基准点。在 AutoCAD 命令行提示“指定第二个点”时，捕捉第二点或输入第二点相对于基准点的相对直角坐标或极坐标。
- 以“*x*，*y*”方式输入对象沿 *x* 轴、*y* 轴移动的距离，或用“距离<角度”方式输入对象位移的距离和方向。当 AutoCAD 命令行提示“指定基点”时，输入位移值。在 AutoCAD 命令行提示“指定第二个点”时，按 Enter 键确认，这样 AutoCAD 就以输入的位移值来移动实体对象。
- 打开正交或极轴追踪功能，就能方便地将实体只沿 *x* 轴或 *y* 轴方向移动。当 AutoCAD 命令行提示“指定基点”时，单击一点并把实体向水平或竖直方向移动，然后输入位移的数值。
- 使用“位移(D)”选项。启动该选项后，AutoCAD 命令行提示“指定位移”。此时，以“*x*，*y*”方式输入对象沿 *x* 轴、*y* 轴移动的距离，或以“距离<角度”方式输入对象位移的距离和方向。

二、创建矩形及环形阵列

工程图中，几何对象均匀分布的情况是很常见的，通过下面的案例进一步掌握 ARRAY 命令的用法。

【案例3-4】 绘制如图 3-20 所示的图形。

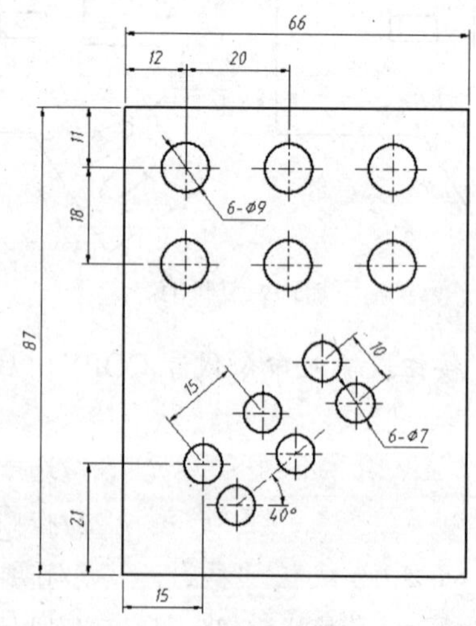

图3-20 矩形阵列练习

【案例3-5】 打开教学资源文件“项目 3\素材\3-5.dwg”，如图 3-21 左图所示。用 ARRAY 命令将左图修改为右图所示的样式。

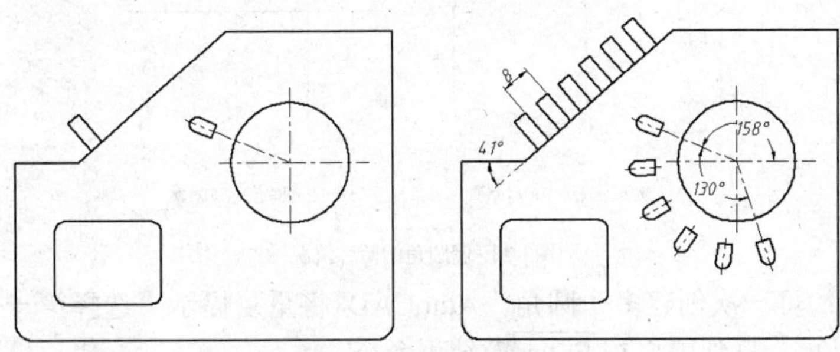

图3-21 画有均布特征的图形

三、倒圆角和倒斜角

利用 FILLET 命令倒圆角，操作的对象包括直线、多段线、样条线、圆、圆弧等。

利用 CHAMFER 命令倒斜角，倒角时既可以输入每条边的倒角距离，也可以指定某条边上倒角的长度及与此边的夹角。

【案例3-6】 练习 FILLET 命令的使用。

打开教学资源文件“项目 3\素材\3-6.dwg”，如图 3-22 左图所示。用 FILLET 命令将左图修改为右图所示样式。

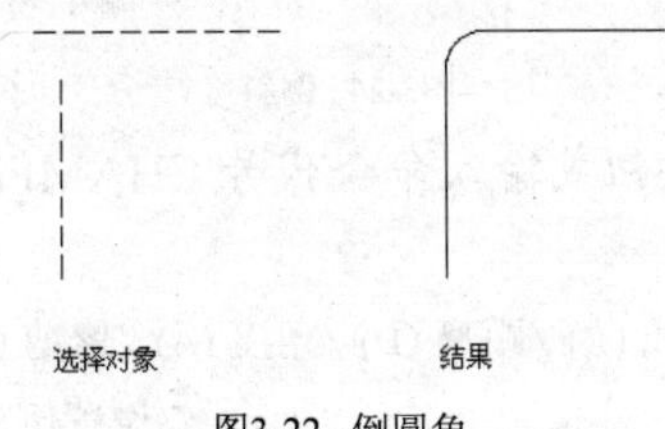

图3-22 倒圆角

单击【修改】面板上的□按钮或输入命令代号 FILLET，启动圆角命令。

```
命令: _fillet
选择第一个对象或 [多段线(P)/半径(R)/修剪(T) /多个(U)]: r //设置圆角半径
指定圆角半径 <3.0000>: 5                              //输入圆角半径值
选择第一个对象或 [多段线(P)/半径(R)/修剪(T) /多个(U)]:
                                   //选择要圆角的第一个对象，如图 3-22 左图所示
选择第二个对象:                                        //选择要圆角的第二个对象
```

结果如图 3-22 右图所示。

【知识链接】 FILLET 命令选项如下。

(1) 多段线(P)：选择多段线后，AutoCAD 对多段线每个顶点进行倒圆角操作，如图 3-23 左图所示。

(2) 半径(R)：设定圆角半径。若圆角半径为 0，则系统将使被修剪的两个对象交于一点。

(3) 修剪(T)：指定倒圆角操作后是否修剪对象，如图 3-23 右图所示。

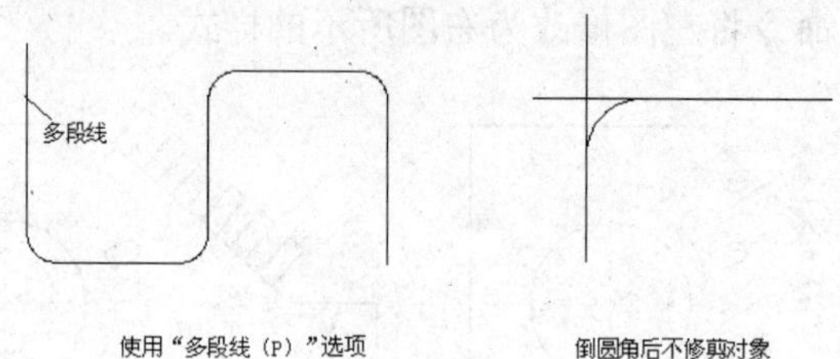

图3-23　倒圆角的两种情况

(4) 多个(U)：可一次创建多个圆角。AutoCAD 将重复提示“选择第一个对象”和“选择第二个对象”，直到用户按 Enter 键结束命令。

【案例3-7】 练习 CHAMFER 命令的使用。

打开教学资源文件“项目 3\素材\3-7.dwg”，如图 3-24 左图所示。用 CHAMFER 命令将左图修改为右图所示样式。

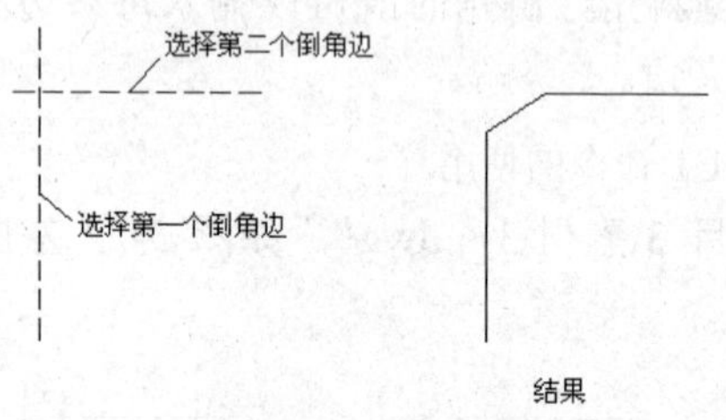

图3-24　倒斜角

单击【修改】面板上的按钮或输入命令代号 CHAMFER，启动倒角命令。

```
命令: _chamfer
选择第一条直线或 [多段线(P)/距离(D)/角度(A)/修剪(T)/方式(M)/多个(U)]: d
                                        //设置倒角距离
指定第一个倒角距离 <10.0000>: 5          //输入第一个边的倒角距离
指定第二个倒角距离 <5.0000>: 8           //输入第二个边的倒角距离
选择第一条直线或 [多段线(P)/距离(D)/角度(A)/修剪(T)/方式(E)/多个(M)]:
                                        //选择第一个倒角边，如图 3-24 左图所示
选择第二条直线:                          //选择第二个倒角边
```

结果如图 3-24 右图所示。

【知识链接】 CHAMFER 命令选项如下。

(1) 多段线(P)：选择多段线后，AutoCAD 将对多段线每个顶点执行倒斜角操作。

(2) 距离(D)：设定倒角距离。若倒角距离为 0，则系统将使被倒角的两个对象交于一点。

(3) 角度(A)：指定倒角距离及倒角角度。

(4) 修剪(T)：设置倒斜角时是否修剪对象。该选项与 FILLET 命令的“修剪(T)”选项相同。

(5) 方式(M)：设置使用两个倒角距离，还是一个距离一个角度来创建倒角。

(6) 多个(U)：可以一次创建多个倒角。

实训

用LINE、CIRCLE、COPY等命令绘制平面图形及简单零件图。

实训1　绘制切线及圆弧连接关系

【案例3-8】 用LINE、CIRCLE、TRIM等命令绘制图3-25所示的图形。

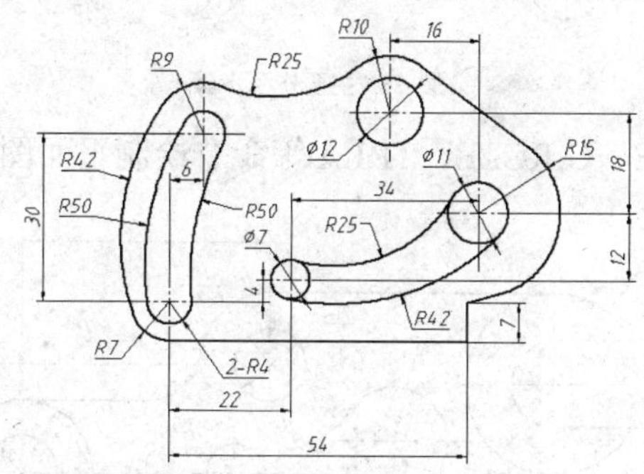

图3-25　平面绘图练习（1）

主要作图步骤，如图3-26所示。

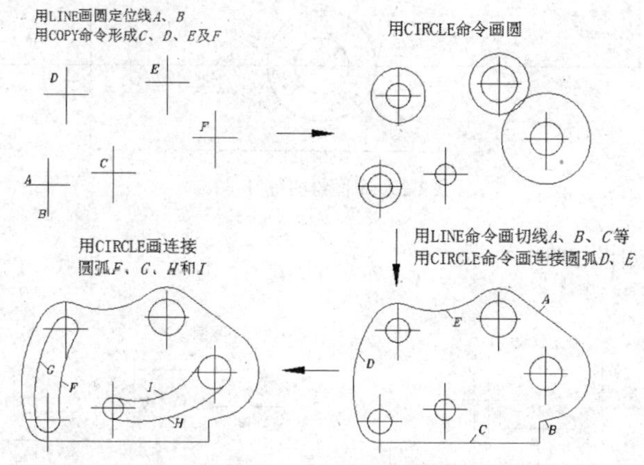

图3-26　主要作图步骤

【案例3-9】 用LINE、CIRCLE、COPY、TRIM等命令绘制图3-27所示的图形。

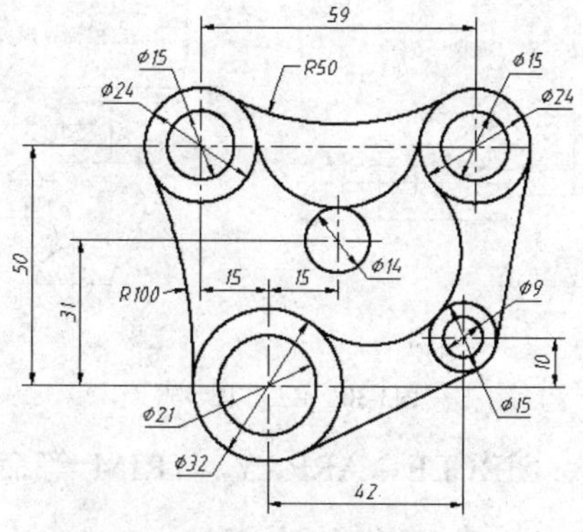

图3-27　平面绘图练习（2）

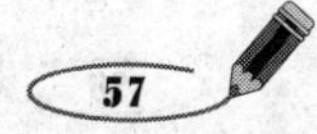

主要作图步骤，如图 3-28 所示。

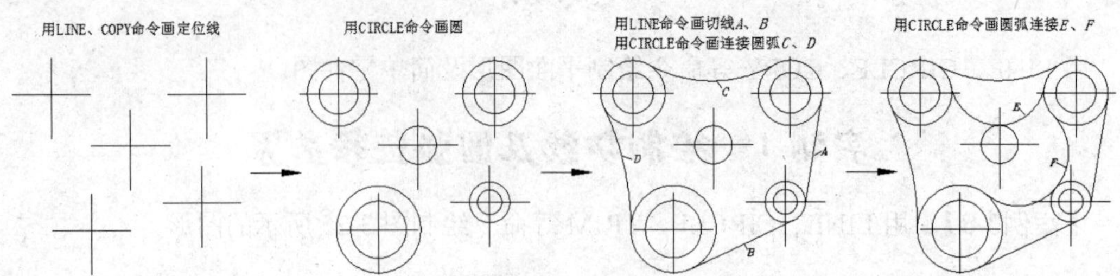

图3-28 主要作图步骤

【案例3-10】 用 LINE、CIRCLE、TRIM 等命令绘制平面图形，如图 3-29 所示。

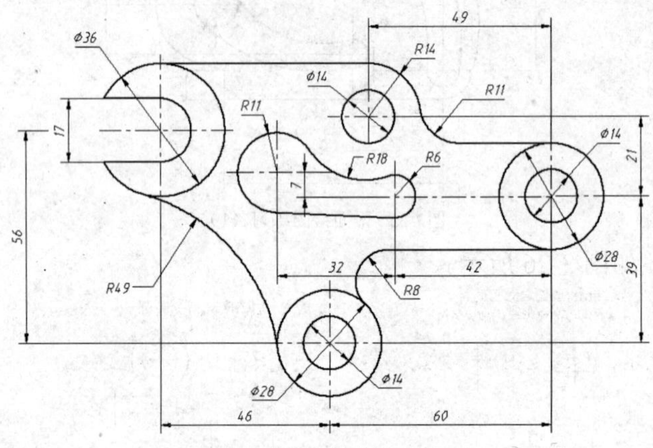

图3-29 平面绘图练习（3）

主要作图步骤，如图 3-30 所示。

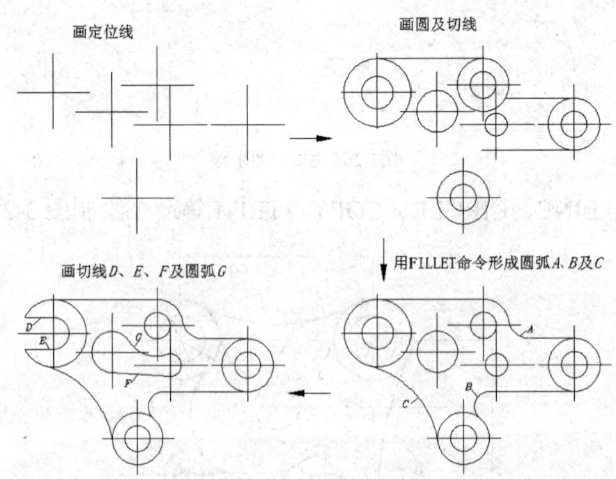

图3-30 主要作图步骤

【案例3-11】 用 LINE、CIRCLE、ARRAY、TRIM 等命令绘制平面图形，如图 3-31 所示。

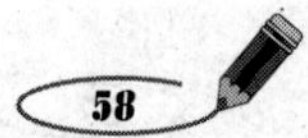

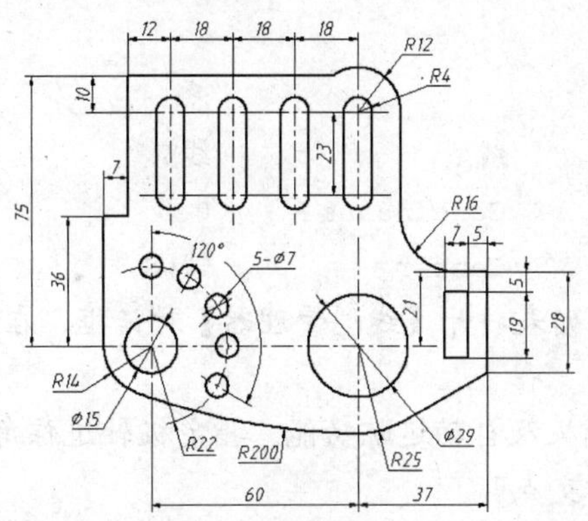

图3-31 平面绘图练习（4）

主要作图步骤，如图 3-32 所示。

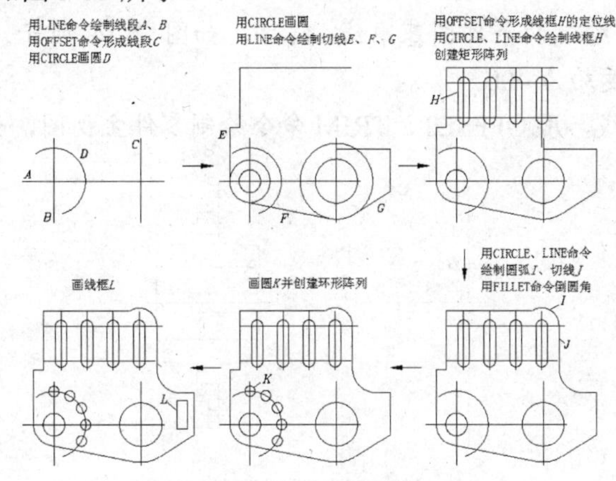

图3-32 主要作图步骤

实训 2 绘制轮芯零件图

【案例3-12】 用 LINE、CIRCLE、ARRAY、CHAMFER 等命令绘制轮芯零件图，如图 3-33 所示。

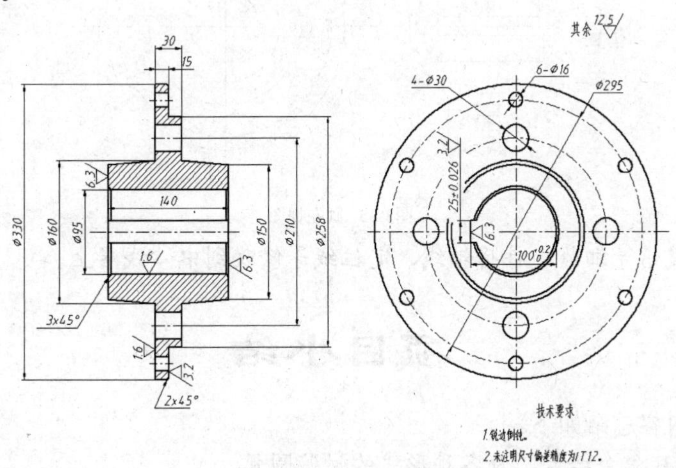

图3-33 画轮芯零件图

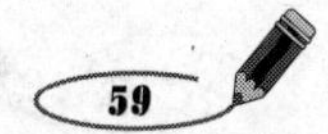

【步骤解析】

1. 创建 2 个图层。

名称	颜色	线型	线宽
轮廓线层	白色	Continuous	0.5
中心线层	红色	Center	默认

2. 通过【线型控制】下拉列表打开【线型管理器】对话框，在此对话框中设定线型全局比例因子为 0.5。
3. 打开极轴追踪、对象捕捉及自动追踪功能。指定极轴追踪角度增量为 90°，设定对象捕捉方式为“端点”、“交点”。
4. 设定绘图区域大小为 500 × 500。单击【实用程序】面板上的按钮，使绘图区域充满整个图形窗口显示出来。
5. 切换到轮廓线层，绘制两条作图基准线 *A*、*B*，如图 3-34 所示。线段 *A* 的长度约为 180，线段 *B* 的长度约为 400。
6. 以 *A*、*B* 线为基准线，用 OFFSET、TRIM 命令绘制零件主视图，如图 3-34 所示。

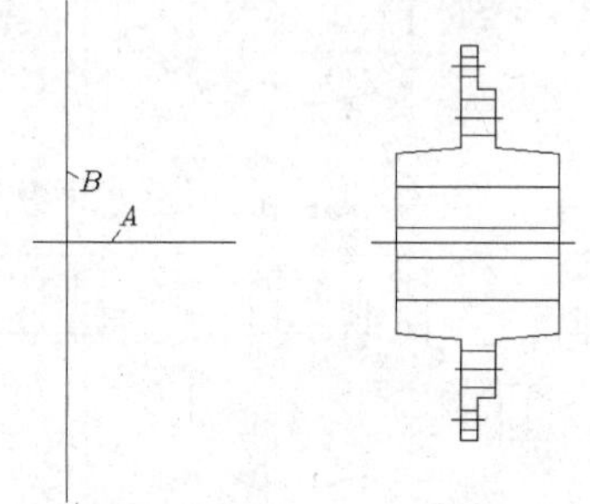

图3-34 绘制作图基准及主视图

7. 画左视图定位线 *C*、*D*，然后画圆，如图 3-35 所示。

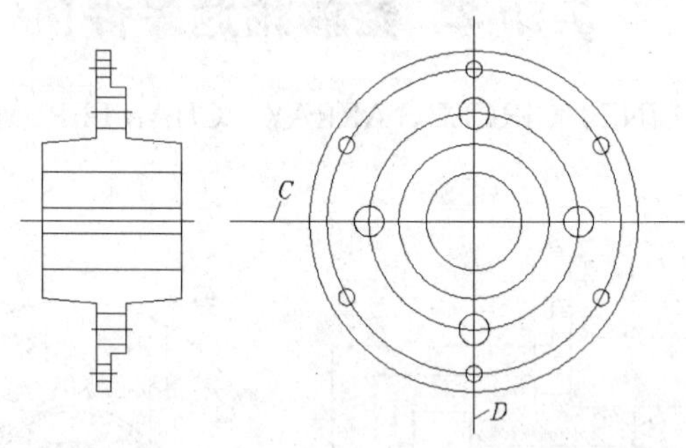

图3-35 画左视图

8. 绘制圆角、键槽等细节，再将轴线、定位线等修改到中心线层上。

项目小结

本项目主要内容总结如下。

- 用 CIRCLE 命令绘制圆及各种形式的过渡圆弧。
- 用 MOVE 命令移动对象，用 COPY 命令复制对象。这两个命令的操作方法是

相同的，用户可通过输入两点来指定对象位移的距离及方向，也可以直接输入沿 x 轴、y 轴的位移值，或是以极坐标形式表明位移矢量。

- 可用 ARRAY 命令创建对象的矩形阵列。阵列的行与 x 轴平行，列与 y 轴平行。行、列间距可正、可负，当为正值时，对象沿坐标轴正方向分布，反之，沿坐标轴负向分布。此外，还可用 ARRAY 命令创建沿倾斜方向的矩形阵列。
- 可用 ARRAY 命令创建对象的环形阵列。阵列的总角度可正、可负，若为正值，对象将沿逆时针方向分布，反之，沿顺时针方向分布。
- 用 FILLET 命令倒圆角，用 CHAMFER 命令倒斜角。

思考与练习

一、思考题

1. 如何绘制图 3-36 中所示的圆？
2. 可以用哪两种方法创建图 3-37 中所示的圆弧？

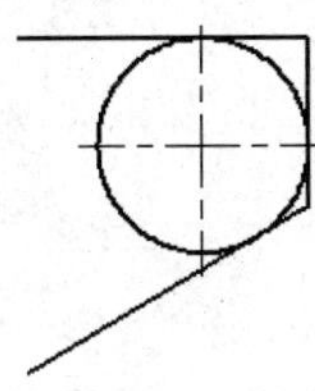

图3-36　绘制与直线相切的圆

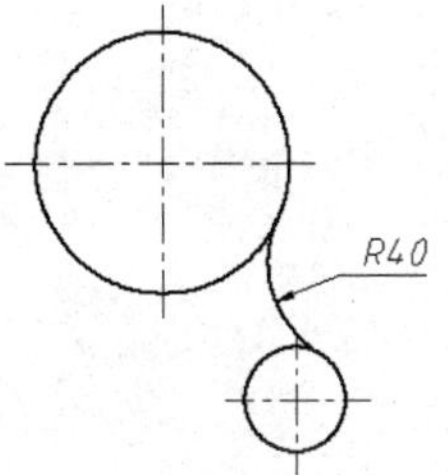

图3-37　画圆弧连接

3. 移动及复制对象时，可以通过哪两种方式指定对象位移的距离及方向？
4. 创建环形及矩形阵列时，阵列角度、行和列间距可以是负值吗？
5. 若想沿某一倾斜方向创建矩形阵列，应怎样操作？

二、操作题

1. 绘制如图 3-38 所示的图形。

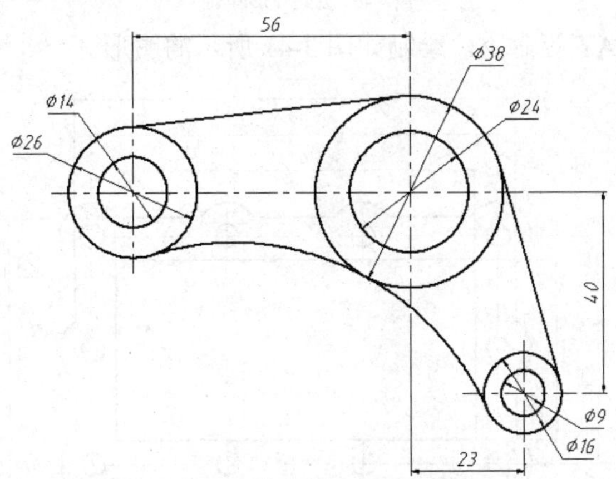

图3-38　画圆、切线及圆弧连接

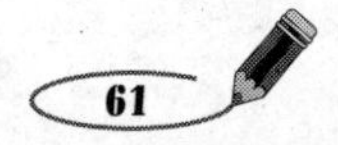

2. 绘制如图 3-39 所示的图形。

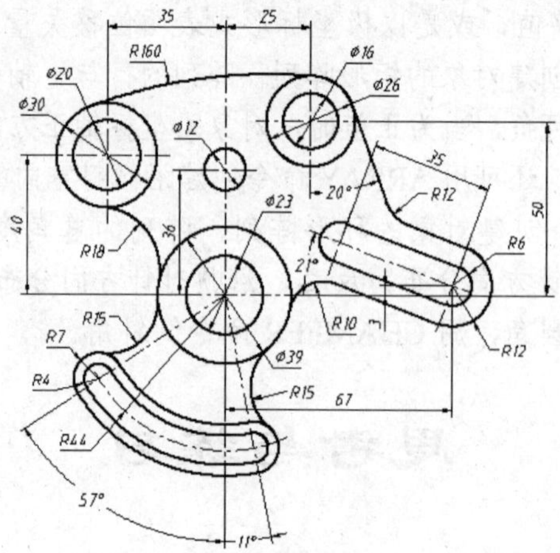

图3-39 画切线及圆弧连接

3. 绘制如图 3-40 所示的图形。

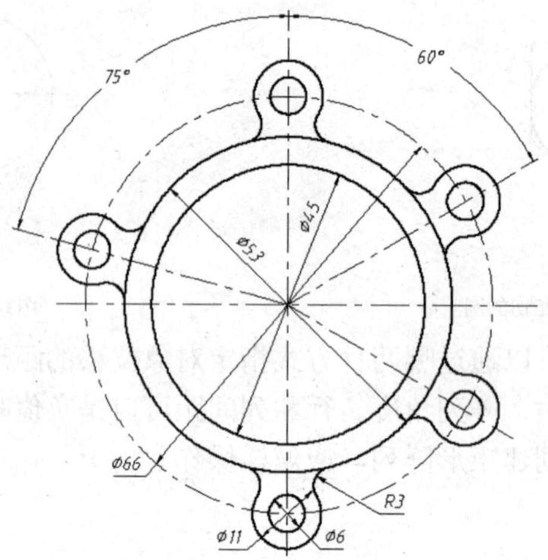

图3-40 创建环形阵列

4. 用 CIRCLE、ARRAY 等命令，绘制如图 3-41 所示的图形。

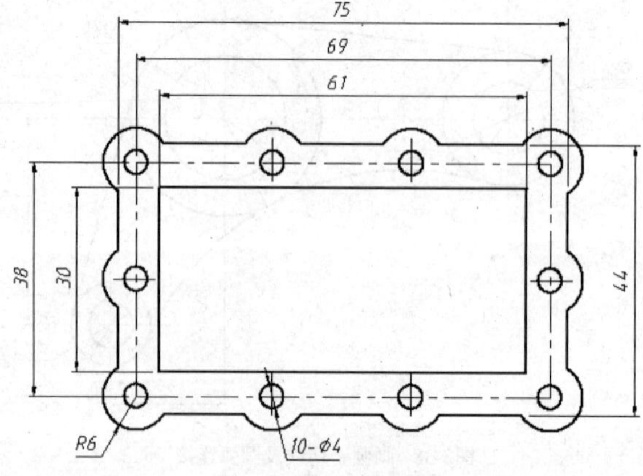

图3-41 创建矩形阵列

5. 用 COPY、MOVE 等命令，绘制如图 3-42 所示的图形。

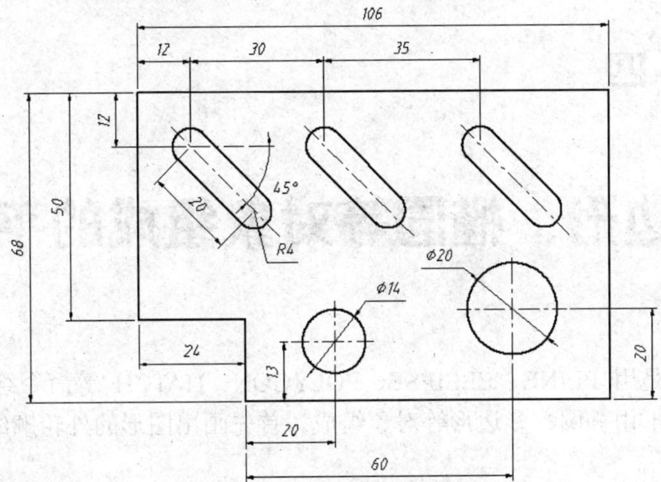

图3-42 用 COPY 及 MOVE 等命令绘图

6. 用 ARRAY、CHAMFER 等命令，绘制如图 3-43 所示的图形。

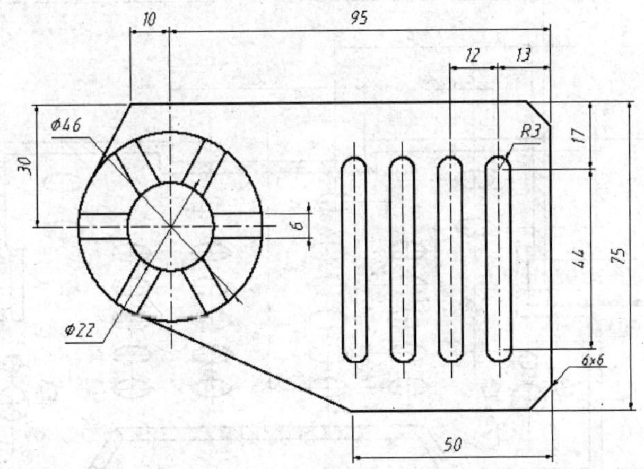

图3-43 绘制具有均布特征的图形

项 目 四

绘制多边形、椭圆等对象组成的平面图形

本项目的任务是用 PLINE、ELLIPSE、POLYGON、HATCH 等命令绘制如图 4-1 所示的平面图形，该图形由椭圆、多边形等对象组成。首先画出图形的外轮廓线，然后依次绘制图形的局部细节。

【案例4-1】 用 PLINE、ELLIPSE、POLYGON、HATCH 等命令，绘制平面图形。

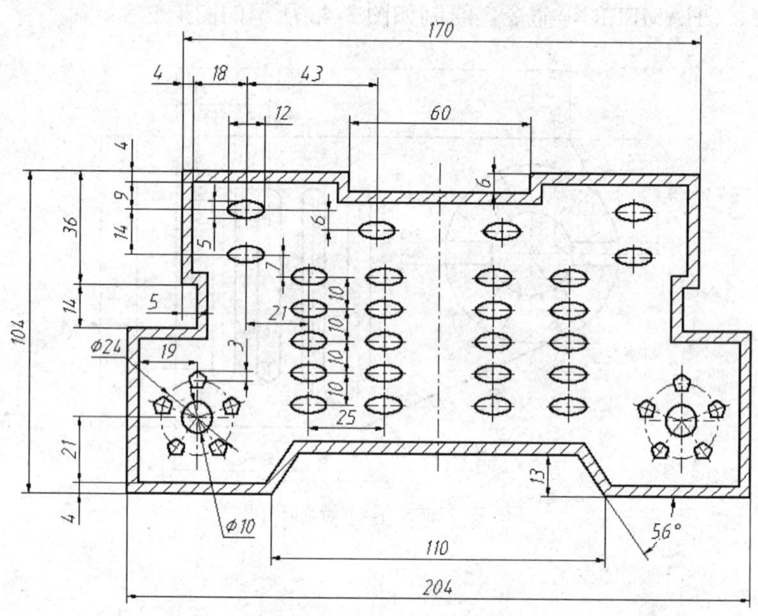

图4-1 画多边形、椭圆等构成的图形

学习目标

- 画矩形、正多边形及椭圆。
- 画多段线。
- 画具有对称关系的图形。
- 绘制剖面图案。
- 编辑剖面图案。

任务一 绘制图形的外轮廓线

绘制图形外轮廓线、椭圆及多边形，然后阵列并复制对象，具体绘图过程如图 4-2 所示。

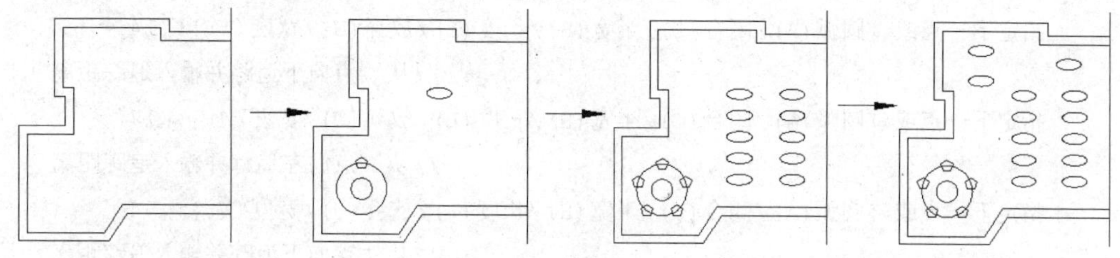

图4-2 绘图过程

一、绘制多段线

PLINE 命令用来创建二维多段线。多段线是由几段直线和圆弧构成的连续线条，它是一个单独的图形对象。二维多段线具有以下特点。

- 能够设定多段线中直线及圆弧的宽度。
- 可以利用有宽度的多段线形成实心圆、圆环、带锥度的粗线等。
- 能在指定的线段交点处或对整个多段线进行倒圆角或倒斜角处理。
- 可以使直线、圆弧构成闭合多段线。

【步骤解析】

1. 创建 3 个图层。

名称	颜色	线型	线宽
轮廓线层	白色	Continuous	0.5
剖面线层	绿色	Continuous	默认
中心线层	红色	Center	默认

2. 打开极轴追踪、对象捕捉及自动追踪功能。指定极轴追踪角度增量为 90°，设定对象捕捉方式为“端点”、“圆心”和“交点”。
3. 设定线型全局比例因子为 0.2，设定绘图区域大小为 250 × 250，单击【实用程序】面板上的按钮，使绘图区域充满整个图形窗口显示出来。
4. 切换到轮廓线层，绘制竖直作图基准线 *A*，长度约为 110，如图 4-3 左图所示。
5. 单击【绘图】面板上的按钮，或输入命令代号 PLINE，启动绘制多段线命令。

```
命令: _pline
指定起点: nea 到                                      //捕捉最近点 B，如图 4-3 左图所示
指定下一个点或 [圆弧(A)/半宽(H)/长度(L)/放弃(U)/宽度(W)]: 30
                                                      //从 B 点向左追踪并输入追踪距离
指定下一点或 [圆弧(A)/闭合(C)/半宽(H)/长度(L)/放弃(U)/宽度(W)]: 6
                                                      //从 C 点向上追踪并输入追踪距离
指定下一点或 [圆弧(A)/闭合(C)/半宽(H)/长度(L)/放弃(U)/宽度(W)]: 55
```

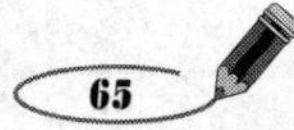

//从 D 点向左追踪并输入追踪距离

指定下一点或 [圆弧(A)/闭合(C)/半宽(H)/长度(L)/放弃(U)/宽度(W)]: 36

//从 E 点向下追踪并输入追踪距离

指定下一点或 [圆弧(A)/闭合(C)/半宽(H)/长度(L)/放弃(U)/宽度(W)]: 5

//从 F 点向右追踪并输入追踪距离

指定下一点或 [圆弧(A)/闭合(C)/半宽(H)/长度(L)/放弃(U)/宽度(W)]: 14

//从 G 点向下追踪并输入追踪距离

指定下一点或 [圆弧(A)/闭合(C)/半宽(H)/长度(L)/放弃(U)/宽度(W)]: 17

//从 H 点向左追踪并输入追踪距离

指定下一点或 [圆弧(A)/闭合(C)/半宽(H)/长度(L)/放弃(U)/宽度(W)]: 54

//从 I 点向下追踪并输入追踪距离

指定下一点或 [圆弧(A)/闭合(C)/半宽(H)/长度(L)/放弃(U)/宽度(W)]: 42

//从 J 点向右追踪并输入追踪距离

指定下一点或 [圆弧(A)/闭合(C)/半宽(H)/长度(L)/放弃(U)/宽度(W)]:

//按 Enter 键结束

6. 绘制线段 *KL*、*MN*，如图 4-3 左图所示。

命令: _line 指定第一点:　　//捕捉端点 K，如图 4-3 左图所示

指定下一点或 [放弃(U)]: <56　　//输入画线角度

指定下一点或 [放弃(U)]:　　//在 L 点处单击一点

指定下一点或 [放弃(U)]:　　//按 Enter 键结束

命令:　　//重复命令

LINE 指定第一点: 13　　//从 K 点向上追踪并输入追踪距离

指定下一点或 [放弃(U)]:　　//捕捉交点 N

指定下一点或 [放弃(U)]:　　//按 Enter 键结束

修剪多余线条，结果如图 4-3 右图所示。

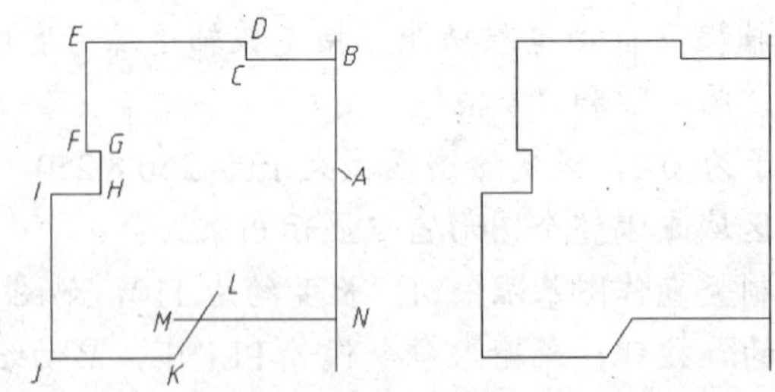

图4-3　绘制多段线

7. 单击【修改】面板上的按钮，或输入命令代号 PEDIT，启动编辑多段线命令。

命令: _pedit 选择多段线或 [多条(M)]:　　//选择直线 R，如图 4-4 左图所示

是否将其转换为多段线? <Y> y　　//将直线 R 转化为多段线，

输入选项 [闭合(C)/合并(J)/宽度(W)/编辑顶点(E)/拟合(F)/样条曲线(S)/非曲线化(D)/线型生成(L)/放弃(U)]: j　　//选择"合并"选项

选择对象: 找到 1 个，总计 2 个　　//选择直线 S 和多段线 T

选择对象：　　　　　　　　　　　　　　　　　　//按Enter键

输入选项［闭合(C)/合并(J)/宽度(W)/编辑顶点(E)/拟合(F)/样条曲线(S)/非曲线化(D)/线型生成(L)/放弃(U)］：　　　　　　　　　　　　//按Enter键结束

8. 用 OFFSET 命令将多段线向内部偏移，偏移距离为 4，结果如图 4-4 右图所示。

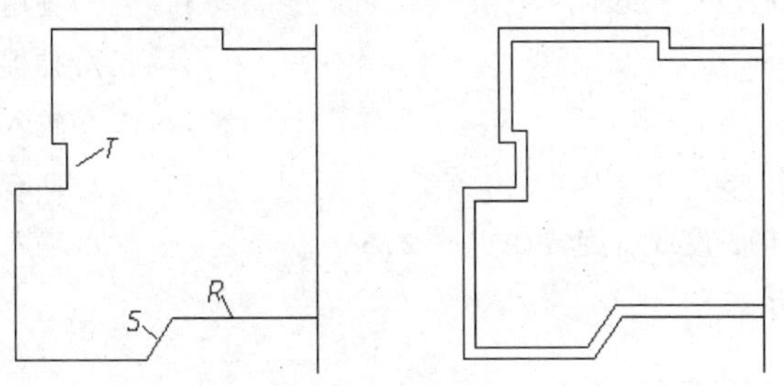

图4-4　编辑并偏移多段线

【知识链接】 PLINE 命令选项如下。

(1) 圆弧(A)：使用此选项可以画圆弧。

(2) 闭合(C)：此选项可以使多段线闭合，它与 LINE 命令的“C”选项作用相同。

(3) 半宽(H)：该选项使用户可以指定本段多段线的半宽度，即线宽的一半。

(4) 长度(L)：指定本段多段线的长度，其方向与上一直线段相同或是沿上一段圆弧的切线方向。

(5) 放弃(U)：删除多段线中最后一次绘制的直线段或圆弧段。

(6) 宽度(W)：设置多段线的宽度，此时 AutoCAD 命令行将提示“指定起点宽度”和“指定端点宽度”，用户可以输入不同的起始宽度和终点宽度值，以绘制一条宽度逐渐变化的多段线。

二、画多边形及椭圆

POLYGON 命令用于绘制正多边形，多边形的边数可以为 3~1 024。绘制方式包括根据外接圆生成多边形，或是根据内切圆生成多边形。

ELLIPSE 命令用于创建椭圆。画椭圆的常用方法是指定椭圆第一根轴线的两个端点及另一轴长度的一半。另外，也可通过指定椭圆中心、第一轴的端点及另一轴线的半轴长度来创建椭圆。

【步骤解析】

1. 画圆 *A*、*B*，圆心使用正交偏移捕捉确定，结果如图 4-5 所示。
2. 画正多边形，如图 4-5 所示。单击【绘图】面板上的⬠按钮或输入命令代号 POLYGON，启动绘制正多边形命令。

命令：

POLYGON 输入边的数目 <4>：5　　　　　　　　　　//输入多边形边数

指定正多边形的中心点或［边(E)］：　　　　　　　　//从圆心向上追踪捕捉交点 *C*

输入选项［内接于圆(I)/外切于圆(C)］<I>：I　　　//采用内接于圆方式画多边形

指定圆的半径：3　　　　　　　　　　　　　　　　//指定圆半径

结果如图 4-5 所示。

3. 画椭圆，如图 4-5 所示。单击【绘图】面板上的〇按钮，或输入命令代号 ELLIPSE，启动绘制椭圆命令。

```
命令: _ellipse
指定椭圆的轴端点或 [圆弧(A)/中心点(C)]: c          //选择"中心点(C)"选项
指定椭圆的中心点: from                              //使用正交偏移捕捉
基点:                                               //捕捉交点 D，如图 4-5 所示
 <偏移>: @39,-30                                    //输入椭圆中心点的相对坐标
指定轴的端点: 6                                     //向右追踪并输入追踪距离
指定另一条半轴长度或 [旋转(R)]: 2.5                 //输入椭圆另一轴长度的一半
```

结果如图 4-5 所示。

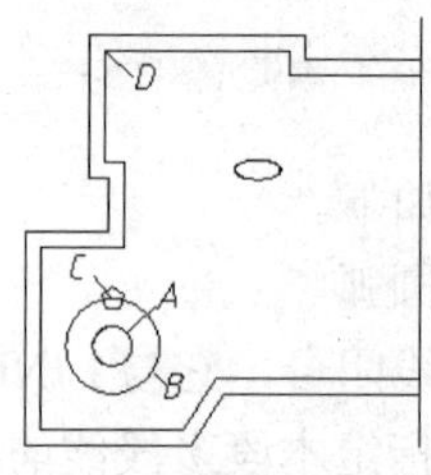

图4-5 画多边形及椭圆

【知识链接】 POLYGON 命令选项如下。

(1) 指定多边形的中心点：用户输入多边形边数后，再拾取多边形中心点。

(2) 内接于圆(I)：根据外接圆生成正多边形，如图 4-6 左图所示。

(3) 外切于圆(C)：根据内切圆生成正多边形，如图 4-6 中图所示。

(4) 边(E)：输入多边形边数后，再指定某条边的两个端点，即可绘出多边形，如图 4-6 右图所示。

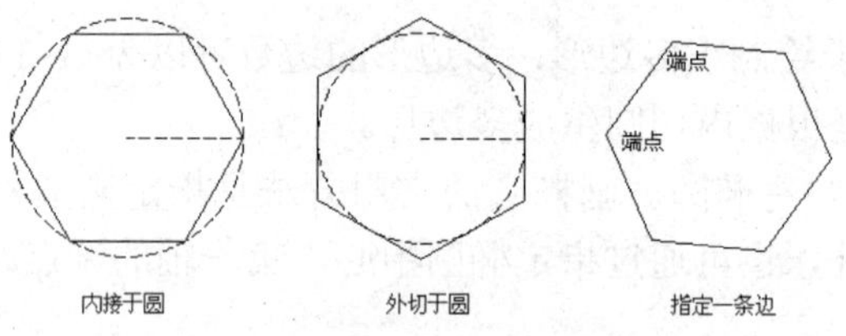

图4-6 用不同方式绘制正多边形

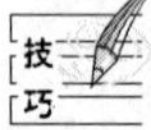

当选择“边”来创建正多边形时，用户指定边的一个端点后，再输入另一端点的相对极坐标就可以确定正多边形的倾斜方向。若选择“内接于圆”或“外切于圆”选项，则正多边形的倾斜方向也可以按类似方法确定，即在指定正多边形中心后，再输入圆半径上另一点的相对极坐标就可以了。

【知识链接】 ELLIPSE 命令选项如下。

(1) 圆弧(A)：该选项使用户可以绘制一段椭圆弧。过程是先画一个完整的椭圆，随后 AutoCAD 命令行提示用户指定椭圆弧的起始角及终止角。

(2) 中心点(C)：通过椭圆中心点及长轴、短轴来绘制椭圆。

(3) 旋转(R)：按旋转方式绘制椭圆，即 AutoCAD 将圆绕直径转动一定角度后，再投影到平面上形成椭圆。

三、阵列对象

本节将创建正多边形的环形阵列及椭圆的矩形阵列。

【步骤解析】

1. 创建正多边形的环形阵列，阵列项目总数为 5，填充角度为 360°，如图 4-7 所示。
2. 创建椭圆的矩形阵列，阵列行数为 5，列数为 3，行间距为 10，列间距为 25，结果如图 4-7 所示。

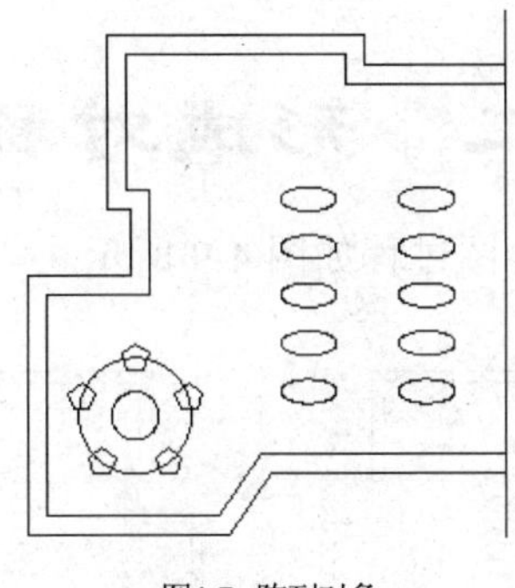

图4-7　阵列对象

四、复制对象

本节将复制椭圆到正确的位置。

【步骤解析】

复制椭圆，如图 4-8 所示。

```
命令: _copy
选择对象: 找到 1 个                                      //选择椭圆 E，如图 4-8 所示
选择对象:                                                //按 Enter 键
指定基点或 [位移(D)/模式(O)] <位移>: -21,7               //输入对象沿 x、y 轴复制距离
指定第二个点或 <使用第一个点作为位移>:                    //按 Enter 键结束
命令:COPY                                                //重复命令
选择对象: 找到 1 个                                      //选择椭圆 F
选择对象:                                                //按 Enter 键
指定基点或 [位移(D)/模式(O)] <位移>:                     //在屏幕上单击一点
 指定第二个点或 <使用第一个点作为位移>: 14               //向上追踪并输入追踪距离
指定第二个点或 [退出(E)/放弃(U)] <退出>:                 //按 Enter 键结束
命令:COPY                                                //重复命令
选择对象: 找到 1 个                                      //选择椭圆 G
选择对象:                                                //按 Enter 键
指定基点或 [位移(D)/模式(O)] <位移>: 43,-6               //输入对象沿 x、y 轴复制距离
指定第二个点或 <使用第一个点作为位移>:                    //按 Enter 键结束
```

结果如图 4-8 所示。

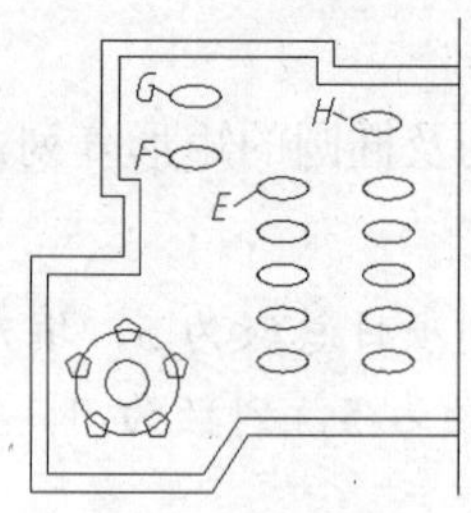

图4-8　复制椭圆

任务二　形成对称关系

镜像对象，然后填充图案，绘图过程如图 4-9 所示。

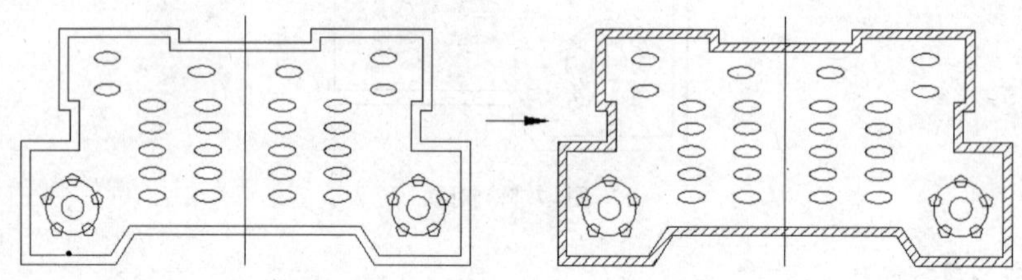

图4-9　绘图过程

一、镜像对象

对于对称图形，用户只需画出图形的一半，另一半可由 MIRROR 命令镜像出来。操作时，先告诉 AutoCAD 要对哪些对象进行镜像，然后再指定镜像线位置即可。

【步骤解析】

1. 单击【修改】面板上的按钮，或输入命令代号 MIRROR，启动镜像命令。

```
命令: _mirror
选择对象: 指定对角点: 找到 13 个                    //选择镜像对象，如图 4-10 所示
选择对象:                                           //按 Enter 键
指定镜像线的第一点:                                 //拾取镜像线上的第一点
指定镜像线的第二点:                                 //拾取镜像线上的第二点
是否删除源对象? [是(Y)/否(N)] <N>:                   //按 Enter 键，镜像时不删除原对象
```

2. 结果如图 4-10 所示，该图中还显示了镜像时删除原对象的结果。

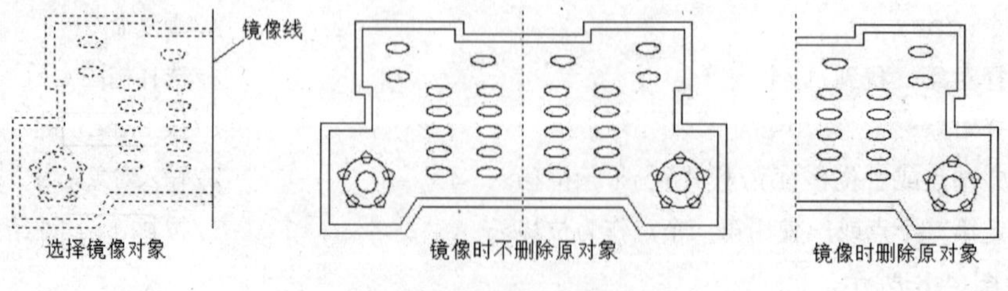

图4-10　镜像

当对文字及属性进行镜像操作时可能会使它们被倒置，要避免这一点，需将 MIRRTEXT 系统变量设置为 0。

二、填充剖面图案

用 HATCH 命令填充剖面图案。在填充剖面线时，首先要指定填充边界，一般可用两种方法选定画剖面线的边界，一种是在闭合的区域中选一点，AutoCAD 自动搜索闭合的边界，另一种是通过选择对象来定义边界。

【步骤解析】

1. 单击【绘图】面板上的按钮，弹出【图案填充和渐变色】对话框，选择【图案填充】选项卡，如图 4-11 所示。

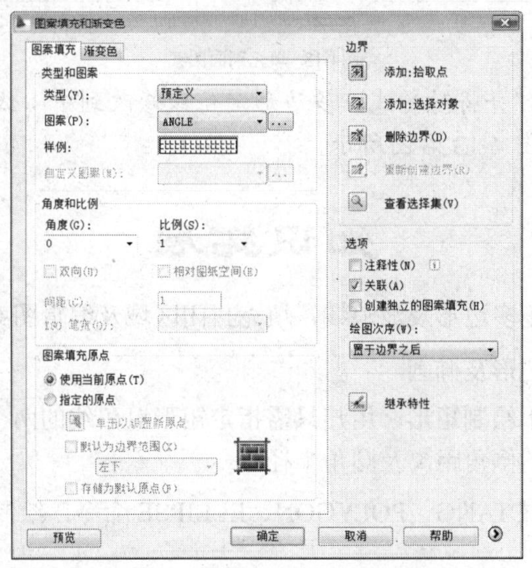

图4-11 【图案填充和渐变色】对话框

2. 单击【图案】下拉列表右边的按钮，弹出【填充图案选项板】对话框，选择【ANSI】选项卡，然后选择剖面线【ANSI31】，如图 4-12 所示。

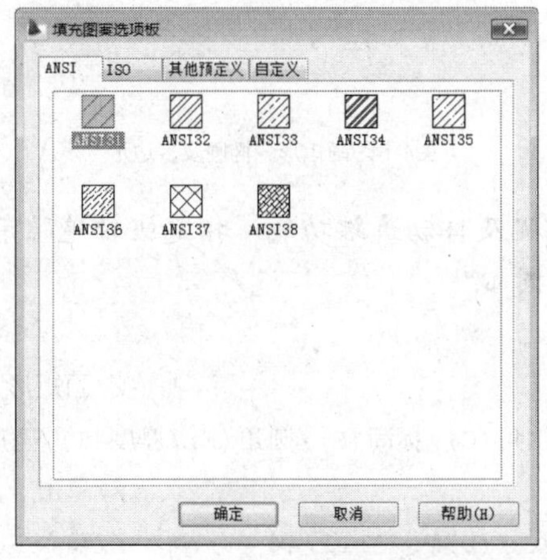

图4-12 【填充图案选项板】对话框

3. 在【图案填充和渐变色】对话框中，单击按钮（拾取点）。
4. 在想要填充的区域中单击点 *M*、*N*，如图 4-13 左图，然后按 Enter 键。
5. 单击 预览 按钮，观察填充的预览图。如果满意，单击鼠标右键，完成剖面图案的绘制，结果如图 4-13 右图所示。若不满意，按 Esc 键，返回【图案填充和渐变色】对话框，重新设定有关参数。

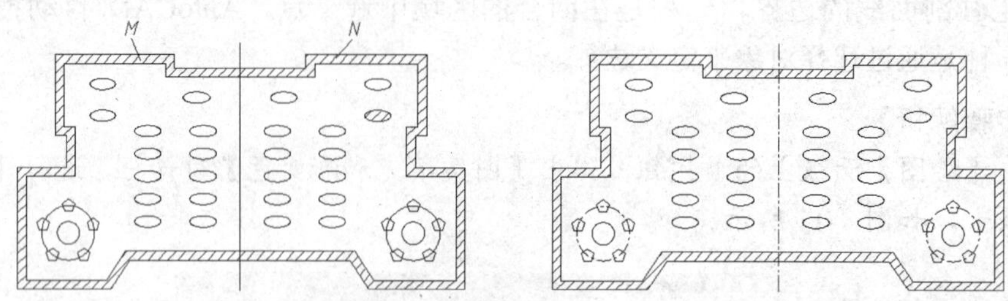

图4-13 填充剖面图案

6. 调整对称线的长度，并将对称线、多边形定位线修改到中心线层，将填充图案修改到剖面线层，结果如图 4-13 右图所示。

知识拓展

以下介绍画矩形、正多边形及波浪线，填充封闭区域及编辑图案填充等。

一、画矩形、正多边形及椭圆

RECTANG 命令用于绘制矩形，用户只需指定矩形对角线的两个端点就能画出矩形。绘制时，可以指定顶点处的倒角距离及圆角半径。

【案例4-2】 用 RECTANG、POLYGON、ELLIPSE 命令，绘制图 4-14 所示的图形。

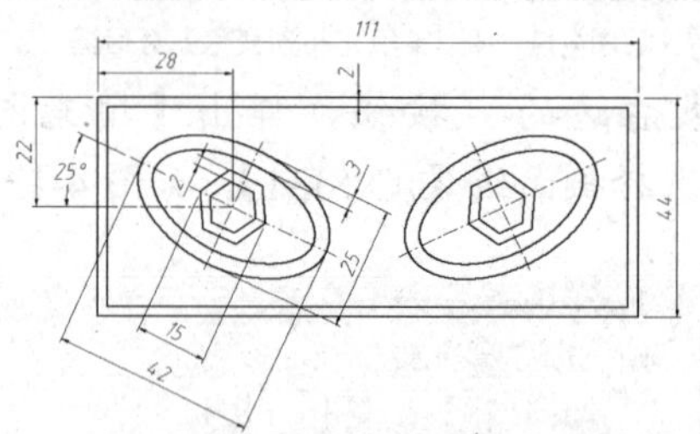

图4-14 画矩形、椭圆及多边形

1. 打开极轴追踪、对象捕捉及自动追踪功能。指定极轴追踪角度增量为 90°，设定对象捕捉方式为“端点”、“圆心”。
2. 画矩形，如图 4-15 所示。

```
命令: _rectang                                    //画矩形
指定第一个角点或 [倒角(C)/标高(E)/圆角(F)/厚度(T)/宽度(W)]:
                                                  //单击一点 A
指定另一个角点或 [尺寸(D)]: @111,44               //输入 B 点的相对坐标
```

将矩形向其内部偏移，偏移距离为 2，结果如图 4-15 所示。

3. 画椭圆，如图 4-16 所示。

命令：_ellipse
指定椭圆的轴端点或 [圆弧(A)/中心点(C)]：c　　//选择“中心点(C)”选项
指定椭圆的中心点：from　　//使用正交偏移捕捉
基点：　　//捕捉端点 C
<偏移>：@28,-22　　//输入椭圆中心点的相对坐标
指定轴的端点：@21<155　　//输入椭圆轴端点 D 的相对坐标
指定另一条半轴长度或 [旋转(R)]：12.5　　//输入椭圆另一轴长度的一半

将椭圆向其内部偏移，偏移距离为 3，结果如图 4-16 所示。

图4-15　画矩形

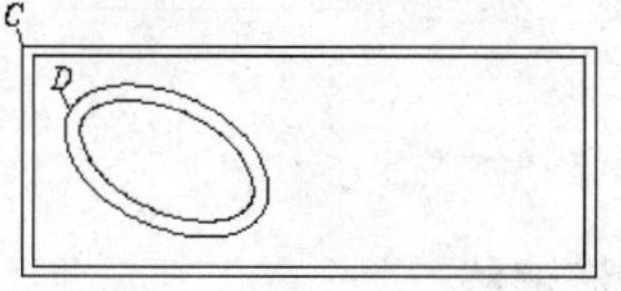

图4-16　画椭圆

4. 画正六边形，如图 4-17 所示。

命令：_polygon 输入边的数目 <4>：6　　//输入多边形的边数
指定正多边形的中心点或 [边(E)]：　　//捕捉椭圆的中心点
输入选项 [内接于圆(I)/外切于圆(C)] <I>：　　//按 Enter 键
指定圆的半径：@7.5<155　　//输入 E 点的相对坐标

将多边形向其内部偏移，偏移距离为 2，结果如图 4-17 所示。

5. 镜像操作，如图 4-18 所示。

命令：_mirror
选择对象：指定对角点：找到 4 个　　//选择椭圆及六边形
选择对象：　　//按 Enter 键
指定镜像线的第一点：mid 于　　//捕捉中点 F
指定镜像线的第二点：mid 于　　//捕捉中点 G
是否删除源对象？[是(Y)/否(N)] <N>：　　//按 Enter 键结束

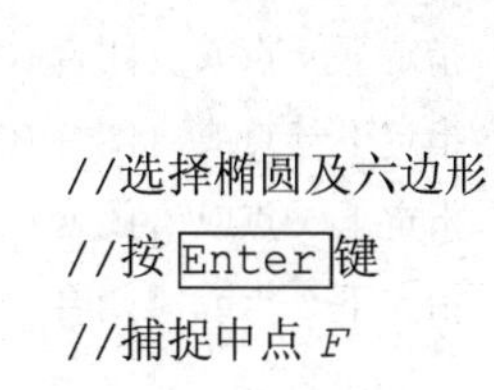

结果如图 4-18 所示。

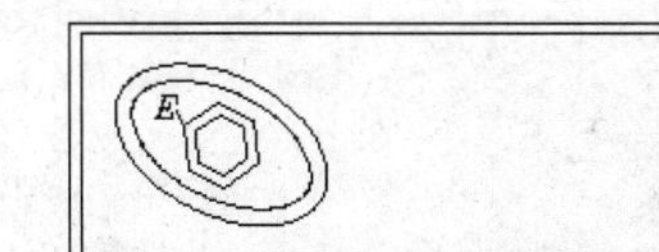

图4-17　画正六边形

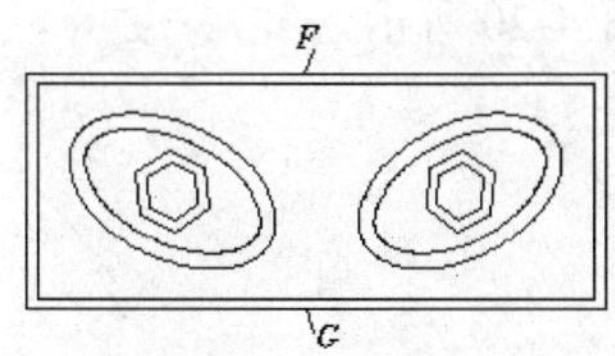

图4-18　镜像对象

【知识链接】　RECTANG 命令选项如下。

(1) 指定第一个角点：在此提示下，用户指定矩形的一个角点。拖动鼠标时，屏幕上显示出一个矩形。

(2) 指定另一个角点：在此提示下，用户指定矩形的另一个角点。

(3) 倒角(C)：指定矩形各顶点倒斜角的大小，如图 4-19（a）所示。

(4) 圆角(F)：指定矩形各顶点倒圆角半径，如图 4-19（b）所示。

(5) 标高(E)：确定矩形所在的平面高度，默认情况下，矩形是在 *xy* 平面内（*z* 坐标值为 0）。

(6) 厚度(T)：设置矩形的厚度，在三维绘图时，常使用该选项。

(7) 宽度(W)：该选项使用户可以设置矩形边的宽度，如图 4-19（c）所示。

(8) 尺寸(D)：输入矩形的长、宽尺寸创建矩形。

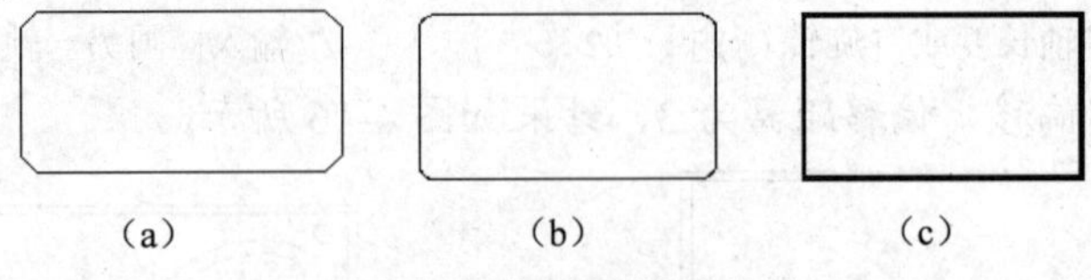

图4-19 绘制不同的矩形

二、画波浪线

可用 SPLINE 命令绘制光滑曲线，该线是样条线，AutoCAD 通过拟合给定的一系列数据点形成这条曲线。绘制机械图时，可以利用 SPLINE 命令形成波浪线。

【案例4-3】 练习 SPLINE 命令的使用。

单击【绘图】面板上的~按钮，或输入命令代号 SPLINE，启动样条曲线命令。

```
命令: _spline
指定第一个点或 [对象(O)]:                                  //拾取A点，如图 4-20 所示
指定下一点:                                                //拾取 B 点
指定下一点或 [闭合(C)/拟合公差(F)] <起点切向>:              //拾取 C 点
指定下一点或 [闭合(C)/拟合公差(F)] <起点切向>:              //拾取 D 点
指定下一点或 [闭合(C)/拟合公差(F)] <起点切向>:              //拾取 E 点
指定下一点或 [闭合(C)/拟合公差(F)] <起点切向>:
                                           //按 Enter 键指定起点及终点切线方向
指定起点切向:                              //在 F 点处单击鼠标左键指定起点切线方向
指定端点切向:                              //在 G 点处单击鼠标左键指定终点切线方向
```

结果如图 4-20 所示。

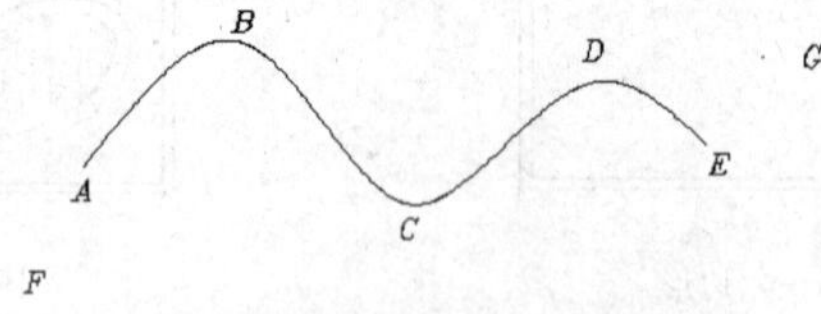

图4-20 绘制样条曲线

三、填充封闭区域

HATCH 命令可以在闭合的区域内生成填充图案。启动该命令后，AutoCAD 打开【图案填充和渐变色】对话框，用户在该对话框中指定填充图案类型，再设定填充比例、角度及填充区域，就可以创建图案填充。

【案例4-4】 练习 HATCH 命令的使用。

打开教学资源文件“项目 4\素材\4-4.dwg”，如图 4-21 左图所示。下面用 HATCH 命令将左图修改为右图所示样式。

1. 单击【绘图】面板上的按钮，弹出【图案填充和渐变色】对话框，选择【图案填充】选项卡，如图 4-22 所示。

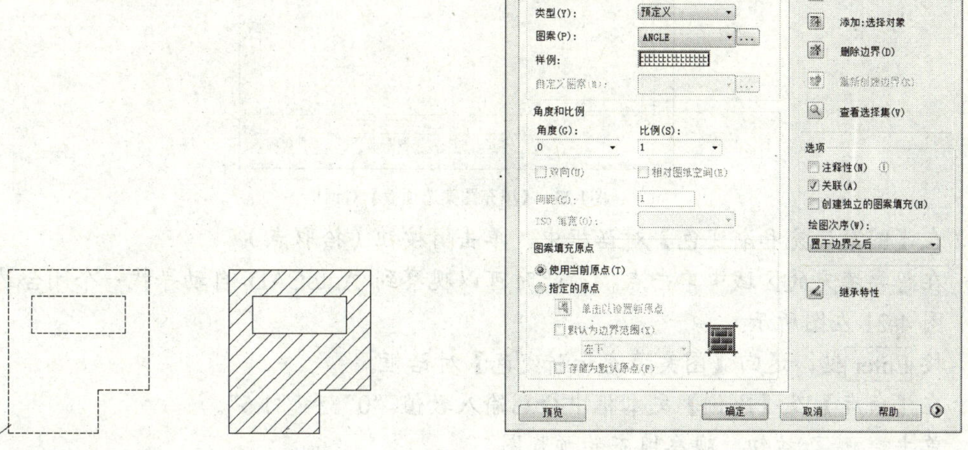

图4-21 在封闭区域内画剖面线　　图4-22 【图案填充和渐变色】对话框

该对话框中的常用选项如下。

(1) 【图案】：通过其下拉列表或右边的按钮选择所需的填充图案。

(2) 【拾取点】：单击按钮，然后在填充区域中单击一点，AutoCAD 会自动分析边界集，并从中确定包围该点的闭合边界。

(3) 【选择对象】：单击按钮，然后选择一些对象进行填充，此时不需要对象构成闭合的边界。

(4) 【删除边界】：填充边界中常常包含一些闭合区域，这些区域称为孤岛。若希望在孤岛中也填充图案，则单击按钮，选择要删除的孤岛。

(5) 【重新创建边界】：编辑填充图案时，可以用工具生成与图案边界相同的多段线或面域。

(6) 【查看选择集】：单击按钮，AutoCAD 显示当前的填充边界。

(7) 【继承特性】：单击按钮，AutoCAD 要求用户选择某个已绘制的图案，并将其类型及属性设置为当前图案类型及属性。

(8) 【关联】：若图案与填充边界相关联，则修改边界时，图案将自动更新以适应新边界。

(9) 【创建独立的图案填充】：选择此复选项，则一次性在多个闭合边界创建的填充图案是各自独立的，否则，这些图案是单一对象。

2. 单击【图案】下拉列表右边的按钮，弹出【填充图案选项板】对话框，选择【ANSI】选项卡，然后选择剖面线【ANSI31】，如图 4-23 所示。

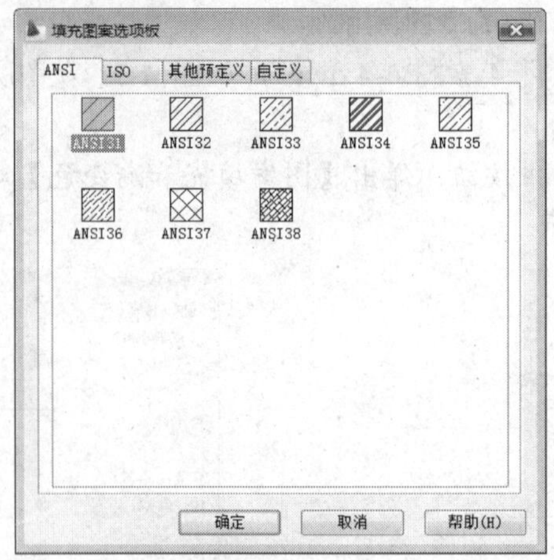
图4-23 【填充图案选项板】对话框

3. 在【图案填充和渐变色】对话框中，单击按钮（拾取点）。
4. 在想要填充的区域中单击点 *A*，此时可以观察到 AutoCAD 自动寻找一个闭合边界，如图 4-21 左图所示。
5. 按 Enter 键，返回【图案填充和渐变色】对话框。
6. 在【角度】及【比例】文本框中分别输入数值“0”和“1.5”。
7. 单击 预览 按钮，观察填充的预览图。
8. 单击 确定 按钮，填充剖面图案，结果如图 4-21 右图所示。

> 提示
>
> 在【图案填充和渐变色】对话框的【角度】框中输入的数值并不是剖面线与 *x* 轴的倾斜角度，而是剖面线以初始方向为起始位置的转动角度。该值可正、可负，若是正值，剖面线沿逆时针方向转动，否则，按顺时针方向转动。
>
> 对于“ANSI31”图案，当分别输入角度值-45°、90°、15°时，剖面线与 *x* 轴的夹角分别是 0°、135°、60°。

四、编辑图案填充

HATCHEDIT 命令用于修改填充图案的外观及类型，如改变图案的角度、比例或用其他样式的图案填充图形等。

【案例4-5】 打开教学资源文件“项目 4\素材\4-5.dwg”，如图 4-24 左图所示。用 HATCHEDIT 命令将左图修改为右图所示样式。

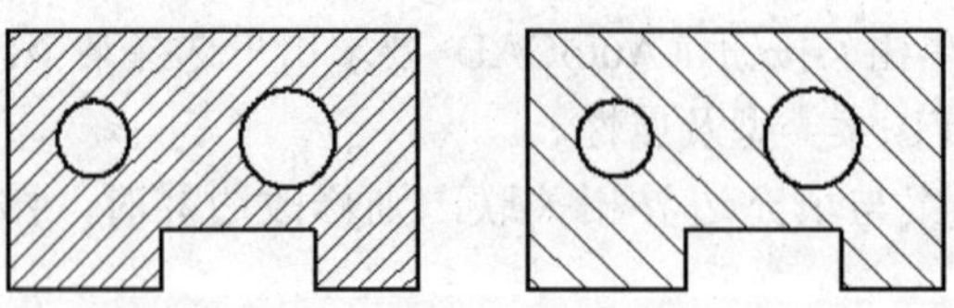
图4-24 修改图案角度及比例

1. 单击【修改】面板上的按钮，AutoCAD 命令行提示“选择图案填充对象”，选择图案填充后，弹出【图案填充编辑】对话框，如图 4-25 所示。该对话框与【图案填充和渐变色】对话框内容相似，通过此对话框，用户就能修改剖面图案、比例及角度等。

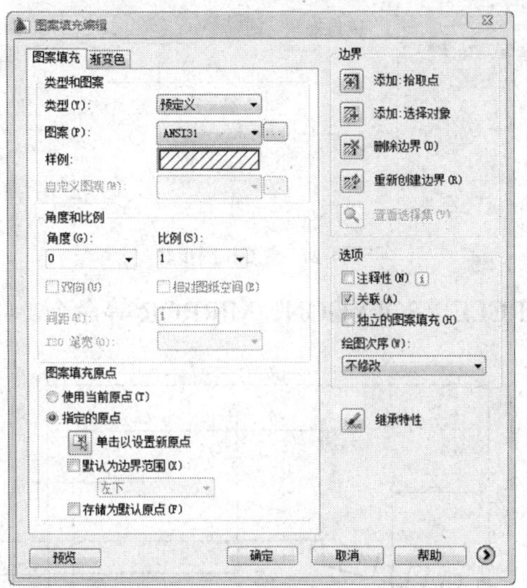

图4-25 【图案填充编辑】对话框

2. 在【角度】框中输入数值“90”，在【比例】框中输入数值“2”，单击 确定 按钮，结果如图 4-24 右图所示。

实训

用 POLYGON、MIRROR、HATCH 等命令，绘制平面图形及简单零件图。

实训 1 绘制对称图形及填充剖面图案

【案例4-6】 用 LINE、ARRAY、MIRROR 等命令，绘制如图 4-26 所示的平面图形。

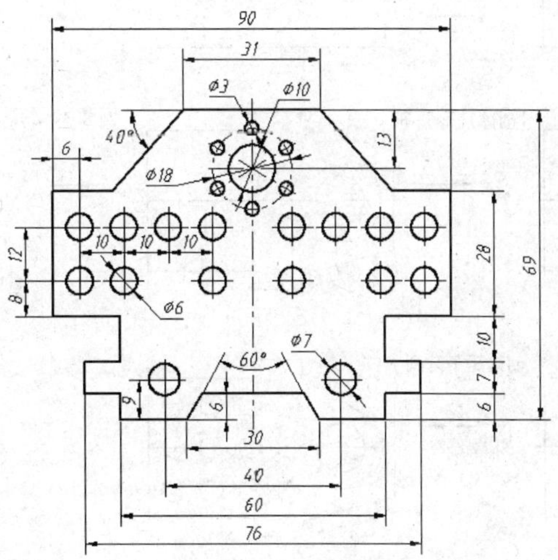

图4-26 绘图练习（1）

主要作图步骤，如图 4-27 所示。

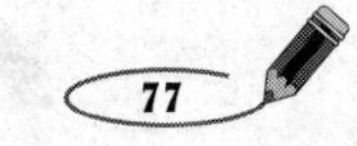

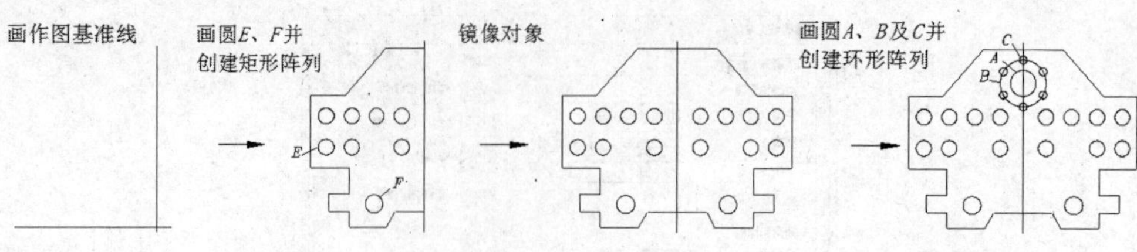

图4-27 主要作图步骤

【案例4-7】 利用 CIRCLE、POLYGON、MIRROR 等命令，绘制如图 4-28 所示的图形。

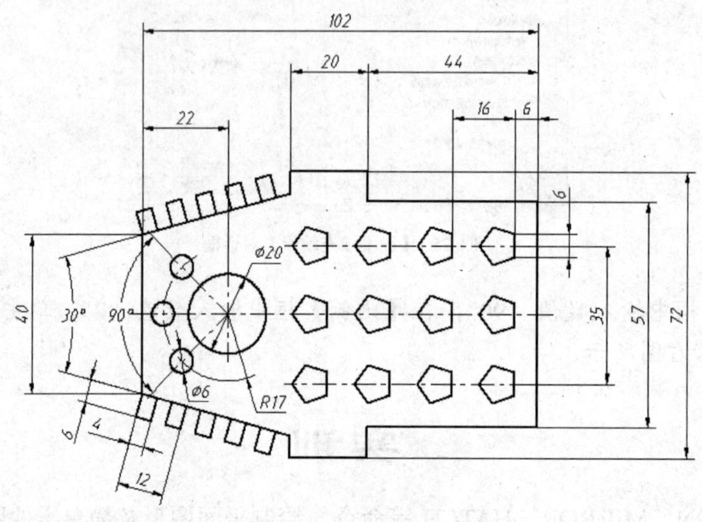

图4-28 绘图练习（2）

主要作图步骤，如图 4-29 所示。

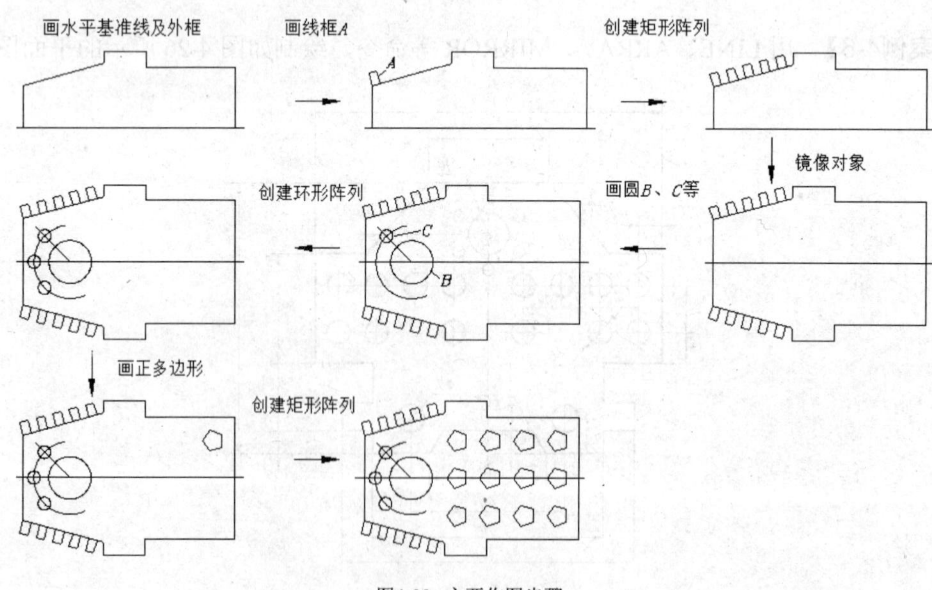

图4-29 主要作图步骤

【案例4-8】 用 LINE、PEDIT、HATCH 等命令绘制平面图形，如图 4-30 所示。

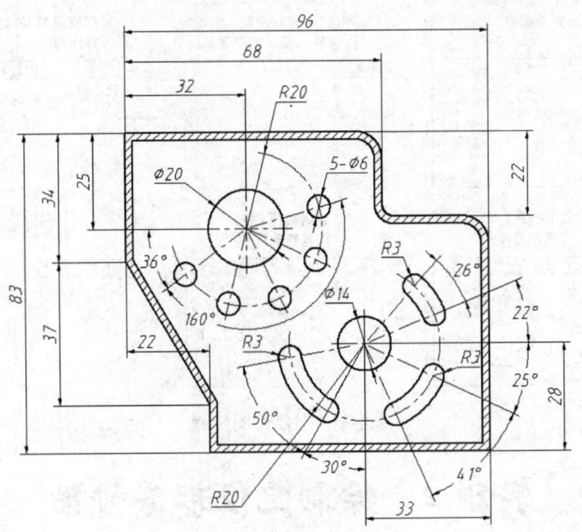

图4-30　绘图练习（3）

主要作图步骤，如图 4-31 所示。

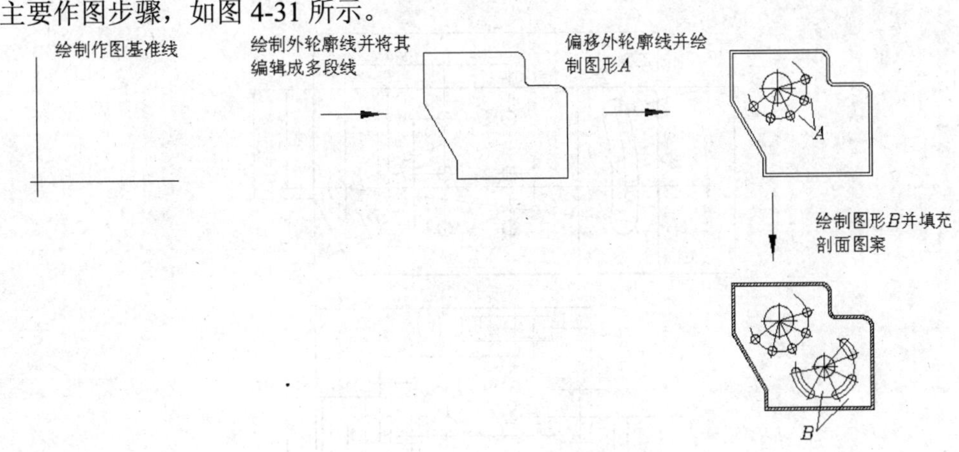

图4-31　主要作图步骤

【案例4-9】　用 PLINE、ARRAY、HATCH 等命令绘制平面图形，如图 4-32 所示。

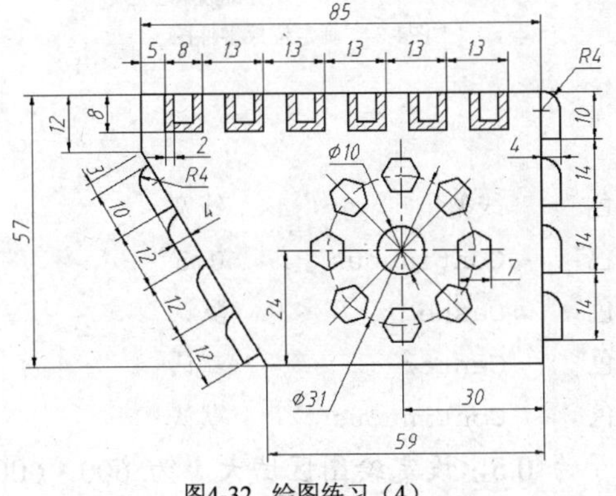

图4-32　绘图练习（4）

主要作图步骤，如图 4-33 所示。

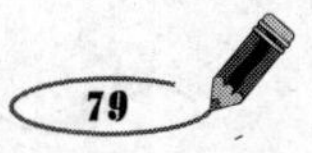

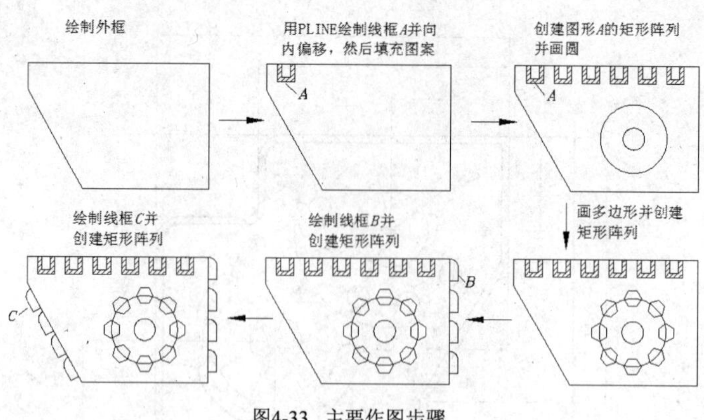

图4-33 主要作图步骤

实训 2 绘制定位板零件图

【案例4-10】用 LINE、HATCH、SPLINE 等命令绘制定位板零件图，如图 4-34 所示。

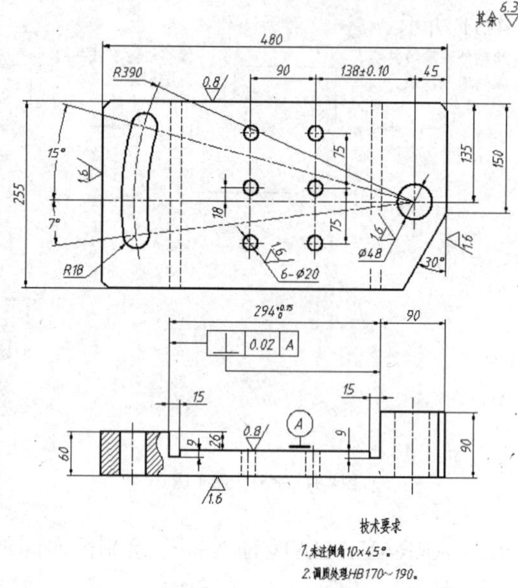

图4-34 画定位板零件图

【步骤解析】

1. 创建 4 个图层。

名称	颜色	线型	线宽
轮廓线	白色	Continuous	0.5
虚线	黄色	Dashed	默认
中心线	红色	Center	默认
细实线	绿色	Continuous	默认

2. 设定线型全局比例因子为 0.5，设定绘图区域大小为 600×600，单击【实用程序】面板上的按钮，使绘图区域充满整个图形窗口显示出来。
3. 打开极轴追踪、对象捕捉及自动追踪功能。指定极轴追踪角度增量为 90°，设定对象

捕捉方式为“端点”、“交点”。

4. 切换到轮廓线层，绘制两条作图基准线 *A*、*B*，如图 4-35 左图所示。线段 *A* 的长度约为 300，线段 *B* 的长度约为 550。
5. 以 *A*、*B* 线为基准线，用 OFFSET、TRIM、LINE 命令绘制主视图轮廓线，如图 4-35 右图所示。

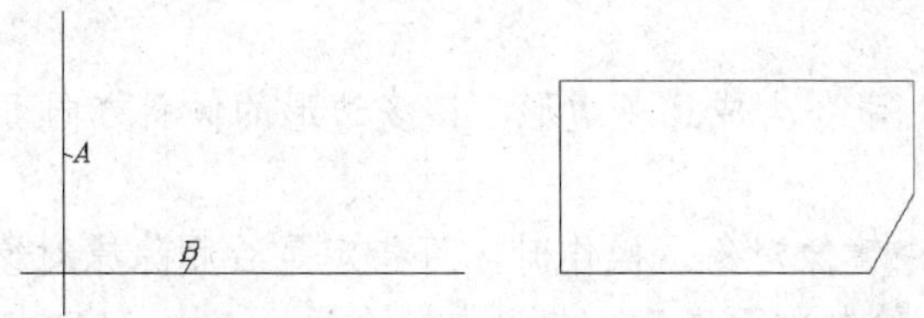

图4-35 画作图基准线并形成主视图轮廓线

6. 用 OFFSET、LINE 等命令画定位线，如图 4-36 左图所示。然后绘制圆及圆弧，如图 4-36 右图所示。

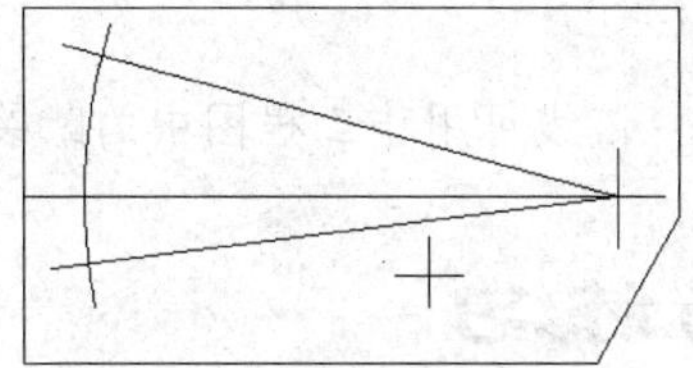
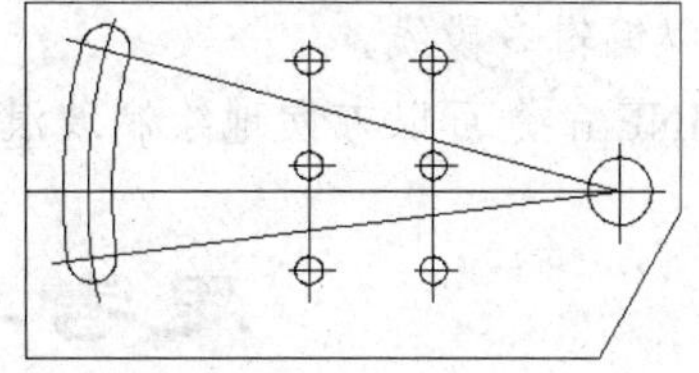

图4-36 画定位线并绘制圆及圆弧

7. 绘制主视图细节，如图 4-37 所示。

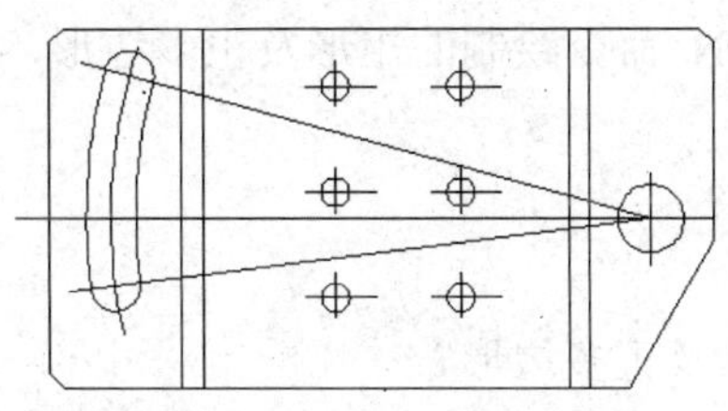

图4-37 绘制主视图细节

8. 绘制俯视图定位线，如图 4-38 左图所示。然后用 OFFSET、TRIM 等命令绘制俯视图细节，如图 4-38 右图所示。

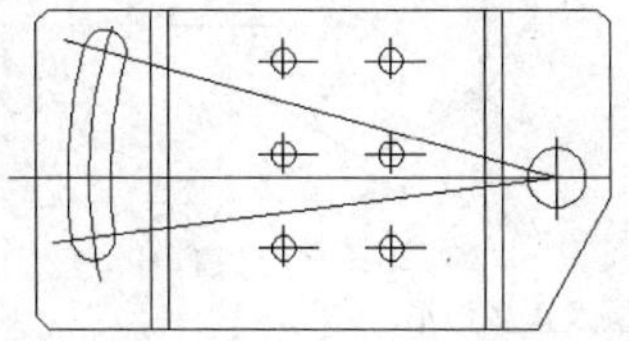
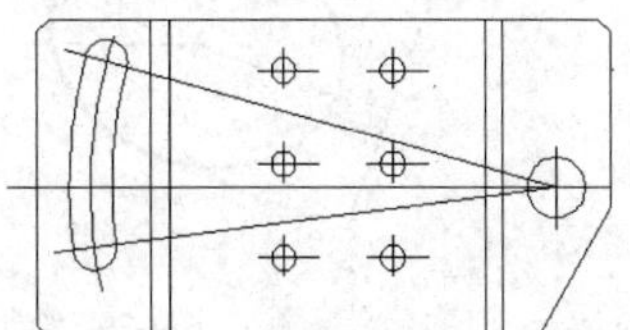
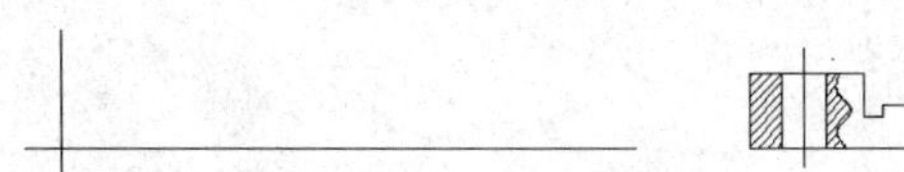

图4-38 画俯视图

9. 将虚线、剖面线及中心线等分别修改到相应的图层，结果如图 4-34 所示。

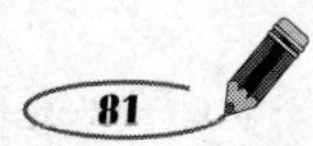

项目小结

本项目主要内容总结如下。

- 用 RECTANG 命令创建矩形。操作时，可设定是否在矩形的 4 个角点处形成圆角。
- 用 ELLIPSE 命令生成椭圆。椭圆的倾斜方向可以通过输入椭圆轴端点的坐标来控制。
- 用 POLYGONE 命令生成正多边形。该多边形的倾斜方向可以通过输入顶点的坐标来控制。
- 用 MIRROR 命令镜像对象。操作时，可指定是否删除原对象。
- 用 HATCH 命令绘制剖面图案。启动该命令后，AutoCAD 打开【图案填充与渐变色】对话框，该对话框中的【角度】选项用于控制剖面图案的旋转角度，【比例】选项用于控制剖面图案的疏密程度。
- 用 PLINE 命令创建连续的多段线，生成的对象是单独的图形对象。用 PEDIT 命令可以编辑多段线。
- 用 SPLINE 命令可以方便地绘制波浪线，该线可用作工程图中的断裂线。

思考与练习

一、思考题

1. 多段线中的某一直线段或圆弧段是单独的对象吗？
2. 用 RECTANG、POLYGON 命令绘制的矩形及正多边形，其各边是单独的对象吗？请试一试。
3. 画正多边形的方法有几种？
4. 画椭圆的方法有几种？
5. 如何绘制图 4-39 中的椭圆及正多边形？

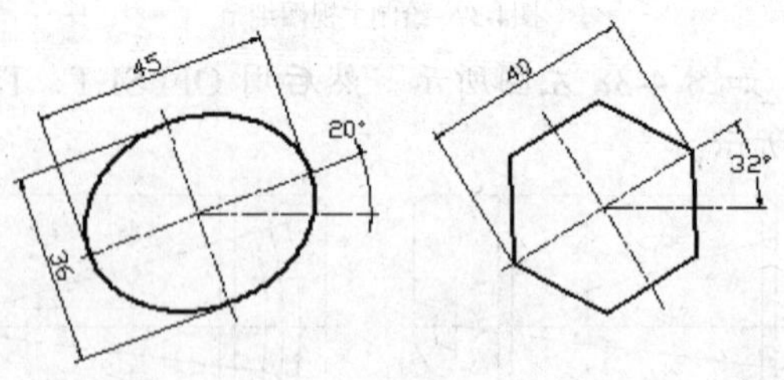

图4-39 绘制椭圆及正多边形

6. 在【图案填充与渐变色】对话框的【角度】框中设置的角度是剖面线与 x 轴的夹角吗？
7. 如何用 PLINE 命令绘制一个箭头？

二、操作题

1. 用 RECTANG、POLYGON、ELLIPSE 等命令，绘制如图 4-40 所示的图形。

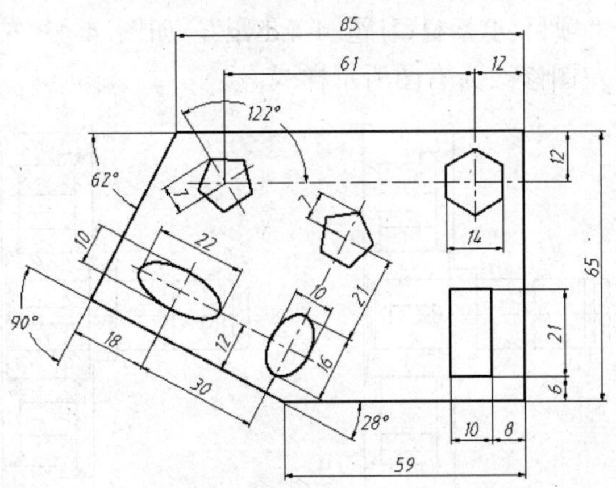

图4-40 用 RECTANG、POLYGON 及 ELLIPSE 等命令绘图

2. 用 RECTANG、POLYGON、ARRAY 等命令，绘制如图 4-41 所示的图形。

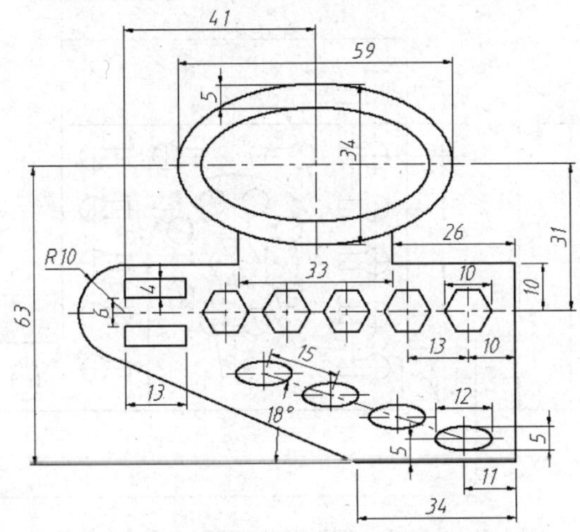

图4-41 绘制由椭圆、多边形等组成的图形

3. 用 LINE、PLINE、PEDIT 等命令，绘制如图 4-42 所示的图形。

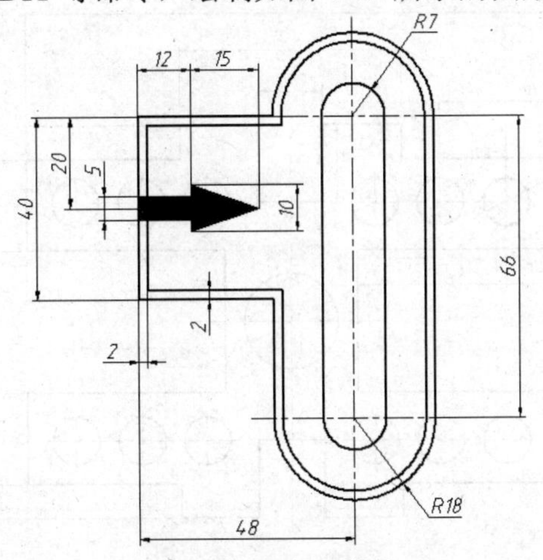

图4-42 利用多段线构图

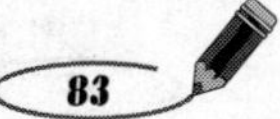

4. 打开教学资源文件“项目 4\素材\习题 4-4.dwg”，如图 4-43 左图所示。用 SPLINE、BHATCH 等命令将左图修改为右图所示样式。

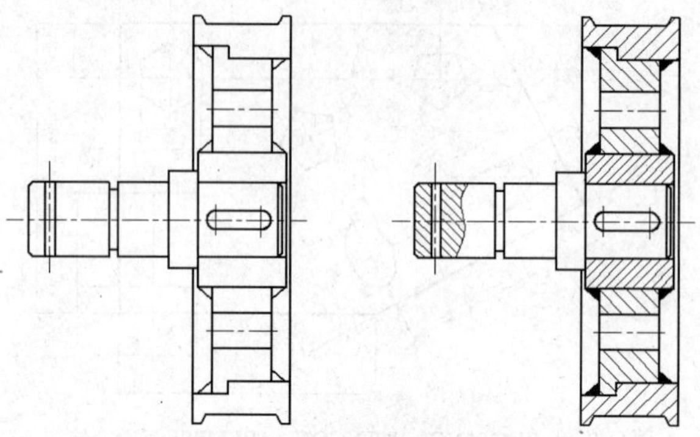

图4-43 用 SPLINE 及 HATCH 等命令绘图

5. 用 LINE、OFFSET、ARRAY、MIRROR 等命令绘制平面图形，如图 4-44 所示。

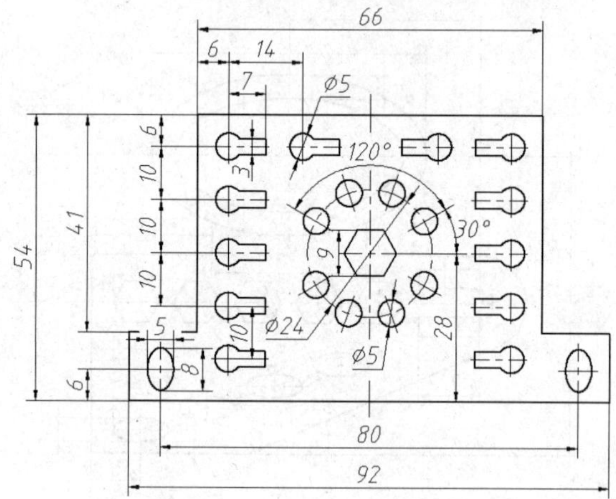

图4-44 用 LINE、ARRAY 及 MIRROR 等命令绘图

6. 绘制如图 4-45 所示的图形。

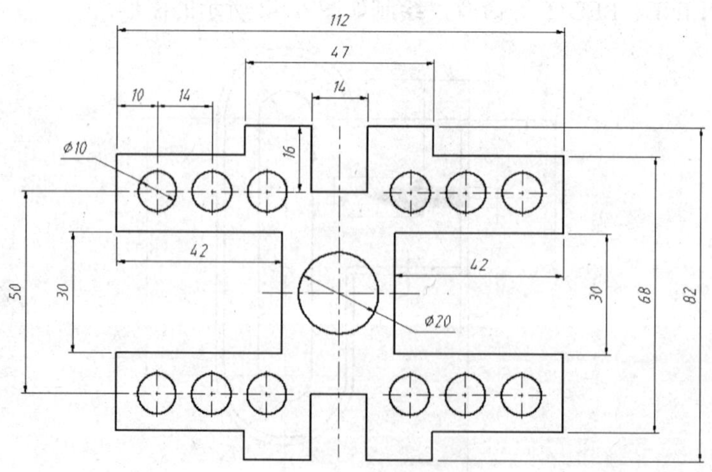

图4-45 绘制具有对称特征的图形

项 目 五

绘制倾斜图形

本项目的任务是用 ROTATE、ALIGN、STRETCH、SCALE 等命令绘制如图 5-1 所示的平面图形，该图形中有倾斜的图形对象。首先画出图形的外轮廓线，然后依次绘制图形的局部细节。

【案例5-1】 用 ROTATE、ALIGN、STRETCH、SCALE 等命令，绘制平面图形。

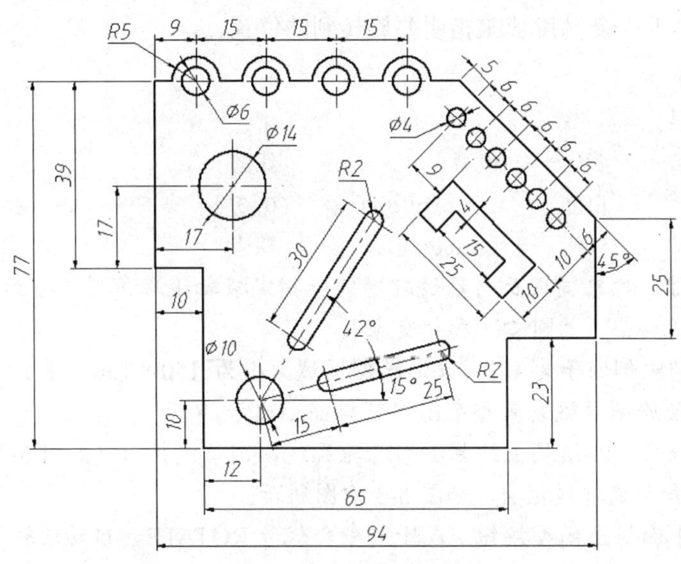

图5-1 画直线构成的图形

学习目标

- 把对象旋转某一角度或从当前位置旋转到新位置。
- 将一图形对象与另一图形对象对齐。
- 拉长或缩短对象。
- 指定基点缩放对象。
- 修改对象特性及对象特性匹配。
- 夹点编辑模式。

任务一　调整图形的位置及倾斜方向

绘制图形外轮廓线并旋转对象，然后对齐对象，具体绘图过程，如图 5-2 所示。

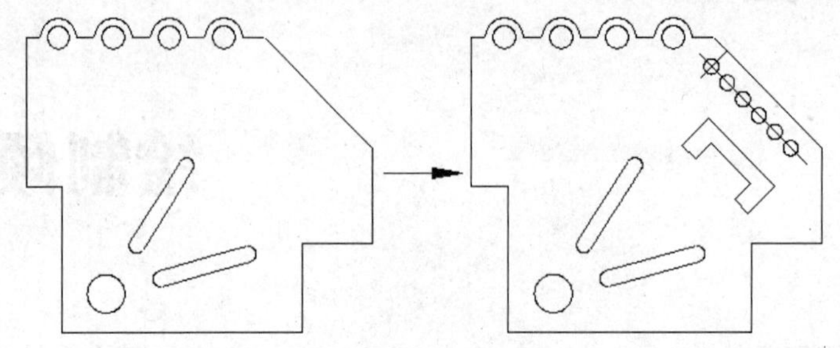

图5-2　绘图过程

一、旋转对象

ROTATE 命令可以旋转图形对象，改变图形对象方向。使用此命令时，用户指定旋转基点并输入旋转角度就可以转动图形实体。此外，也可以以某个方位作为参照位置，然后选择一个新对象或输入一个新角度值来指明要旋转到的位置。

【步骤解析】

1. 创建 2 个图层。

名称	颜色	线型	线宽
轮廓线层	白色	Continuous	0.5
中心线层	红色	Center	默认

2. 打开极轴追踪、对象捕捉及自动追踪功能。指定极轴追踪角度增量为 90°，设定对象捕捉方式为“端点”、“圆心”和“交点”。
3. 设定线型全局比例因子为 0.2，设定绘图区域大小为 150×150，单击【实用程序】面板上的按钮使绘图区域充满整个图形窗口显示出来。
4. 切换到轮廓线层。在该层上绘制图形外轮廓线、圆及线框 *A*，如图 5-3 左图所示。
5. 用 ROTATE 命令旋转线框 *A*，如图 5-3 右图所示。

单击【修改】面板上的按钮，或输入命令代号 ROTATE，启动旋转命令。

```
命令: _rotate
选择对象: 指定对角点: 找到 7 个                         //选择线框 A，如图 5-3 左图所示
选择对象:                                               //按 Enter 键确认
指定基点:                                               //捕捉圆心 B
指定旋转角度，或 [复制(C)/参照(R)] <345>:  15           //输入旋转角度
命令: ROTATE                                            //重复命令
选择对象: 指定对角点: 找到 7 个                         //选择线框 C，如图 5-3 右图所示
选择对象:                                               //按 Enter 键确认
指定基点: cen 于                                        //捕捉圆心 B
指定旋转角度，或 [复制(C)/参照(R)] <15>:  c             //选择“复制(C)”选项
指定旋转角度，或 [复制(C)/参照(R)] <15>:  42            //输入旋转角度
```

结果如图 5-3 右图所示。

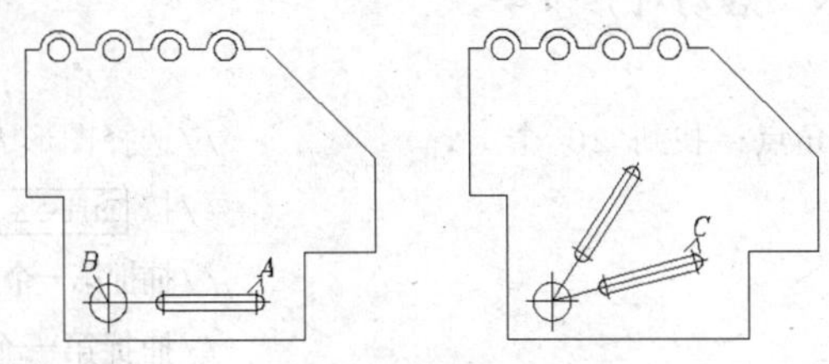

图5-3 旋转对象

【知识链接】 ROTATE 命令选项如下。

(1) 指定旋转角度：指定旋转基点并输入绝对旋转角度来旋转实体。如果输入负的旋转角，则选定的对象顺时针旋转，反之，被选择的对象将逆时针旋转。

(2) 复制(C)：旋转对象的同时复制对象。

(3) 参照(R)：将对象从当前位置旋转到新位置。用户首先通过输入角度值或拾取两个点以表明当前位置，然后输入新角度值或指定点来指明要旋转到的方位，如图 5-4 所示。

```
命令: _rotate
选择对象: 指定对角点: 找到 4 个          //选择要旋转的对象，如图 5-4 左图所示
选择对象:                               //按 Enter 键确认
指定基点:                               //捕捉 A 点作为旋转基点
指定旋转角度或 [参照(R)]: r             //选择“参照(R)”选项
指定参照角 <0>:                         //捕捉 A 点
指定第二点:                             //捕捉 B 点
指定新角度或 [点(P)] <25>:              //捕捉 C 点
```

结果如图 5-4 右图所示。

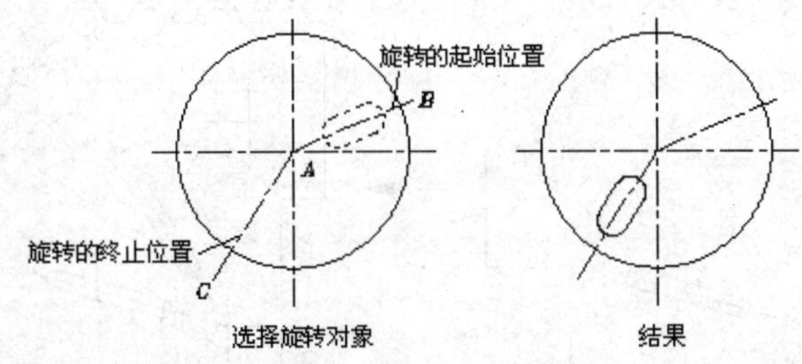

图5-4 选择“参照(R)”选项旋转图形

二、对齐对象

ALIGN 命令可以同时移动、旋转一个对象使之与另一对象对齐。例如，用户可以使图形对象中某点、某条直线或某一个面（三维实体中的面）与另一实体的点、线、面对齐。操作过程中用户只需按照 AutoCAD 提示指定源对象与目标对象的一点、两点或三点对齐就可以了。

【步骤解析】

1. 绘制定位线 *D*、*E* 及图形 *F*，如图 5-5 左图所示。

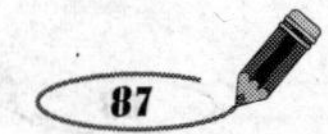

2. 用 ALIGN 命令将图形 *F* 定位到正确的位置，如图 5-5 右图所示。

输入命令代号 ALIGN，启动对齐命令。

```
命令: align
选择对象: 指定对角点: 找到 20 个                //选择图形 F，如图 5-5 左图所示
选择对象:                                      //按 Enter 键
指定第一个源点:                                 //捕捉第一个源点 G
指定第一个目标点:                               //捕捉第一个目标点 H
指定第二个源点:                                 //捕捉第二个源点 I
指定第二个目标点:                               //捕捉第二个目标点 J
指定第三个源点或 <继续>:                         //按 Enter 键
是否基于对齐点缩放对象? [是(Y)/否(N)] <否>:       //按 Enter 键不缩放源对象
```

结果如图 5-5 右图所示。

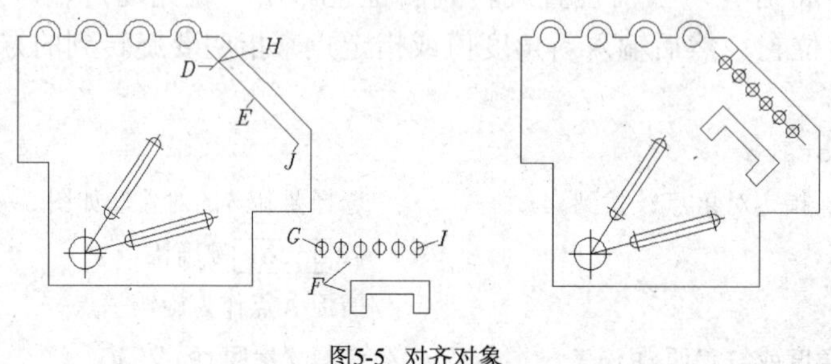

图5-5 对齐对象

任务二　改变图形的形状

拉伸图形对象，然后按比例缩放对象，绘图过程如图 5-6 所示。

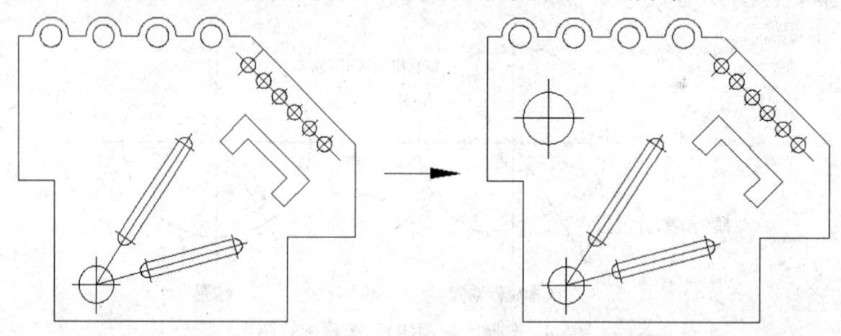

图5-6 绘图过程

一、拉伸图形对象

STRETCH 命令可以一次将多个图形对象沿指定的方向进行拉伸，编辑过程中必须用交叉窗口选择对象，除被选中的对象外，其他图元的大小及相互间的几何关系将保持不变。

【步骤解析】

单击【修改】面板上的按钮，或输入命令代号 STRETCH，启动拉伸命令。

```
命令: _stretch
```

```
选择对象:                                  //单击 A 点，如图 5-7 左图所示
指定对角点：找到 5 个                       //单击 B 点
选择对象:                                  //按 Enter 键
指定基点或 [位移(D)] <位移>: 5<57            //输入拉伸距离和方向
指定第二个点或 <使用第一个点作位移>:          //按 Enter 键结束
```

结果如图 5-7 右图所示。

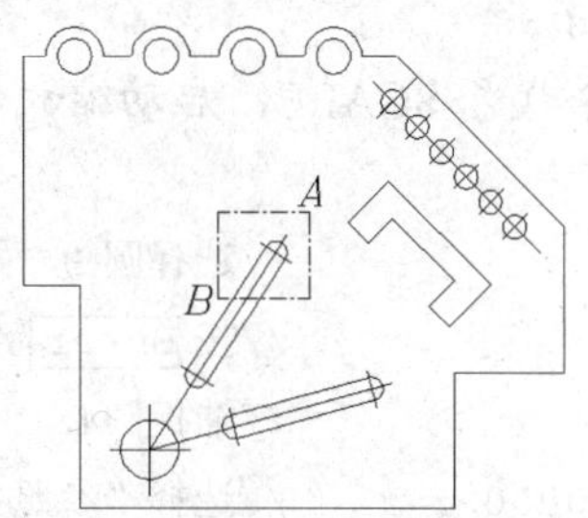

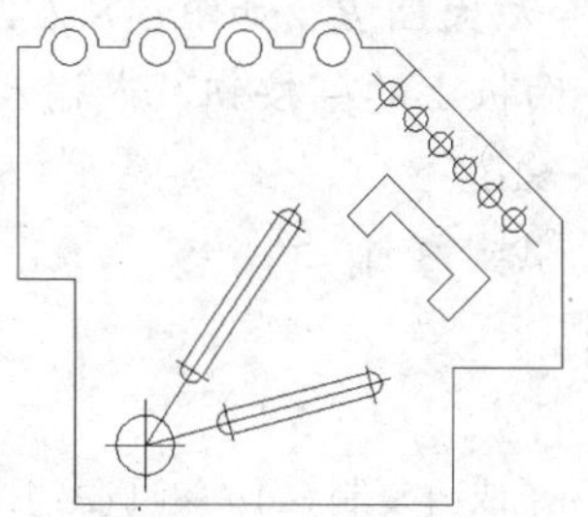

图5-7 拉伸对象

使用 STRETCH 命令时，首先应用交叉窗口选择对象，然后指定对象拉伸的距离和方向。凡在交叉窗口中的对象，顶点都被移动，而与交叉窗口相交的对象将被延伸或缩短。

设定拉伸距离和方向的方式如下。

- 在屏幕上指定两个点，这两点的距离和方向代表了拉伸实体的距离和方向。
- 当 AutoCAD 命令行提示“指定基点”时，指定拉伸的基准点。在 AutoCAD 命令行提示“指定第二个点”时，捕捉第二点或输入第二点相对于基准点的相对直角坐标或极坐标。
- 以“*x*，*y*”方式输入对象沿 *x* 轴、*y* 轴拉伸的距离，或用“距离<角度”方式输入拉伸的距离和方向。
- 当 AutoCAD 命令行提示“指定基点”时，输入拉伸值。在 AutoCAD 命令行提示“指定第二个点”时，按 Enter 键确认，这样 AutoCAD 就以输入的拉伸值来拉伸对象。
- 打开正交或极轴追踪功能，就能方便地将实体只沿 *x* 轴或 *y* 轴方向拉伸。
- 当 AutoCAD 命令行提示“指定基点”时，单击一点并把实体向水平或竖直方向拉伸，然后输入拉伸值。
- 使用“位移(D)”选项。选择该选项后，AutoCAD 命令行提示“指定位移”，此时，以“*x*，*y*”方式输入沿 *x* 轴、*y* 轴拉伸的距离，或以“距离<角度”方式输入拉伸的距离和方向。

二、按比例缩放对象

SCALE 命令可将对象按指定的比例因子相对于基点放大或缩小。使用此命令时，可以用下面的两种方式缩放对象。

- 选择缩放对象的基点，然后输入缩放比例因子。比例变换图形的过程中，缩放基点在屏幕上的位置将保持不变，它周围的图元以此点为中心按给定的比例因子放大或缩小。

- 输入一个数值或拾取两点来指定一个参考长度（第一个数值），然后再输入新的数值或拾取另外一点（第二个数值），则 AutoCAD 计算两个数值的比率并以此比率作为缩放比例因子。当用户想将某一对象放大到特定尺寸时，就可使用这种方法。

【步骤解析】

1. 将圆 *A* 复制到 *C* 点，如图 5-8 左图所示。
2. 用 SCALE 命令放大圆 *B*，如图 5-8 右图所示。

单击【修改】面板上的按钮，或输入命令代号 SCALE，启动缩放命令。

```
命令: _scale
选择对象: 找到 3 个                                    //选择圆 B，如图 5-8 左图所示
选择对象:                                              //按 Enter 键
指定基点:                                              //捕捉圆心 C
指定比例因子或 [复制(C)/参照(R)] <2.0000>: r           //选择"参照(R)"选项
指定参照长度 <5.0000>: 10                              //输入原长度
指定新的长度或 [点(P)] <10.0000>: 14                   //输入新的长度
```

结果如图 5-8 右图所示。

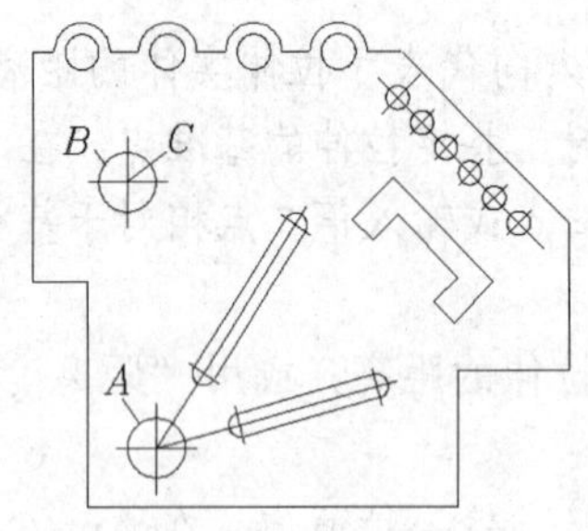

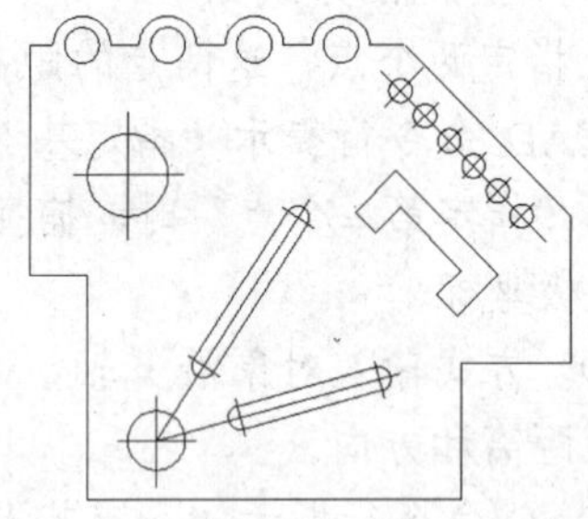

图5-8 缩放对象

3. 用 LENGTHEN 命令调定位线的长度，然后将它们修改到中心线层上。

【知识链接】 SCALE 命令选项如下。

(1) 指定比例因子：直接输入缩放比例因子，AutoCAD 根据此比例因子缩放图形。若比例因子小于 1，则缩小对象；否则，放大对象。

(2) 复制(C)：缩放对象的同时复制对象。

(3) 参照(R)：以参照方式缩放图形。用户输入参考长度及新长度，AutoCAD 把新长度与参考长度的比值作为缩放比例因子进行缩放。

(4) 点(P)：使用两点来定义新的长度。

知识拓展

下面主要讲解夹点编辑方式及用 PROPERTIES 命令、MATCHPROP 命令编辑图形元素特性。

一、夹点编辑方式

夹点编辑方式是一种集成的编辑模式，该模式包含了 5 种编辑方法：拉伸、移动、旋转、比例缩放和镜像。

默认情况下，AutoCAD 的夹点编辑方式是开启的。当用户选择实体后，实体上将出现若干方框，这些方框被称为夹点。把十字光标靠近方框并单击鼠标左键，激活夹点编辑状态，此时，AutoCAD 自动进入【拉伸】编辑方式，连续按下 Enter 键，就可以在所有编辑方式间切换。此外，也可以在激活夹点后，再单击鼠标右键，弹出快捷菜单，如图 5-9 所示，通过此菜单就可以选择某种编辑方法。

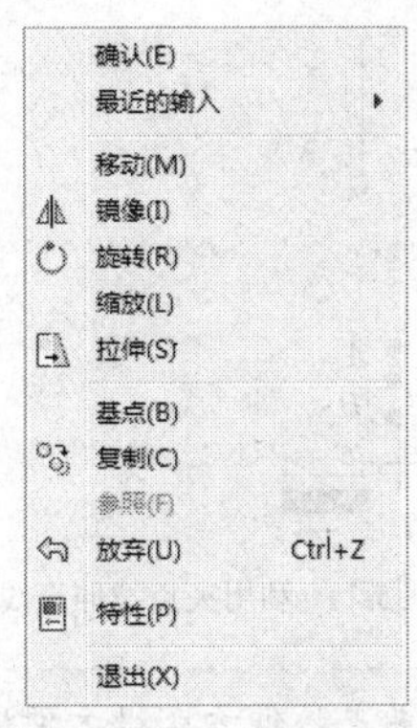

图5-9 夹点编辑方式

在不同的编辑方式间切换时，AutoCAD 为每种编辑方法提供的选项基本相同，其中【基点(B)】、【复制(C)】选项是所有编辑方式所共有的。

- 【基点(B)】：该选项使用户可以拾取某一个点作为编辑过程的基点。例如，当进入了旋转编辑模式，并要指定一个点作为旋转中心时，就使用【基点(B)】选项。默认情况下，编辑的基点是热夹点（选中的夹点）。
- 【复制(C)】：如果用户在编辑的同时还需复制对象，则选取此选项。

【案例5-2】 打开教学资源中的“项目 5\素材\5-2.dwg”文件，如图 5-10 左图所示。利用夹点编辑方式将左图修改为右图所示样式。

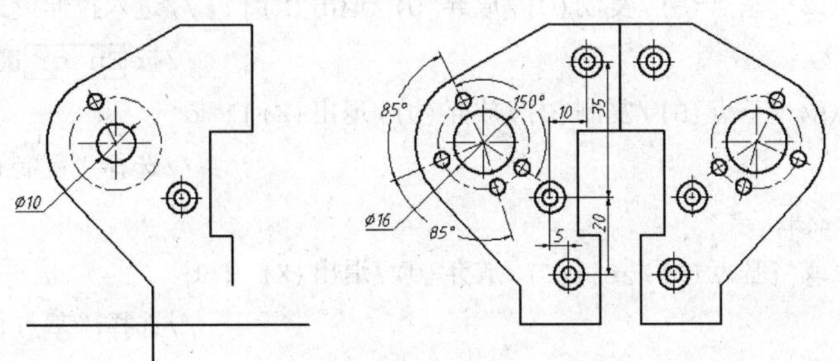

图5-10 用夹点编辑方式绘图

(1) 利用夹点拉伸。

在拉伸编辑模式下，当热夹点是线条的端点时，将有效地拉伸或缩短对象。如果热夹点是线条的中点、圆或圆弧的圆心或者属于块、文字、尺寸数字等实体时，这种编辑方式就只能移动对象。

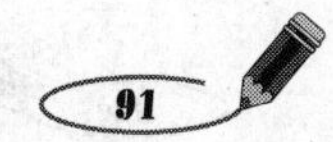

利用夹点拉伸直线的方法如下。

打开极轴追踪、对象捕捉及自动追踪功能。指定极轴追踪角度增量为 90°，设定对象捕捉方式为“端点”、“圆心”及“交点”。

```
命令:                                       //选择直线 A，如图 5-11 左图所示
命令:                                       //选中夹点 B
** 拉伸 **                                  //进入拉伸模式
指定拉伸点或 [基点(B)/复制(C)/放弃(U)/退出(X)]: //向下移动鼠标光标并捕捉 C 点
```

继续调整其他线条长度，结果如图 5-11 右图所示。

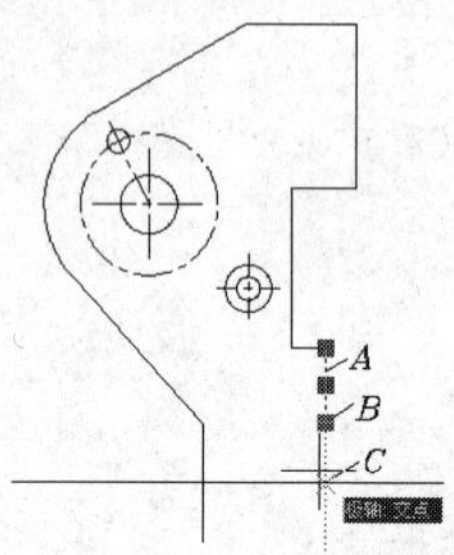

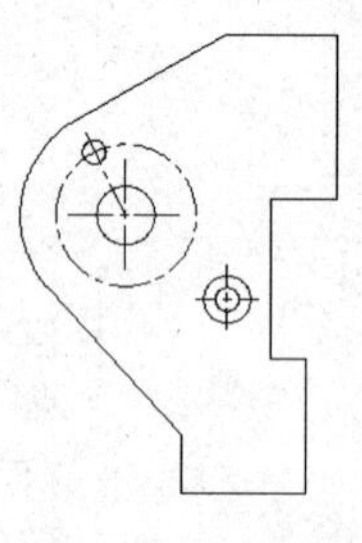

图5-11 利用夹点拉伸直线

打开正交状态后就可以利用夹点拉伸方式很方便地改变水平或竖直直线的长度。

(2) 利用夹点移动及复制对象。

夹点移动模式可以编辑单一对象或一组对象，在此方式下使用“复制(C)”选项就能在移动实体的同时进行复制。这种编辑模式的使用与普通的 MOVE 命令很相似。

利用夹点复制对象的方法如下。

```
命令:                                       //选择对象 D，如图 5-12 左图所示
命令:                                       //选中一个夹点
** 拉伸 **
指定拉伸点或 [基点(B)/复制(C)/放弃(U)/退出(X)]: //进入拉伸模式
** 移动 **                                  //按 Enter 键进入移动模式
指定移动点或 [基点(B)/复制(C)/放弃(U)/退出(X)]: c
                                            //选择“复制(C)”选项进行复制
** 移动 (多重) **
指定移动点或 [基点(B)/复制(C)/放弃(U)/退出(X)]: b
                                            //选择“基点(B)” 选项
指定基点:                                   //捕捉对象 D 的圆心
** 移动 (多重) **
指定移动点或 [基点(B)/复制(C)/放弃(U)/退出(X)]: @10,35
                                            //输入相对坐标
** 移动 (多重) **
指定移动点或 [基点(B)/复制(C)/放弃(U)/退出(X)]: @5,-20
```

```
                                                   //输入相对坐标
指定移动点或 [基点(B)/复制(C)/放弃(U)/退出(X)]： //按Enter键结束
```

结果如图 5-12 右图所示。

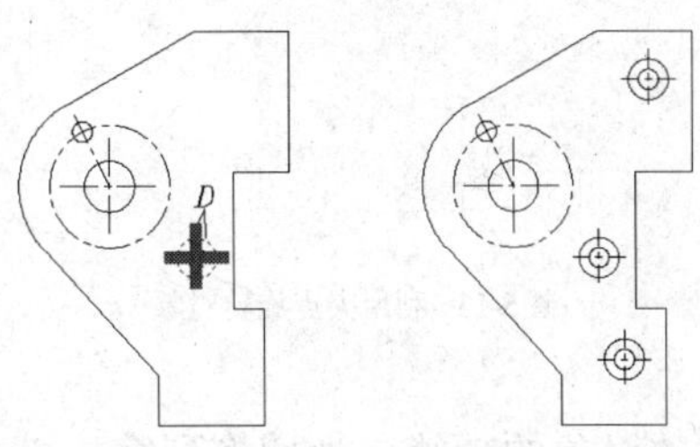

图5-12 利用夹点复制对象

(3) 利用夹点旋转对象。

旋转对象是绕旋转中心进行的，当使用夹点编辑模式时，热夹点就是旋转中心，但用户可以指定其他点作为旋转中心。这种编辑方法与 ROTATE 命令相似，它的优点在于一次可将对象旋转且复制到多个方位。

旋转操作中“参照(R)”选项有时非常有用，该选项可以使用户旋转图形实体，使其与某个新位置对齐。

利用夹点旋转对象的方法如下。

```
命令:                                          //选择对象 E，如图 5-13 左图所示
命令:                                          //选中一个夹点
** 拉伸 **                                     //进入拉伸模式
指定拉伸点或 [基点(B)/复制(C)/放弃(U)/退出(X)]: _rotate
                                               //单击鼠标右键，选择“旋转”选项
** 旋转 **                                     //进入旋转模式
指定旋转角度或 [基点(B)/复制(C)/放弃(U)/参照(R)/退出(X)]: c
                                               //选择 “复制(C)”选项进行复制
** 旋转 (多重) **
指定旋转角度或 [基点(B)/复制(C)/放弃(U)/参照(R)/退出(X)]: b
                                               //选择“基点(B)”选项
指定基点:                                      //捕捉圆心 F
** 旋转 (多重) **
指定旋转角度或 [基点(B)/复制(C)/放弃(U)/参照(R)/退出(X)]: 85 //输入旋转角度
** 旋转 (多重) **
指定旋转角度或 [基点(B)/复制(C)/放弃(U)/参照(R)/退出(X)]: 170//输入旋转角度
** 旋转 (多重) **
指定旋转角度或 [基点(B)/复制(C)/放弃(U)/参照(R)/退出(X)]: -150//输入旋转角度
** 旋转 (多重) **
指定旋转角度或 [基点(B)/复制(C)/放弃(U)/参照(R)/退出(X)]:      //按Enter键结束
```

结果如图 5-13 右图所示。

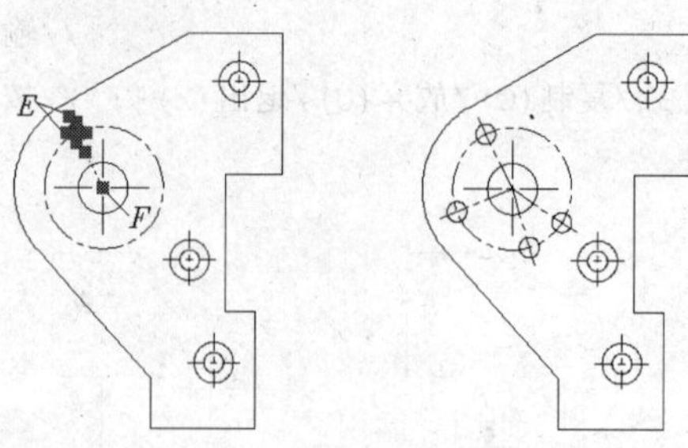

图5-13　利用夹点旋转对象

(4) 利用夹点缩放对象。

夹点编辑方式也提供了缩放对象的功能，当切换到缩放模式时，当前激活的热夹点是缩放的基点。用户可以输入比例系数对实体进行放大或缩小，也可利用“参照(R)”选项将实体缩放到某一尺寸。

利用夹点缩放模式缩放对象的方法如下。

```
命令:                                            //选择圆 G，如图 5-14 左图所示
命令:                                            //选中任意一个夹点
** 拉伸 **                                       //进入拉伸模式
指定拉伸点或 [基点(B)/复制(C)/放弃(U)/退出(X)]: _scale
                                                 //单击鼠标右键，选择“缩放”选项
** 比例缩放 **                                   //进入比例缩放模式
指定比例因子或 [基点(B)/复制(C)/放弃(U)/参照(R)/退出(X)]: b
                                                 //选择“基点(B)”选项指定缩放基点
指定基点:                                        //捕捉圆 G 的圆心
** 比例缩放 **
指定比例因子或 [基点(B)/复制(C)/放弃(U)/参照(R)/退出(X)]: 1.6//输入缩放比例值
```

结果如图 5-14 右图所示。

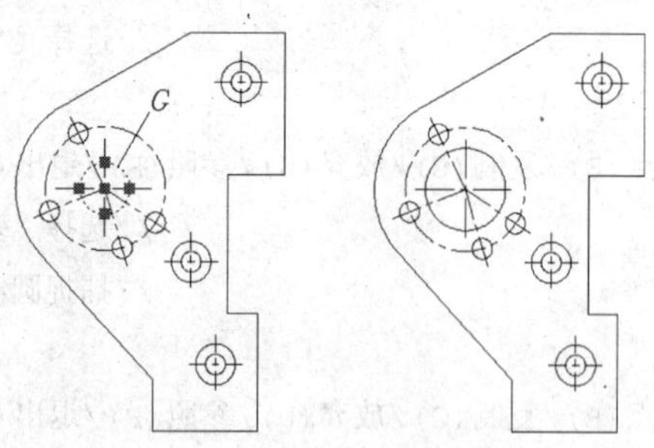

图5-14　利用夹点缩放对象

(5) 利用夹点镜像对象。

进入镜像模式后，AutoCAD 命令行直接提示“指定第二点”。默认情况下，热夹点是镜像线的第一点，在拾取第二点后，此点便与第一点一起形成镜像线。如果用户要重新设定镜像线的第一点，就通过“基点(B)”选项。

利用夹点镜像对象的方法如下。

```
命令:                                //选择要镜像的对象，如图 5-15 左图所示
```

```
命令:                                    //选中夹点 H
  ** 拉伸 **                             //进入拉伸模式
  指定拉伸点或 [基点(B)/复制(C)/放弃(U)/退出(X)]: _mirror
                                         //单击鼠标右键，选择“镜像”选项
  ** 镜像 **                             //进入镜像模式
  指定第二点或 [基点(B)/复制(C)/放弃(U)/退出(X)]: c      //镜像并复制
  ** 镜像 (多重) **
  指定第二点或 [基点(B)/复制(C)/放弃(U)/退出(X)]:        //捕捉 I 点
  ** 镜像 (多重) **
  指定第二点或 [基点(B)/复制(C)/放弃(U)/退出(X)]:        //按 Enter 键结束
```

结果如图 5-15 右图所示。

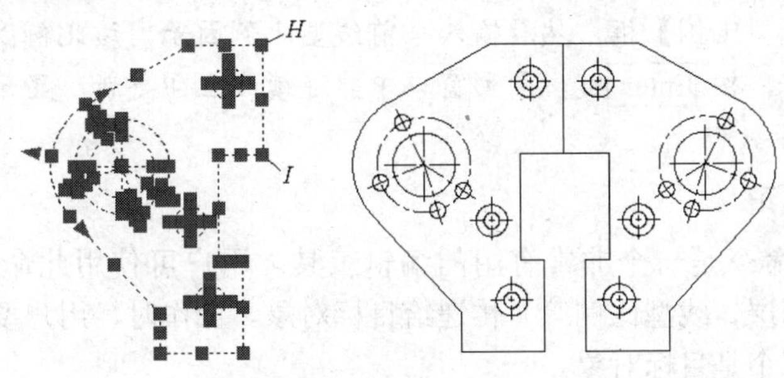

图5-15 利用夹点镜像对象

二、用 PROTERTIES 命令改变对象特性

AutoCAD 中，对象特性是指系统赋予对象的包括颜色、线型、图层、高度、文字样式等特性。例如，直线、曲线包含图层、线型、颜色等特性项目，而文本则具有图层、颜色、字体、字高等特性。改变对象特性一般可以通过 PROPERTIES 命令，使用该命令时，AutoCAD 打开【特性】对话框，该对话框列出所选对象的所有属性，用户通过此对话框就可以很方便地进行修改。

【案例5-3】 打开教学资源中的“项目 5\素材\5-3.dwg”文件，如图 5-16 左图所示。用 PROPERTIES 命令将左图修改为右图所示样式。

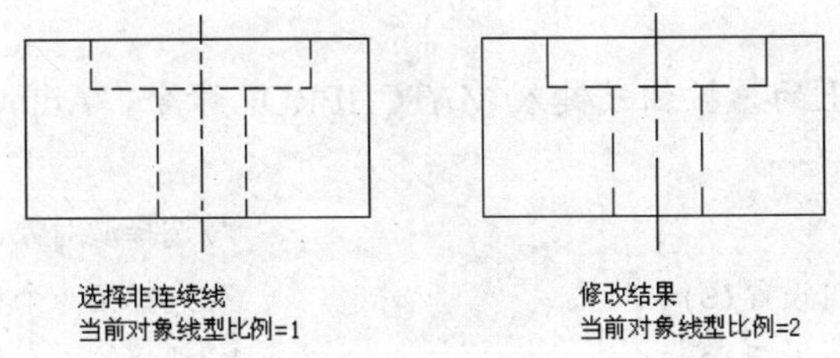

图5-16 用 PROPERTIES 命令改变对象属性

【步骤解析】

1. 选择要编辑的非连续线，如图 5-16 所示。
2. 单击鼠标右键，在快捷菜单中选择【特性】选项，或键入 PROPERTIES 命令，AutoCAD 打开【特性】选项板，如图 5-17 所示。

根据所选对象不同，【特性】选项板中显示的特性项目也不同，但有一些特性项目几乎是所有对象都拥有的，如颜色、图层及线型等。

当在绘图区中选择单个对象时，【特性】选项板窗口就显示此对象的特性。若选择多个对象，【特性】选项板将显示它们所共有的特性。

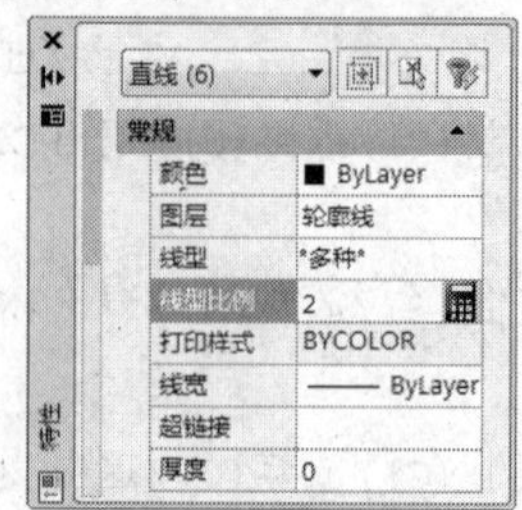

图5-17 【特性】选项板

3. 用光标单击【线型比例】框，然后输入当前线型比例因子，该比例因子默认值是“1”，输入新数值“2”，按 Enter 键，图形窗口中非连续线立即更新，显示修改后的结果，如图 5-16 右图所示。

三、对象特性匹配

MATCHPROP 命令是一个非常有用的编辑工具。用户可使用此命令将源对象的属性（如颜色、线型、图层、线型比例等）传递给目标对象。操作时，用户要选择两个对象，第一个为源对象，第二个是目标对象。

【案例5-4】 打开教学资源中的“项目 5\素材\5-4.dwg”文件，如图 5-18 左图所示。用 MATCHPROP 命令将左图修改为右图所示样式。

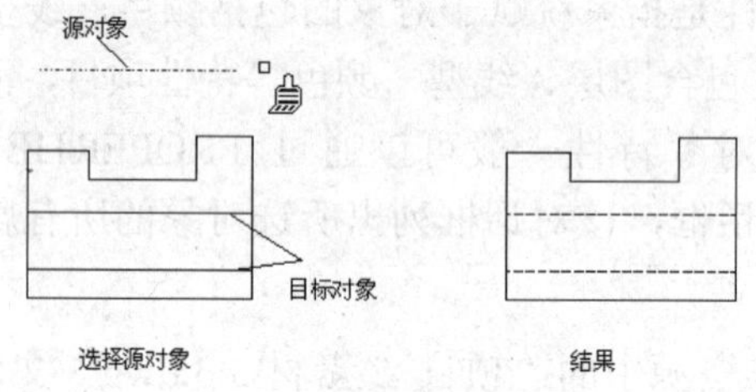

图5-18 特性匹配

【步骤解析】

1. 单击【特性】面板上的按钮或键入 MATCHPROP 命令，AutoCAD 提示如下。

```
命令: '_matchprop
选择源对象:                        //选择源对象，如图 5-18 左图所示
选择目标对象或 [设置(S)]:          //选择第一个目标对象
选择目标对象或 [设置(S)]:          //选择第二个目标对象
选择目标对象或 [设置(S)]:          //按 Enter 键结束
```

选择源对象后，鼠标指针变成类似“刷子”形状，用此“刷子”来选取接受属性匹配的目标对象，结果如图 5-18 右图所示。

2. 如果用户仅想使目标对象的部分属性与源对象相同，可在选择源对象后，键入“*S*”，此时，AutoCAD 打开【特性设置】对话框，如图 5-19 所示。默认情况下，AutoCAD

选中该对话框中所有源对象的属性进行复制，但用户也可以指定仅将其中部分属性传递给目标对象。

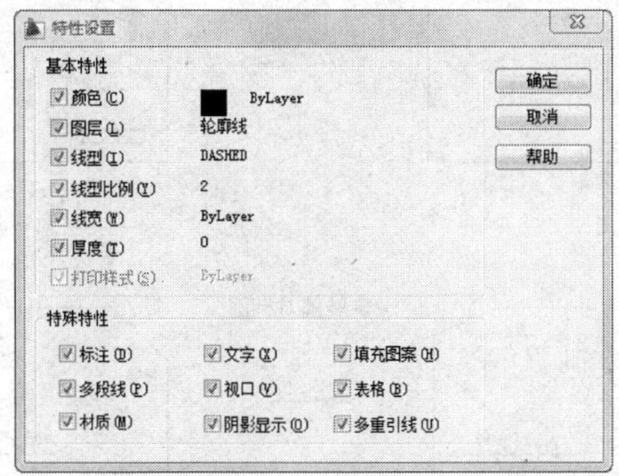

图5-19 【特性设置】对话框

实训

用 LINE、ROTATE、ALIGN、STRETCH 等命令，绘制平面图形。

实训 1　绘制倾斜图形

【案例5-5】 用 RETANGE、COPY、ROTATE 等命令绘图，如图 5-20 所示。

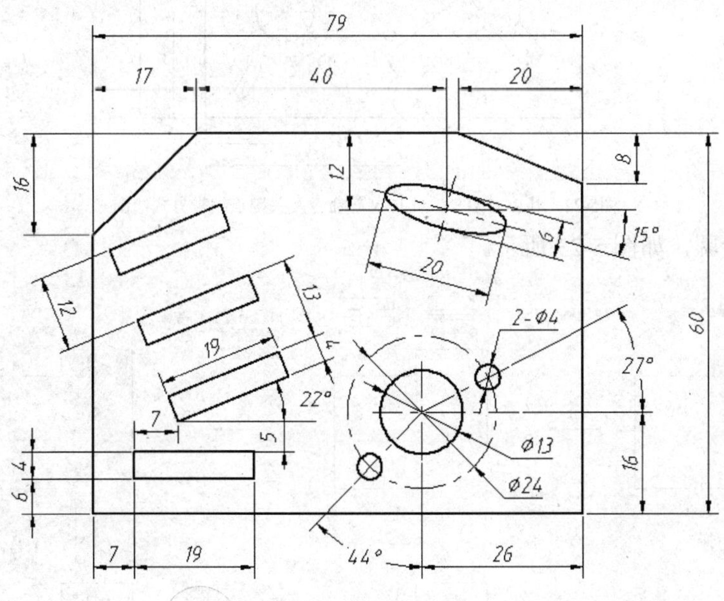

图5-20 输入点坐标画线

主要作图步骤，如图 5-21 所示。

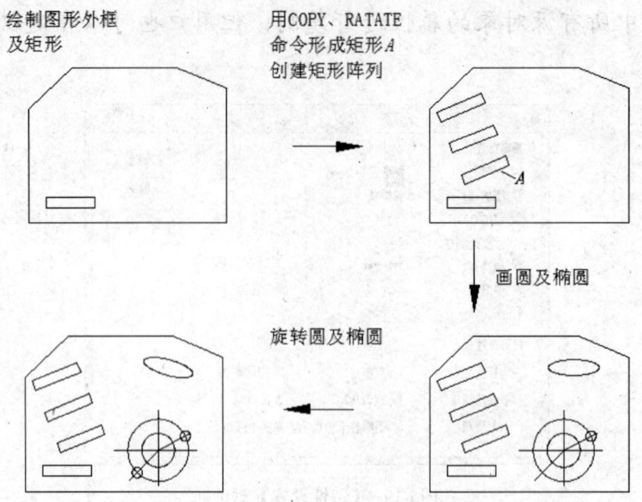

图5-21 主要作图步骤

【案例5-6】 用 ROTATE、ALIGN 等命令及关键点编辑方式绘图，如图 5-22 所示。

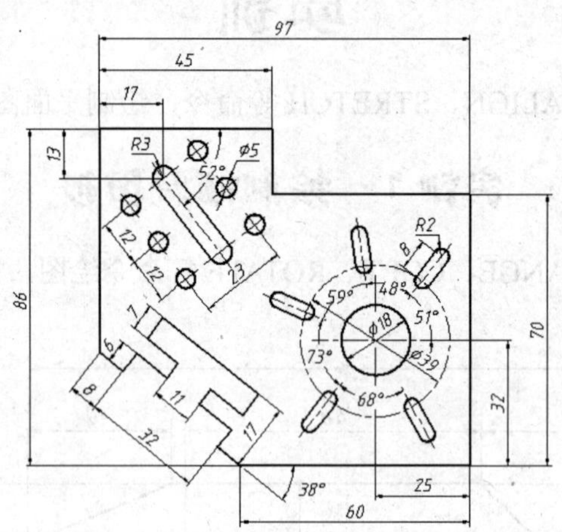

图5-22 用 ROTATE、ALIGN 等命令及关键点编辑方式绘图

主要作图步骤，如图 5-23 所示。

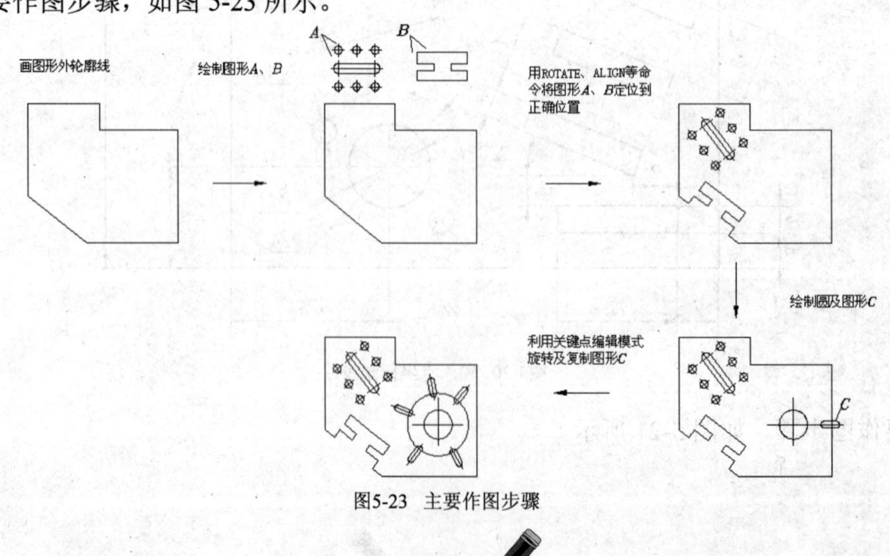

图5-23 主要作图步骤

【案例5-7】 用 ROTATE、HATCH、SPLINE 等命令绘制平面图形，如图 5-24 所示。

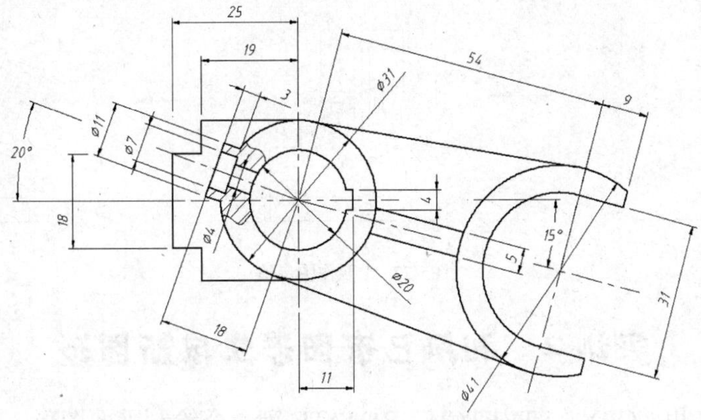

图5-24 用 ROTATE、HATCH 等命令绘图

主要作图步骤，如图 5-25 所示。

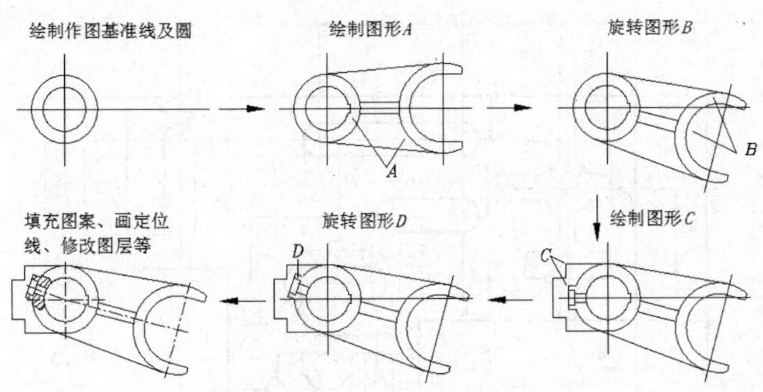

图5-25 主要作图步骤

【案例5-8】 用 ARRAY、ROTATE、RETANGE 等命令绘制平面图形，如图 5-26 所示。

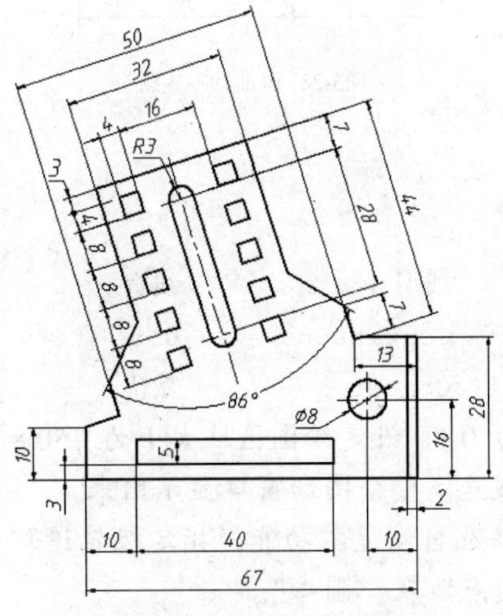

图5-26 用 ARRAY、ROTATE 等命令绘图

主要作图步骤，如图 5-27 所示。

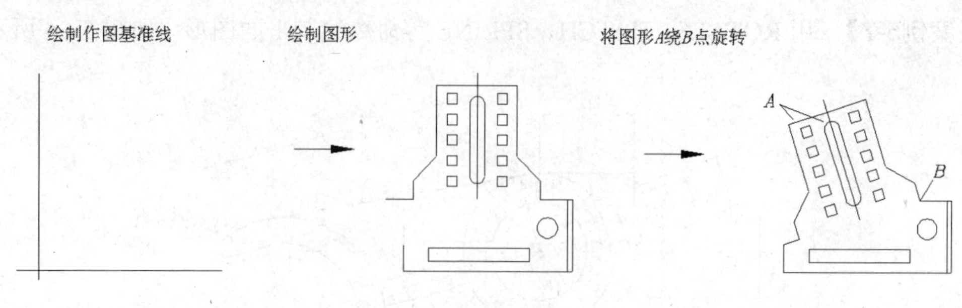

图5-27 主要作图步骤

实训 2 利用已有图形生成新图形

【案例5-9】 用 COPY、STRETCH、ROTATE 等命令绘制平面图形，如图 5-28 所示。

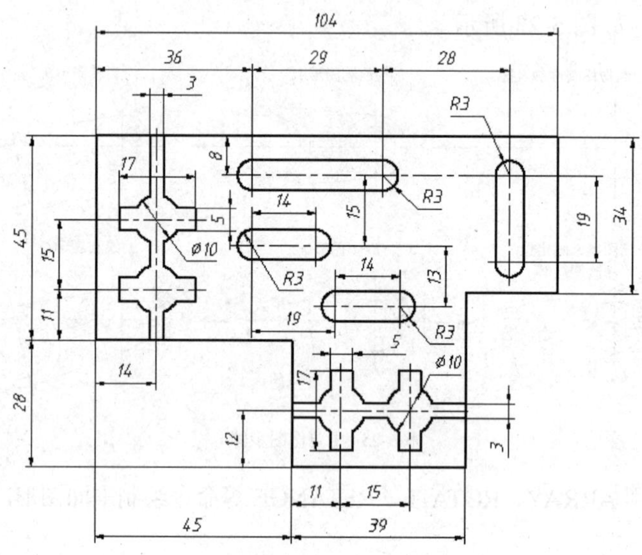

图5-28 画曲轴零件图

【步骤解析】

1. 创建两个图层。

名称	颜色	线型	线宽
轮廓线	白色	Continuous	0.5
中心线	红色	Center	默认

2. 设定线型全局比例因子为 0.1，设定绘图区域大小为 150×150，单击【实用程序】面板上的按钮，使绘图区域充满整个图形窗口显示出来。
3. 打开极轴追踪、对象捕捉及自动追踪功能。指定极轴追踪角度增量为 90°，设定对象捕捉方式为“端点”、“交点”及“圆心”。
4. 切换到轮廓线层，绘制外轮廓线，如图 5-29 左图所示。
5. 用 CIRCLE、OFFSET、TRIM 等命令绘制线框 *A*、*B*，如图 5-29 右图所示。

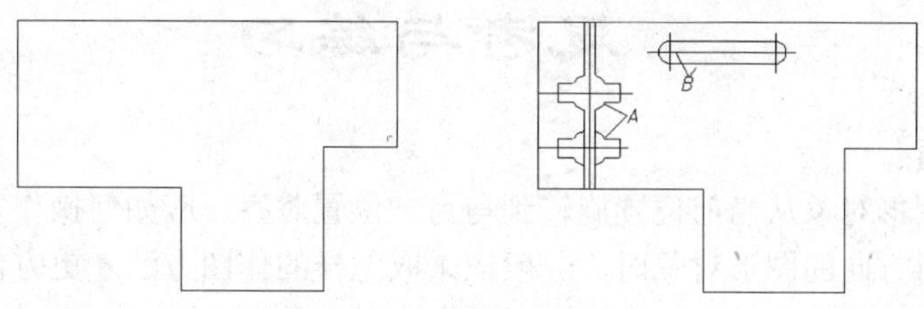

图5-29 绘制线框 *A*、*B*

6. 复制线框 *B*，如图 5-30 左图所示。
7. 用 STRETCH 命令修改线框 *C*，用 STRETCH、ROTATE 命令修改线框 *D*，复制线框 *C* 形成线框 *E*，如图 5-30 右图所示。

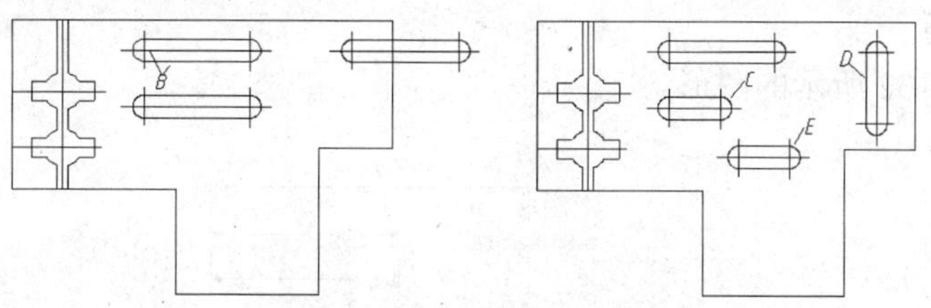

图5-30 修改线框 *C*、*D* 等

8. 用 COPY、ROTATE、MOVE、STRETCH 等命令形成线框 *E*，如图 5-31 所示。

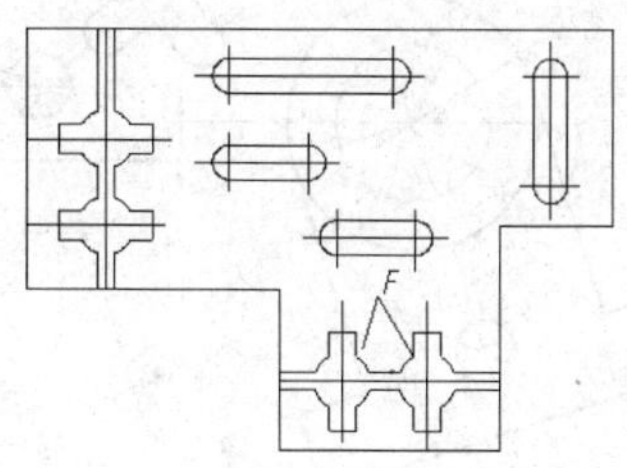

图5-31 用编辑命令形成线框 *F*

9. 用 LENGTHEN 命令定位线的长度，然后将它们修改到中心线层上。

项目小结

本项目主要内容总结如下。

- 用 ROTATE 命令旋转对象，旋转角度逆时针为正，顺时针为负，用 ALIGN 命令对齐对象。绘制倾斜图形时，这两个命令很有用，因为用户可先在水平位置画出图形，然后利用旋转或对齐命令将图形定位到倾斜方向。
- STRETCH 命令可拉伸对象。在保证图元间几何关系不变的情况下，改变对象的大小或位置。
- SCALE 命令可以将图形围绕指定的基点进行缩小或放大。
- 利用夹点编辑对象。该编辑模式提供了 5 种常用的编辑功能：拉伸、移动、旋转、比例缩放、镜像，因此，用户不必每次在面板上选定命令按钮就可以完成大部分的编辑任务。
- 用 PROPERTIES、MATCHPROP 命令修改图形元素的特性。

思考与练习

一、思考题

1. 如果要将图形对象从当前位置旋转到与另一位置对齐，应如何操作？
2. 当绘制倾斜方向的图形对象时，一般应采取怎样的作图方法才更方便一些？
3. 使用 STRETCH 命令时，能利用矩形窗口选择对象吗？
4. 夹点编辑模式提供了哪几种编辑方法？
5. 如果想在旋转对象的同时复制对象，应如何操作？
6. 编辑图形元素特性的命令是什么？

二、操作题

1. 绘制如图 5-32 所示的图形。

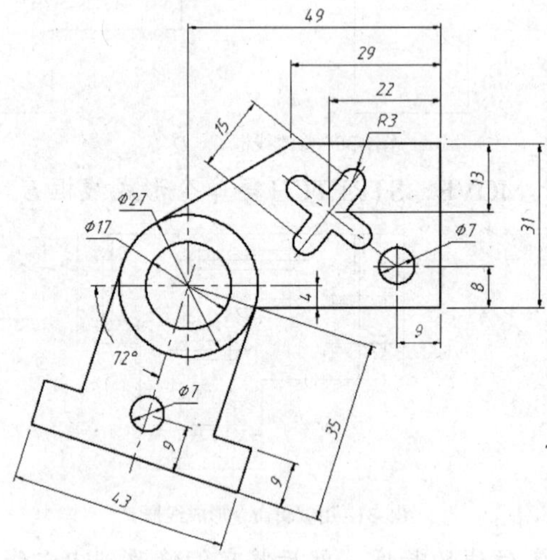

图5-32 用旋转、对齐命令绘图

2. 绘制如图 5-33 所示的图形。

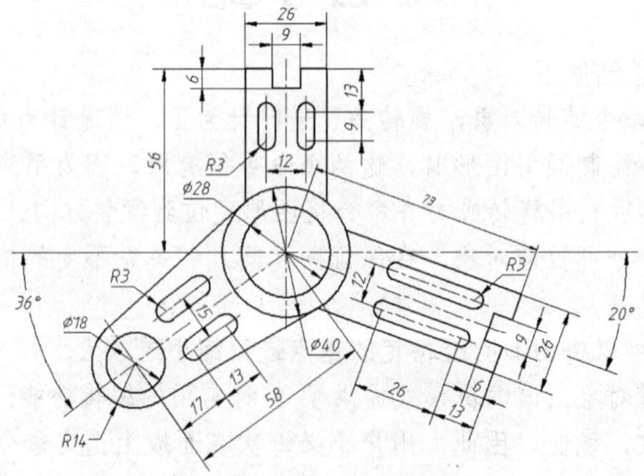

图5-33 利用旋转、复制命令绘图

3. 绘制如图 5-34 所示的图形。

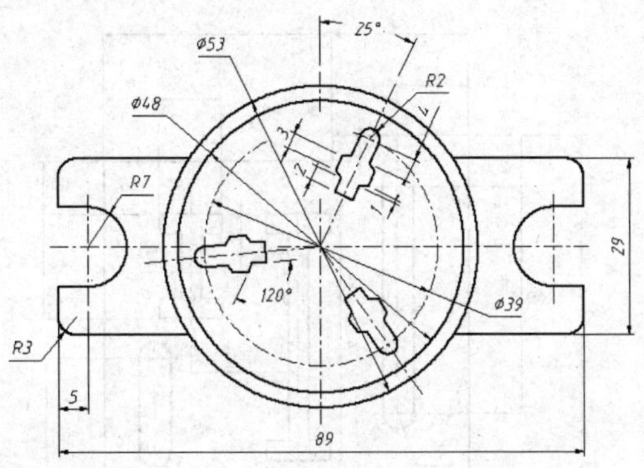

图5-34 用 ALIGN 命令定位图形

4. 绘制如图 5-35 所示的图形。

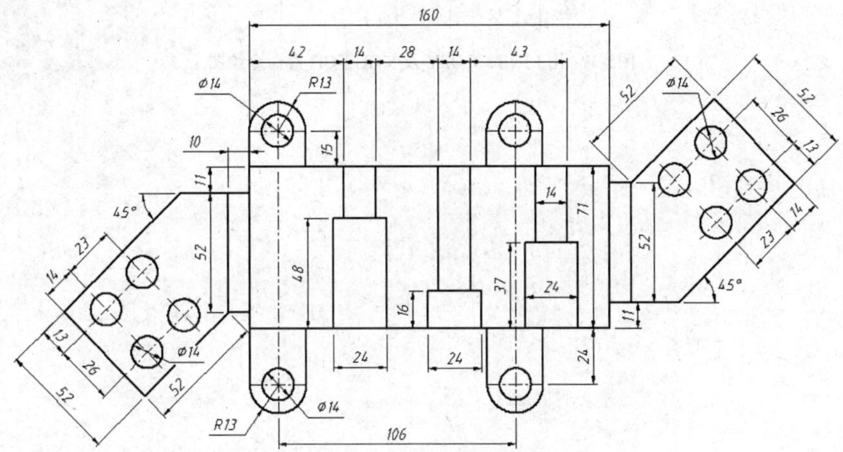

图5-35 用复制、旋转等命令绘图

5. 绘制如图 5-36 所示的图形。

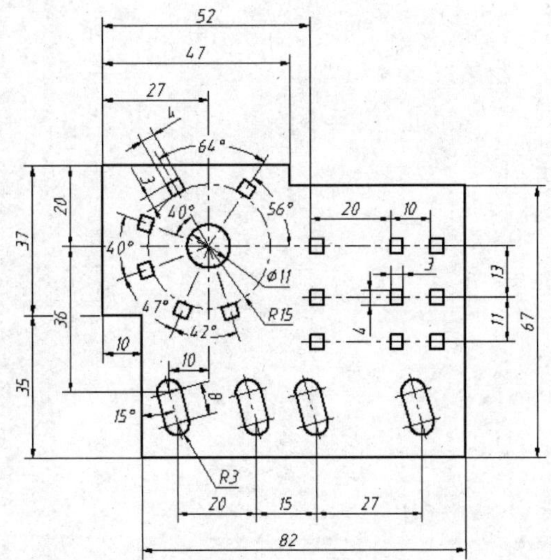

图5-36 用夹点编辑模式绘图

6. 用 LINE、COPY、STRETCH 等命令绘制平面图形，如图 5-37 所示。

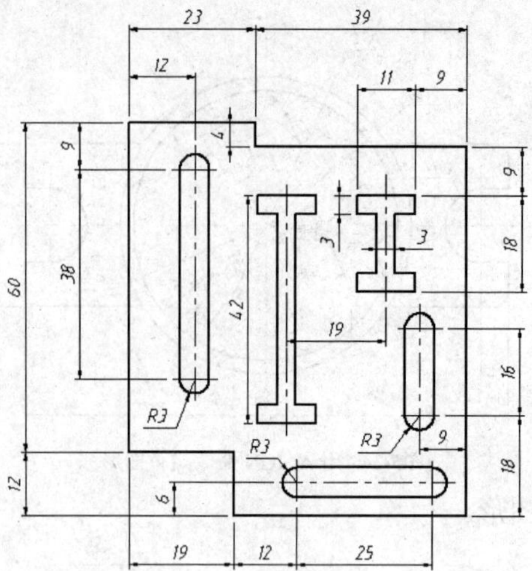

图5-37 用 LINE、COPY 及 STRETCH 等命令绘图

项 目 六

绘制圆点、图块等对象组成的图形

本项目的任务是用 LINE、MLINE、DONUT、DIVIDE 等命令绘制如图 6-1 所示的平面图形，该图形由圆点、实心多边形等对象组成。首先画出图形的轮廓线，然后绘制圆点及实心多边形并将它们均匀分布。

【案例6-1】 用 LINE、MLINE、DONUT、DIVIDE 等命令，绘制平面图形。

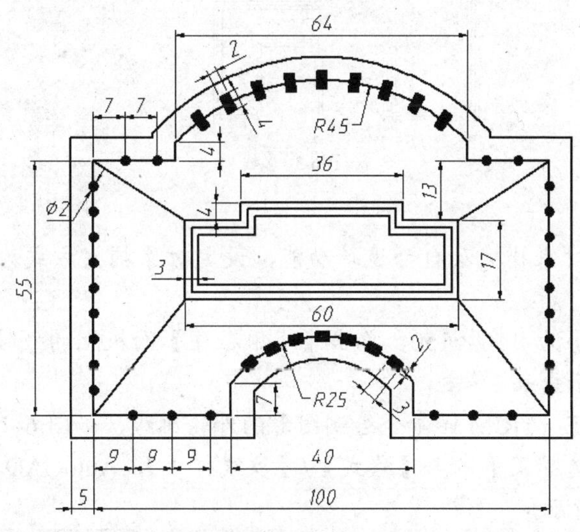

图6-1 画圆点、图块等对象组成的图形

学习目标

- 创建多线、圆环及实心多边形。
- 创建定距等分点及定数等分点。
- 创建图块、插入图块。
- 创建图块属性。
- 引用外部图形。
- 面域及布尔运算。
- 查询距离、面积及周长等信息。

任务一　创建圆点及实心多边形

绘制图形的轮廓，然后画圆点及实心多边形，绘图过程如图 6-2 所示。

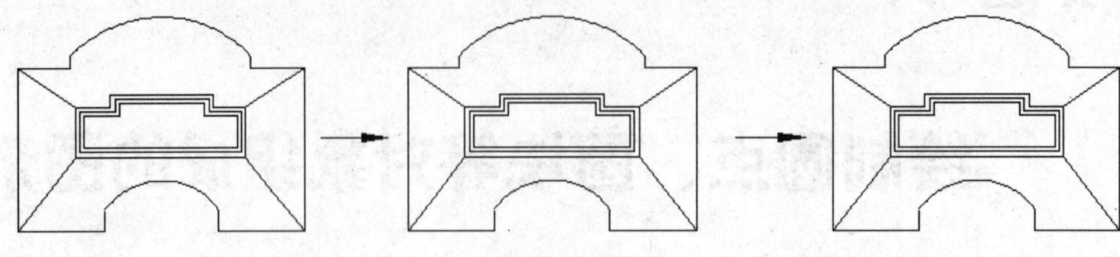

图6-2　绘图过程

一、绘制多线

MLINE 命令用来创建多线，多线是由多条平行直线组成的图形对象，如图 6-3 所示。绘制时，用户可以通过选择多线样式来控制其外观。多线样式中规定了各平行线的特性，如线型、线间距、颜色等。

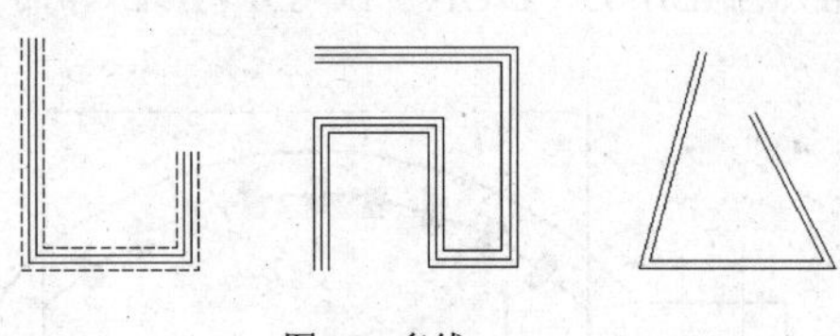

图6-3　多线

【步骤解析】

1. 打开极轴追踪、对象捕捉及自动追踪功能，设定对象捕捉方式为“端点”、“交点”及“圆心”。
2. 设定绘图区域大小为 150×150，单击【实用程序】面板上的按钮，使绘图区域充满整个图形窗口显示出来。
3. 用 LINE、CIRCLE、TRIM 等命令绘制图形的外轮廓线，如图 6-4 所示。
4. 设置多线样式。选择菜单命令【格式】/【多线样式】，AutoCAD 弹出【多线样式】对话框，如图 6-5 所示。

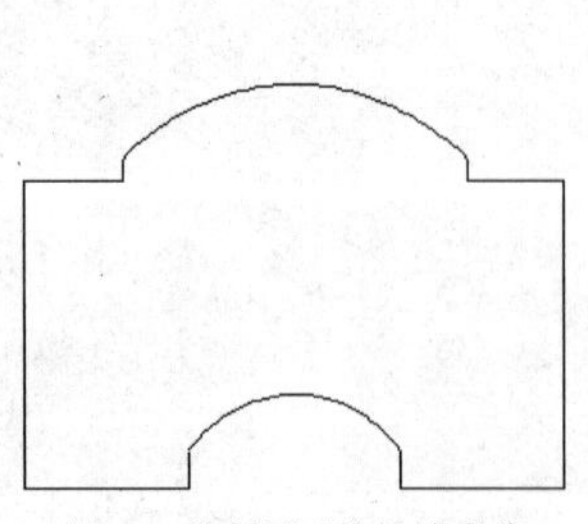

图6-4　绘制图形的外轮廓线

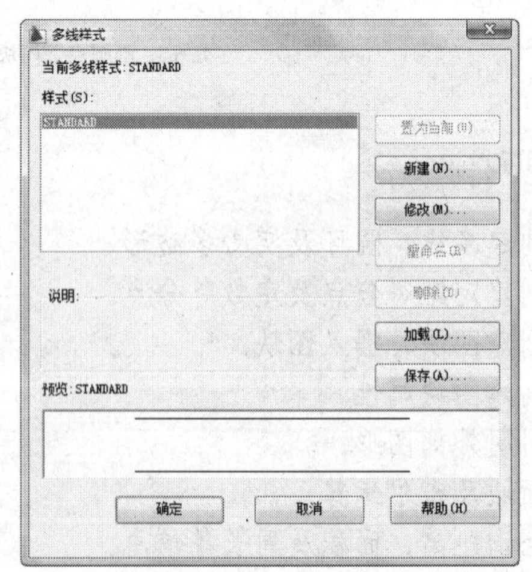

图6-5　【多线样式】对话框

5. 单击 新建(N)... 按钮，弹出【创建新的多线样式】对话框，如图 6-6 所示。在【新样式名】文本框中输入新样式的名称为“新多线样式”。

图6-6 【创建新的多线样式】对话框

6. 单击 继续 按钮，弹出【新建多线样式:新多线样式】对话框，再单击 添加(A) 按钮，AutoCAD 在多线中加入一条直线，该直线位于原有两条直线的中间，即偏移量为 0，如图 6-7 所示。

图6-7 【新建多线样式:新多线样式】对话框

7. 如果要指定【图元】列表框中选定线元素的线型可单击 线型(Y)... 按钮。
8. 单击 确定 按钮，返回【多线样式】对话框，再单击 置为当前(U) 按钮，使新样式成为当前样式。
9. 绘制多线。选择菜单命令【绘图】/【多线】，或输入命令代号 MLINE，启动多线命令。

```
命令: _mline
当前设置: 对正 = 无，比例 = 20.00，样式 = 新多线样式
指定起点或 [对正(J)/比例(S)/样式(ST)]: j              //设定多线的对正方式
输入对正类型 [上(T)/无(Z)/下(B)] <上>: t               //以顶端直线为对正的基线
指定起点或 [对正(J)/比例(S)/样式(ST)]: s               //设置多线比例
输入多线比例 <20.00>: 3                                //输入比例值
指定起点或 [对正(J)/比例(S)/样式(ST)]: from            //使用正交偏移捕捉
基点:                                                 //捕捉交点 A，如图 6-8 左图所示
<偏移>: @-2,-13                                       //输入 B 点相对坐标
指定下一点: 17                                         //从 B 点向下追踪并输入追踪距离
指定下一点或 [放弃(U)]: 60                              //从 C 点向左追踪并输入追踪距离
指定下一点或 [闭合(C)/放弃(U)]: 17                      //从 D 点向上追踪并输入追踪距离
```

```
指定下一点或 [闭合(C)/放弃(U)]: 12          //从 E 点向右追踪并输入追踪距离
指定下一点或 [闭合(C)/放弃(U)]: 4           //从 F 点向上追踪并输入追踪距离
指定下一点或 [闭合(C)/放弃(U)]: 36          //从 G 点向右追踪并输入追踪距离
指定下一点或 [闭合(C)/放弃(U)]: 4           //从 H 点向下追踪并输入追踪距离
指定下一点或 [闭合(C)/放弃(U)]: c           //使多线闭合
```

结果如图 6-8 左图所示。

10. 画线 *A*、*B*、*C*、*D*，如图 6-8 右图所示。

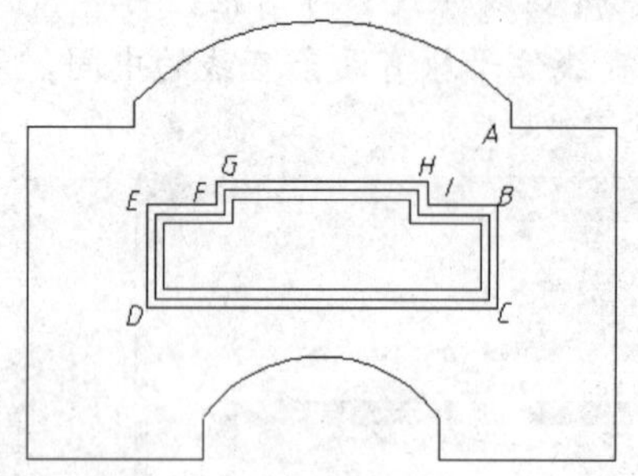

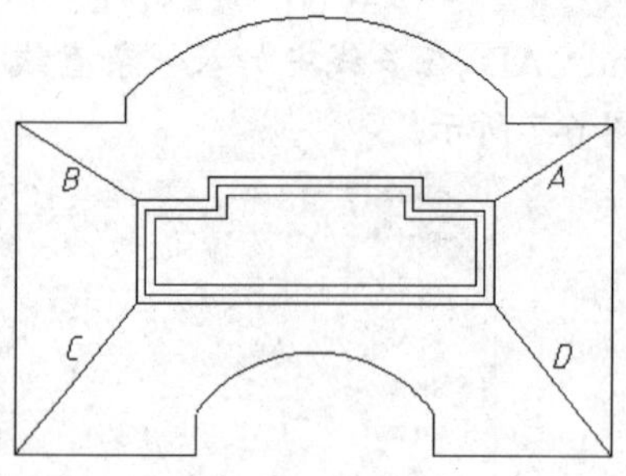

图6-8 画轮廓线

【知识链接】 MLINE 命令选项如下。

(1) 对正(J)：设定多线对正方式，即多线中哪条直线的端点与光标重合，并随光标移动。该选项有 3 个子选项。

- 上(T)：若从左往右绘制多线，则对正点将在最顶端直线的端点处。
- 无(Z)：对正点位于多线中偏移量为 0 的位置处。多线中线条的偏移量可在多线样式中设定。
- 下(B)：若从左往右绘制多线，则对正点将在最底端直线的端点处。

(2) 比例(S)：指定多线宽度相对于定义宽度（在多线样式中定义）的比例因子，该比例不影响线型比例。

(3) 样式(ST)：该选项使用户可以选择多线样式，默认样式是“STANDARD”。

二、画圆环及圆点

DONUT 命令可创建填充圆环或实心填充圆。启动该命令后，用户依次输入圆环内径、外径及圆心，AutoCAD 就生成圆环。若要画实心圆，则指定内径为 0 即可。

【步骤解析】

单击【绘图】面板上的◎按钮或输入命令代号 DONUT，启动圆环命令。

```
命令: _donut
指定圆环的内径 <2.0000>: 0             //输入圆环内径
指定圆环的外径 <5.0000>: 2             //输入圆环外径
指定圆环的中心点或 <退出>:              //在图形外单击一点指定圆心
指定圆环的中心点或 <退出>:              //按 Enter 键结束
```

结果如图 6-9 所示。

图6-9 画圆点

DONUT 命令生成的圆环实际上是具有宽度的多段线，用户可以用 PEDIT 命令编辑该对象。默认情况下，该圆环是填充的，当把变量 FILLMODE 设置为 0 时，系统将不填充圆环。

三、绘制实心多边形

SOLID 命令可生成填充多边形，如图 6-10 所示。发出该命令后，AutoCAD 命令行提示用户指定多边形的顶点（3 个或 4 个点），命令结束后，系统自动填充多边形。指定多边形顶点时，顶点的选取顺序很重要，如果顺序出现错误，将使多边形成打结状。

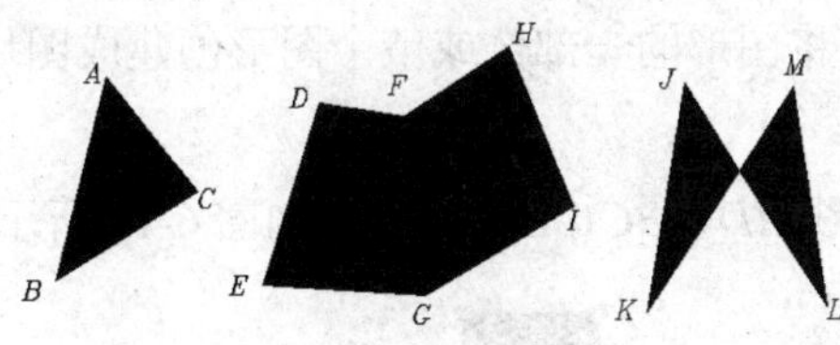

图6-10 区域填充

【步骤解析】

选择菜单命令【绘图】/【建模】/【网格】/【二维填充】，或输入命令代号 SOLID，启动二维填充命令。

```
命令: SOLID
指定第一点:                              //在图形外单击一点 A，如图 6-11 所示
指定第二点: @0,-4                        //输入 B 点的相对坐标
指定第三点: @2,4                         //输入 C 点的相对坐标
指定第四点或 <退出>: @0,-4               //输入 D 点的相对坐标
指定第三点:                              //按 Enter 键结束
命令:                                    //重复命令
SOLID 指定第一点:                        //在图形外单击一点 E
指定第二点: @0,-2                        //输入 F 点的相对坐标
指定第三点: @3,2                         //输入 G 点的相对坐标
指定第四点或 <退出>: @0,-2               //输入 H 点的相对坐标
指定第三点:                              //按 Enter 键结束
```

结果如图 6-11 所示。

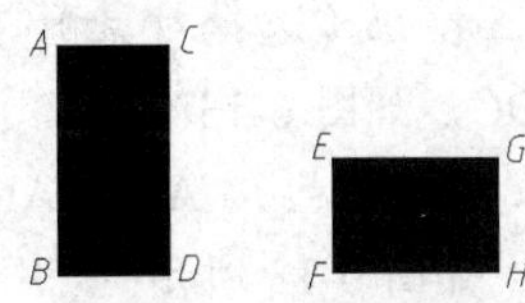

图6-11 绘制实心多边形

任务二　等分对象

将圆点及实心多边形分别创建成图块，然后在等分点上插入图块，绘图过程如图 6-12 所示。

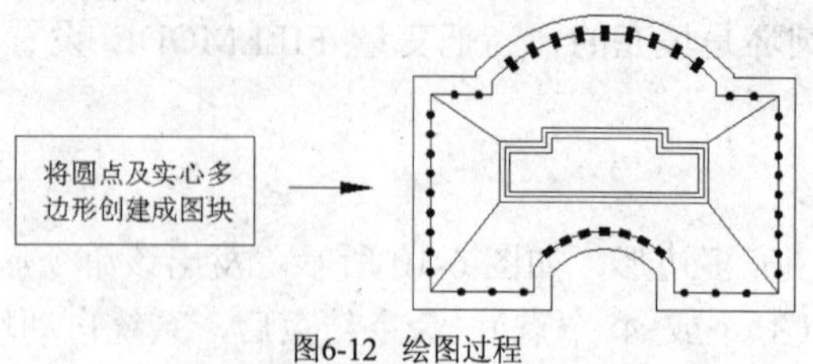

图6-12　绘图过程

一、图块

用 BLOCK 命令可以将图形的一部分或整个图形创建成图块，用户可以给图块起名，并可以定义插入基点。

用 LINE 命令画辅助线 *AD*、*BC*、*EH*、*FG*，如图 6-13 所示。

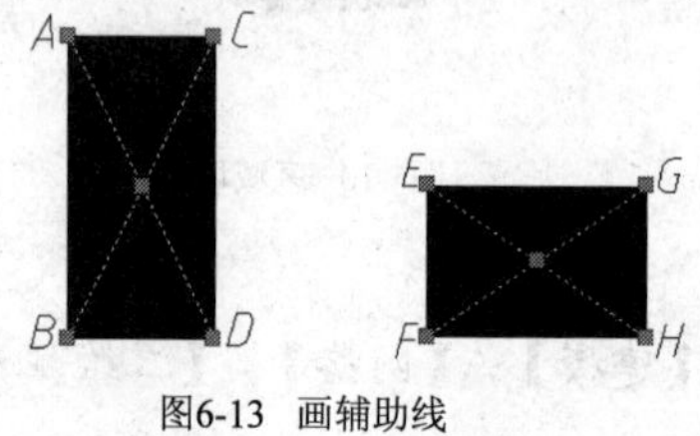

图6-13　画辅助线

【步骤解析】

1. 单击【块】面板上的按钮，或输入命令代号 BLOCK，AutoCAD 打开【块定义】对话框，如图 6-14 所示。
2. 在【名称】文本框中输入新建图块的名称“多边形 1”，如图 6-14 所示。

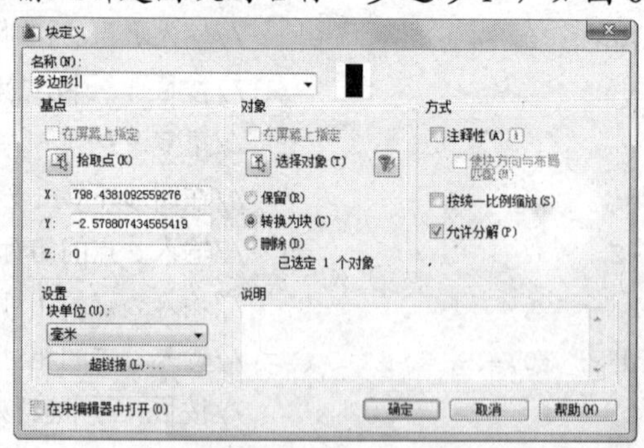

图6-14　【块定义】对话框

3. 选择构成块的图形元素。单击按钮（选择对象），AutoCAD 返回绘图窗口，并提示“选择对象”，选择多边形 *ABDC*，如图 6-13 所示。
4. 指定块的插入基点。单击按钮（拾取点），AutoCAD 返回绘图窗口，并提示“指定插入基点”，捕捉 *AD* 和 *BC* 交点，如图 6-13 所示。
5. 单击 确定 按钮，AutoCAD 生成图块。

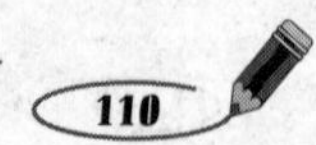

6. 用相同的方法将另一实心多边形和圆点创建成图块，图块名称分别为“多边形 2”、“圆点”，插入点分别为 *EH* 和 *FG* 的交点、圆心。

> 技巧 在定制符号块时，一般将块图形画在 1×1 的正方形中，这样就便于在插入块时确定图块沿 *x* 轴、*y* 轴方向的缩放比例因子。

【块定义】对话框中常用选项功能如下。

(1) 【名称】：在此文本框中输入新建图块的名称，最多可以使用 255 个字符。单击文本框右边的按钮，打开下拉列表，该列表中显示了当前图形的所有图块。

(2) 【拾取点】：单击此按钮，AutoCAD 切换到绘图窗口，用户可以直接在图形中拾取某点，作为块的插入基点。

(3) 【X】、【Y】、【Z】文本框：在这 3 个文本框中分别输入插入基点的 *x*、*y* 和 *z* 坐标值。

(4) 【选择对象】：单击此按钮，AutoCAD 切换到绘图窗口，用户在绘图区中选择构成图块的图形对象。

(5) 【保留】：选择此单选项，则 AutoCAD 生成图块后，还保留构成块的源对象。

(6) 【转换为块】：选择此单选项，则 AutoCAD 生成图块后，把构成块的源对象也转化为块。

二、定距等分点及定数等分点

MEASURE 命令在图形对象上按指定的距离放置点对象（POINE 对象），这些点可用“nod”进行捕捉。对于不同类型的图形元素，距离测量的起始点是不同的。当操作对象为直线、圆弧或多段线时，起始点位于距选择点最近的端点。如果是圆，则一般从 0° 角开始进行测量。

DIVIDE 命令根据等分数目在图形对象上放置等分点，这些点并不分割对象，只是标明等分的位置。AutoCAD 中可等分的图形元素包括直线、圆、圆弧、样条线、多段线等。

【步骤解析】

1. 单击【绘图】面板上的按钮或输入命令代号 DIVIDE，启动定数等分点命令。

```
命令: DIVIDE
选择要定数等分的对象:                          //选择线段 A，如图 6-15 所示
输入线段数目或 [块(B)]: b                      //选择“块（B）”选项
输入要插入的块名: 圆点                          //输入图块名称
是否对齐块和对象? [是(Y)/否(N)] <Y>:            //按 Enter 键，使块与等分对象对齐
输入线段数目: 10                               //输入等分的数目
命令:
DIVIDE                                         //重复命令
选择要定数等分的对象:                          //选择圆弧 B
输入线段数目或 [块(B)]: b                      //选择“块（B）”选项
输入要插入的块名: 多边形 1                      //输入图块名称
是否对齐块和对象? [是(Y)/否(N)] <Y>:            //按 Enter 键，使块与等分对象相切
输入线段数目: 10                               //输入等分的数目
```

继续插入图块“多边形 2”，结果如图 6-15 所示。

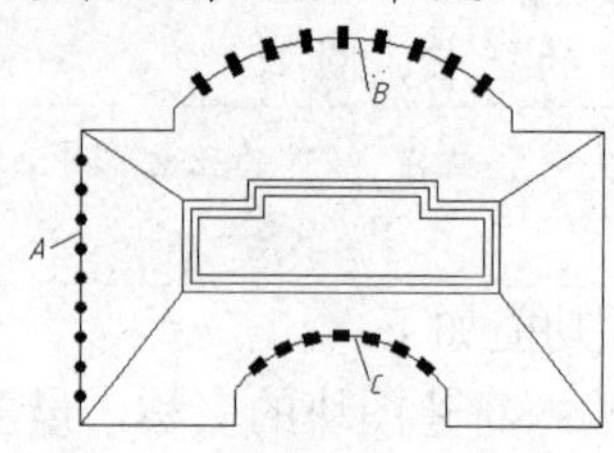

图6-15 在定数等分点处插入图块

2. 单击【绘图】面板上的按钮或输入命令代号 MEASURE，启动定距等分点命令。

```
命令: _measure
选择要定距等分的对象:                        //在 D 端附近选择对象，如图 6-16 所示
输入线段数目或 [块(B)]: b                    //选择“块 (B)”选项
输入要插入的块名: 圆点                        //输入图块名称
是否对齐块和对象? [是(Y)/否(N)] <Y>:        //按 Enter 键，使块与等分对象对齐
指定线段长度: 7                              //输入测量长度
命令:
MEASURE                                     //重复命令
选择要定距等分的对象:                        //在 E 端处选择对象
输入线段数目或 [块(B)]: b                    //选择“块 (B)”选项
输入要插入的块名: 圆点                        //输入图块名称
是否对齐块和对象? [是(Y)/否(N)] <Y>:        //按 Enter 键
指定线段长度: 9                              //输入测量长度
```

结果如图 6-16 所示。

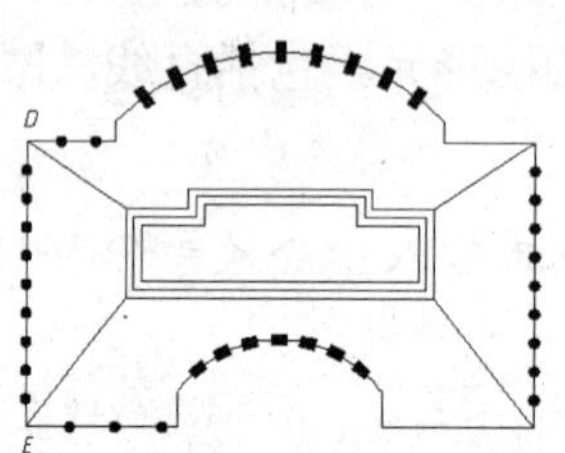

图6-16 在定距等分点处插入图块

3. 用 MIRROR 命令镜像圆点，镜像线为 *FG*，如图 6-17 所示。
4. 用 PEDIT 命令将外轮廓线 *H* 编辑成多段线，并将其向外偏移，偏移距离为 5，结果如图 6-17 所示。

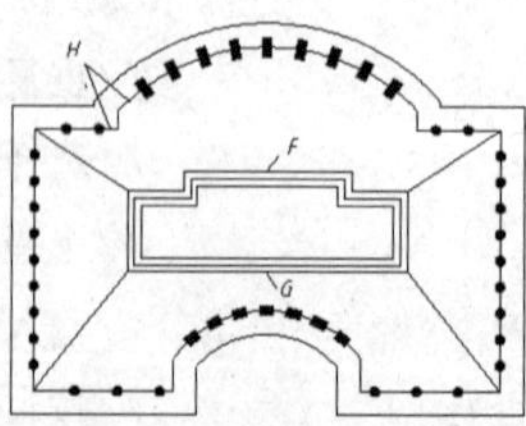

图6-17 镜像点并偏移多段线

【知识链接】 DIVIDE 命令选项如下。

块(B)：AutoCAD 在等分处插入图块。

知识拓展

下面介绍插入图块、创建图块属性、引用外部图形、面域对象及查询图形信息等。

一、插入图块或外部文件

用户可以使用 INSERT 命令在当前图形中插入块或其他图形文件，无论块或被插入的图形多么复杂，AutoCAD 都将它们作为一个单独对象。如果用户需编辑其中的单个图形元素，就必须用 EXPLODE 命令将它分解。

【案例6-2】 练习 INSERT 命令的使用。

1. 单击【块】面板上的按钮或输入命令代号 INSERT，启动插入图块命令，AutoCAD 打开【插入】对话框，如图 6-18 所示。
2. 在【名称】下拉列表中选择所需图块，或单击浏览(B)...按钮，选择要插入的图形文件。单击确定按钮完成。

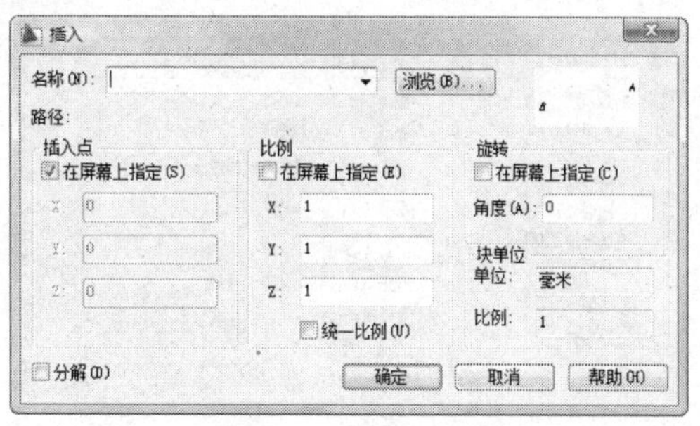

图6-18 【插入】对话框

当把一个图形文件插入到当前图时，被插入图样的图层、线型、图块及字体样式等也将加入到当前图中。如果两者有重名的对象，那么当前图中的定义优先于被插入的图样。

【插入】对话框中常用选项功能如下。

- 【名称】：该区域的下拉列表罗列了图样中的所有图块。通过该下拉列表，用户可以选择要插入的块。如果要将“.dwg”文件插入到当前图形，就单击浏览(B)...按钮，然后选择要插入的文件。
- 【插入点】：确定图块的插入点。用户可以直接在【X】、【Y】、【Z】文本框中输入插入点的绝对坐标值，也可以选择【在屏幕上指定】复选项在屏幕上指定。
- 【缩放比例】：确定块的缩放比例。用户可以直接在【X】、【Y】、【Z】文本框中输入沿这 3 个方向的缩放比例因子，也可以选择【在屏幕上指定】复选项在屏幕上指定。

用户可以指定 x 轴、y 轴方向的负比例因子，此时插入的图块将作镜像变换。

- 【统一比例】：该选项使块沿 x 轴、y 轴和 z 轴方向的缩放比例都相同。

- 【旋转】：指定插入块时的旋转角度。用户可以在【角度】文本框中直接输入旋转角度值，也可以通过【在屏幕上指定】复选项在屏幕上指定。
- 【分解】：若用户选择此复选项，则 AutoCAD 在插入块的同时分解块对象。

二、创建及使用块属性

在 AutoCAD 中，可以使块附带属性。属性类似于商品的标签，包含了图块所不能表达的一些文字信息，如材料、型号及制造者等，存储在属性中的信息一般称为属性值。当用 BLOCK 命令创建块时，将已定义的属性与图形一起生成块，这样块中就包含属性了。当然，用户也可以只将属性本身创建成一个块。

【案例6-3】 定义属性及使用属性。下面的案例将介绍定义属性及使用属性的具体方法。

1. 打开教学资源文件“项目 6\素材\6-3.dwg”。
2. 选择菜单命令【绘图】/【块】/【定义属性】，或键入 ATTDEF 命令，AutoCAD 打开【属性定义】对话框，如图 6-19 所示。在“属性”栏中输入下列内容。

   标记：　　粗糙度
   提示：　　请输入粗糙度值
   值：　　　12.5

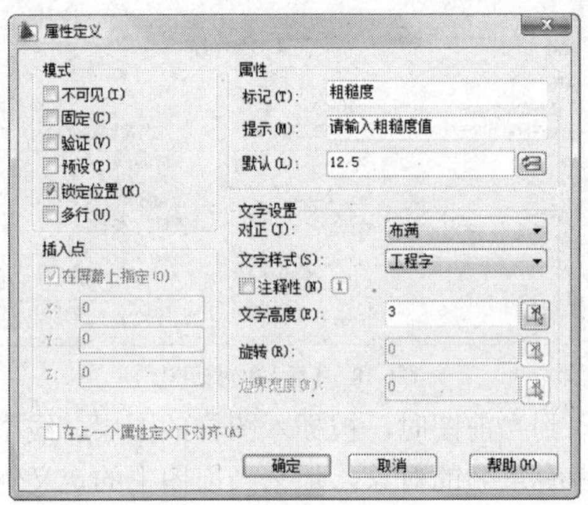

图6-19 【属性定义】对话框

3. 在【文字样式】下拉列表中选择“工程字”，在【文字高度】文本框中输入数值“3”，在【对正】下拉列表中选择“布满”，然后单击 确定 按钮，AutoCAD 命令行提示如下。

   指定文字基线的第一个端点：　　　　//拾取 *A* 点，如图 6-20 所示
   指定文字基线的第二个端点：　　　　//拾取 *B* 点

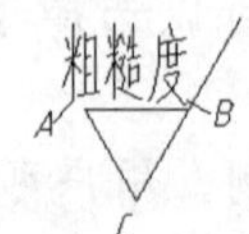

图6-20 定义属性

4. 将属性与图形一起创建成图块。单击【块】面板的按钮，AutoCAD 打开【块定义】对话框，如图 6-21 所示。
5. 在【名称】栏中输入新建图块的名称“粗糙度”；在【对象】区域中选择【保留】单选项，如图 6-21 所示。

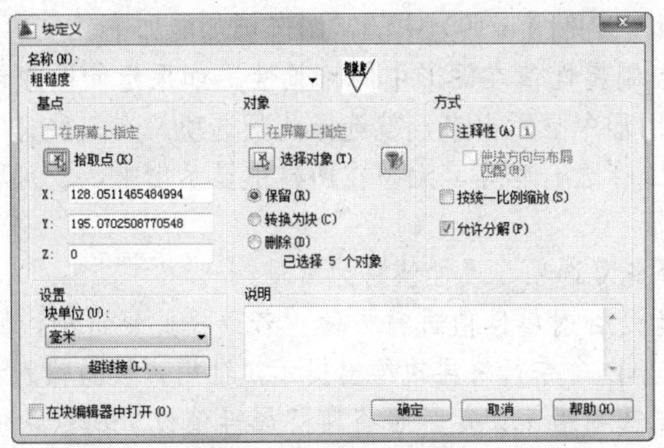

图6-21 【块定义】对话框

6. 单击按钮（选择对象），AutoCAD 返回绘图窗口，并提示“选择对象”，选择粗糙度符号及属性，如图 6-20 所示。
7. 指定块的插入基点。单击按钮（拾取点），AutoCAD 返回绘图窗口，并提示“指定插入基点”，捕捉 *C* 点，如图 6-20 所示。
8. 单击 确定 按钮，AutoCAD 生成图块。
9. 插入带属性的块。单击【块】面板的按钮，AutoCAD 打开【插入】对话框，在【名称】下拉列表中选择“粗糙度”，如图 6-22 所示。

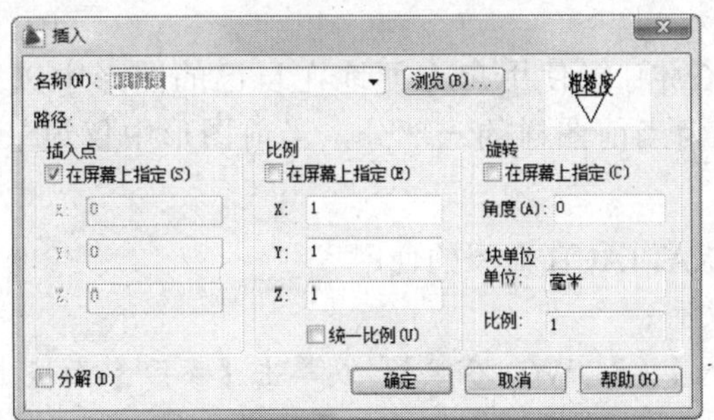

图6-22 【插入】对话框

10. 单击 确定 按钮，AutoCAD 命令行提示如下。

```
指定插入点或 [基点(B)/比例(S)/X/Y/Z/旋转(R)]: nea 到
                                              //捕捉最近点 D，如图 6-23 所示
请输入粗糙度值 <12.5>: 6.3                      //输入属性值
```

继续插入图块，结果如图 6-23 所示。

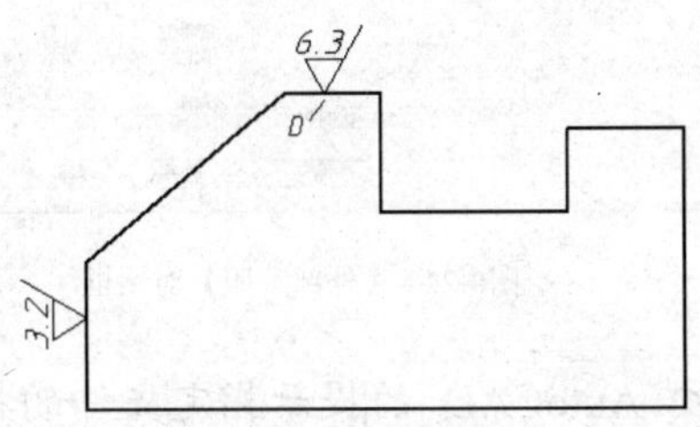

图6-23 插入带属性的块

【属性定义】对话框（见图 6-19）中的常用选项功能如下。

- 【不可见】：控制属性值在图形中的可见性。如果想使图中包含属性信息，但又不想使其在图形中显示出来，就选择此复选项。有一些文字信息，如零部件的成本、产地、存放仓库等，无须在图样中显示出来，就可以将其设定为不可见属性。
- 【固定】：选择此复选项，属性值将为常量。
- 【验证】：设置是否对属性值进行校验。若选择此复选项，则插入块并输入属性值后，AutoCAD 命令行将再次给出提示，让用户校验输入值是否正确。
- 【预设】：该复选项用于设定是否将实际属性值设置成默认值。若选择此复选项，则插入块时，AutoCAD 将不再提示用户输入新属性值，实际属性值等于【默认】文本框中的值。
- 【对正】：该下拉列表中包含了 10 多种属性文字的对齐方式，如调整、中心、中间、左及右等。
- 【文字样式】：从该下拉列表中选择文字样式。
- 【文字高度】：用户可命令行直接在文本框中输入属性文字高度，或单击此按钮切换到绘图窗口，在绘图区中拾取两点以指定高度。
- 【旋转】：设定属性文字旋转角度。

三、引用外部图形

外部引用（也称 Xref）能使用户方便地在自己的图形中以引用的方式看到其他图样，被引用的图并不成为当前图样的一部分，当前图形中仅记录了外部引用文件的位置和名称。

【案例6-4】 练习 XATTACH 命令的使用。

1. 创建一个新的图形文件。
2. 选择菜单命令【插入】/【DWG 参照】，或单击【参照】面板上的按钮，弹出【选择参照文件】对话框。通过此对话框选择教学资源文件“项目 6\素材\6-4-A.dwg”，再单击 打开(O) 按钮，弹出【外部参照】对话框，如图 6-24 所示。

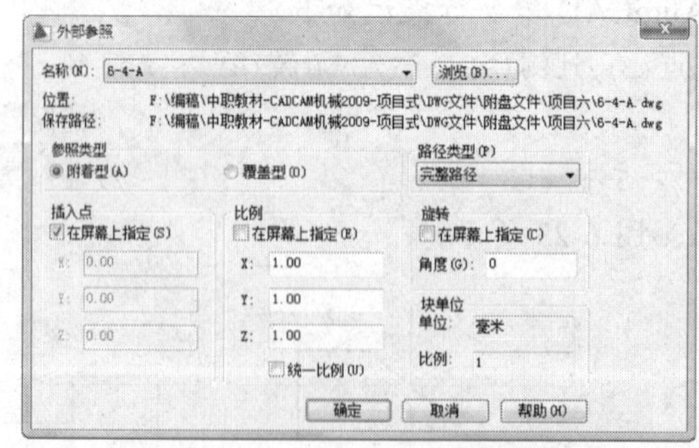

图6-24 【外部参照】对话框

3. 单击 确定 按钮，再按 AutoCAD 的提示指定文件的插入点，移动及缩放图形，结果如图 6-25 所示。

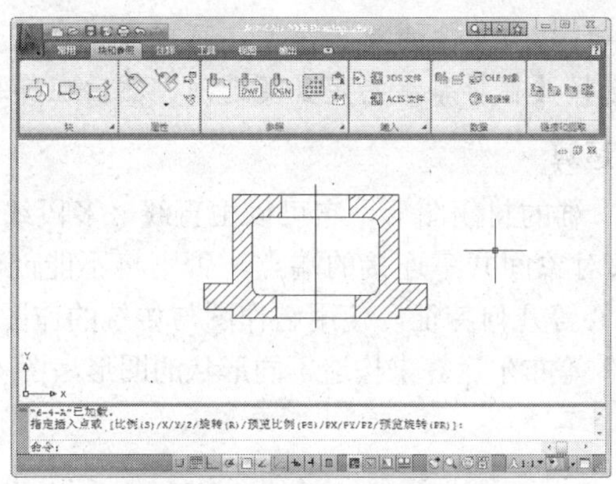

图6-25 引用“6-4-A.dwg”文件

4. 用上述方法引用教学资源图形文件“项目 6\素材\6-4-B.dwg”，再用 MOVE 命令把两个图形组合在一起，结果如图 6-26 所示。

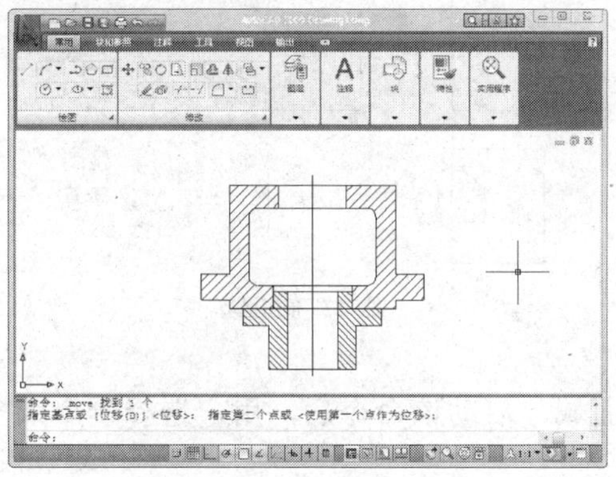

图6-26 引用“6-4-B.dwg”文件

【外部参照】对话框中各选项功能如下。

- 【名称】：该下拉列表中显示了当前图形中包含的外部参照文件名称。用户可以在此下拉列表中直接选取文件，也可以单击 浏览(B)... 按钮查找其他参照文件。
- 【附着型】：若图形文件 *A* 嵌套了其他的 Xref，而且这些文件是以【附着型】方式被引用的，则当有新文件引用图形 *A* 时，用户不仅可以看到图形 *A* 本身，而且还能看到图形 *A* 中嵌套的 Xref。附着方式的 Xref 不能循环嵌套，即如果图形 *A* 引用了图形 *B*，而图形 *B* 又引用了图形 *C*，则图形 *C* 不能再引用图形 *A*。
- 【覆盖型】：若图形 *A* 中有多层嵌套的 Xref，且它们均以【覆盖型】方式被引用，则当其他图形引用图形 *A* 时，就只能看到图形 *A* 本身，而其包含的任何 Xref 都不会显示出来。覆盖方式的 Xref 可以循环引用，这使设计人员可以灵活地查看其他任何图形文件，而无须为图形之间的嵌套关系担忧。
- 【插入点】：在该分组框中指定外部参照文件的插入基点，可以直接在【X】、【Y】、【Z】文本框中输入插入点坐标，也可以选择【在屏幕上指定】复选项，然后在屏幕上指定插入点。
- 【比例】：在该分组框中指定外部参照文件的缩放比例，可以直接在【X】、【Y】、【Z】文本框中输入沿这 3 个方向的比例因子，也可以选择【在屏幕上指定】复选项，然后在屏幕上指定。

- 【旋转】：确定外部参照文件的旋转角度，可以直接在【角度】文本框中输入角度值，也可以选择【在屏幕上指定】复选项，然后在屏幕上指定。

四、面域对象及布尔运算

域（REGION）是指二维的封闭图形，它可以由直线、多段线、圆、圆弧、样条曲线等对象围成，但应保证相邻对象间共享连接的端点，否则将不能创建域。域是一个单独的实体，具有面积、周长、形心等几何特征，使用它作图与传统的作图方法是截然不同的，此时可采用“并”、“交”、“差”等布尔运算来构造不同形状的图形，图 6-27 所示为 3 种布尔运算的结果。

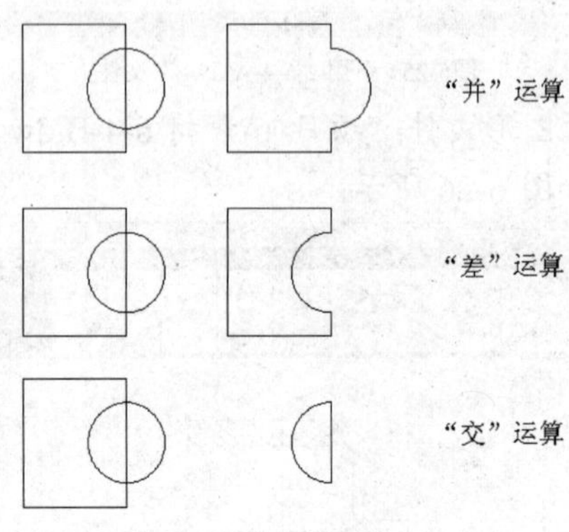

图6-27 布尔运算

(1) 创建面域。

REGION 命令生成面域，启动该命令后，用户选择一个或多个封闭图形，就能创建出面域。

【案例6-5】 打开教学资源文件“项目 6\素材\6-5.dwg”，如图 6-28 所示，用 REGION 命令将该图创建成面域。

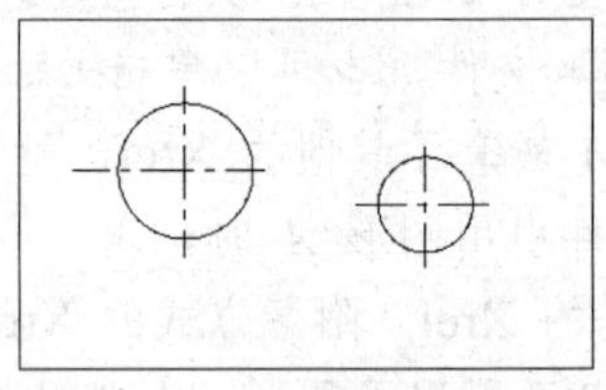

图6-28 创建面域

单击【绘图】面板上的按钮或输入命令代号 REGION，启动面域命令。

```
命令：_region
选择对象：指定对角点：找到 7 个        //选择矩形及两个圆，如图 6-28 所示
选择对象：                              //按 Enter 键结束
```

图 6-28 中包含了 3 个闭合区域，因而 AutoCAD 创建了 3 个面域。

面域以线框的形式显示出来，用户可以对面域进行移动、复制等操作，还可用 EXPLODE 命令分解面域，使其还原为原始图形对象。

提示：默认情况下，REGION 命令在创建面域的同时将删除源对象，如果用户希望原始对象被保留，需设置 DELOBJ 系统变量为 0。

(2) 并运算。

并运算将所有参与运算的面域合并为一个新面域。

【案例6-6】 打开教学资源文件"项目 6\素材\6-6.dwg"，如图 6-29 左图所示。用 UNION 命令将左图修改为右图所示样式。

选择菜单命令【修改】/【实体编辑】/【并集】，或输入命令代号 UNION，启动并运算命令。

```
命令: union
选择对象: 找到 7 个                    //选择 5 个面域，如图 6-29 左图所示
选择对象:                              //按 Enter 键结束
```

结果如图 6-29 右图所示。

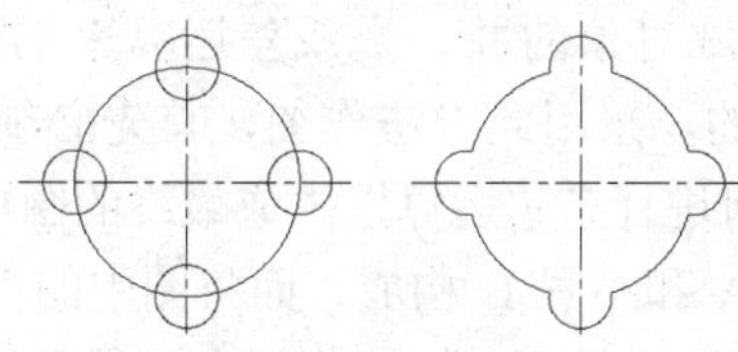

图6-29 执行并运算

(3) 差运算。

用户可以利用差运算从一个面域中去掉一个或多个面域，从而形成一个新面域。

【案例6-7】 打开教学资源文件"项目 6\素材\6-7.dwg"，如图 6-30 左图所示。用 SUBTRACT 命令将左图修改为右图所示样式。

选择菜单命令【修改】/【实体编辑】/【差集】，或输入命令代号 SUBTRACT，启动差运算命令。

```
命令: subtract
选择对象: 找到 1 个                    //选择大圆面域，如图 6-30 左图所示
选择对象:                              //按 Enter 键
选择对象:总计 4 个                     //选择 4 个小圆形面域
选择对象                               //按 Enter 键结束
```

结果如图 6-30 右图所示。

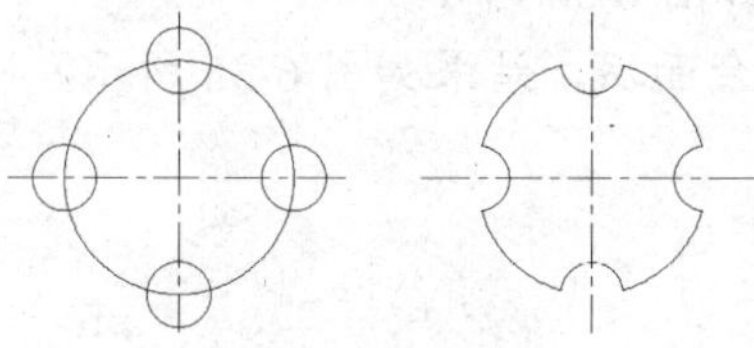

图6-30 执行差运算

(4) 交运算。

交运算可以求出各个相交面域的公共部分。

【案例6-8】 打开教学资源文件"项目 6\素材\6-8.dwg"，如图 6-31 左图所示。用 INTERSECT 命令将左图修改为右图所示样式。

选择菜单命令【修改】/【实体编辑】/【交集】，或输入命令代号 INTERSECT，启动交运算命令。

命令: intersect
选择对象: 指定对角点: 找到 2 个　　　//选择圆面域及矩形面域, 如图 6-31 左图所示
选择对象:　　　//按 Enter 键结束

结果如图 6-31 右图所示。

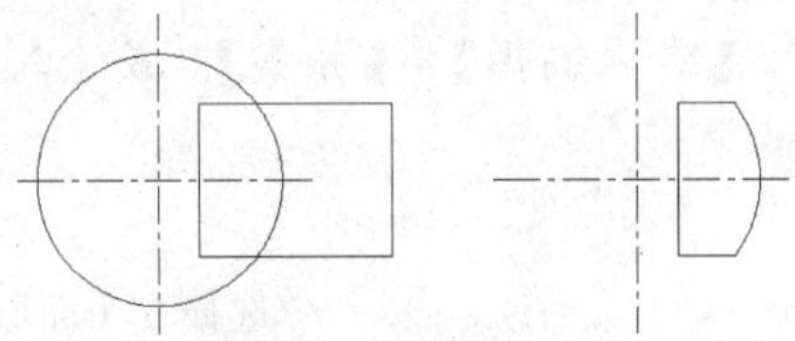
图6-31 执行交运算

(5) 面域造型应用实例。

面域造型的特点是通过面域对象的并、交或差运算来创建图形, 当图形边界比较复杂时, 这种作图法的效率是很高的。采用此方法作图, 首先必须对图形进行分析, 以确定应生成哪些面域对象, 然后考虑如何进行布尔运算以生成最终的图形。例如, 图 6-32 左图, 可把外轮廓分析为由一个完整大圆 A 和小圆 B 构成, 而将图中的"U"形线框看成由圆 C 及矩形 D 组成, 如图 6-32 右图所示, 这样就可以把这些闭合对象都生成面域, 然后通过布尔运算构建图形。

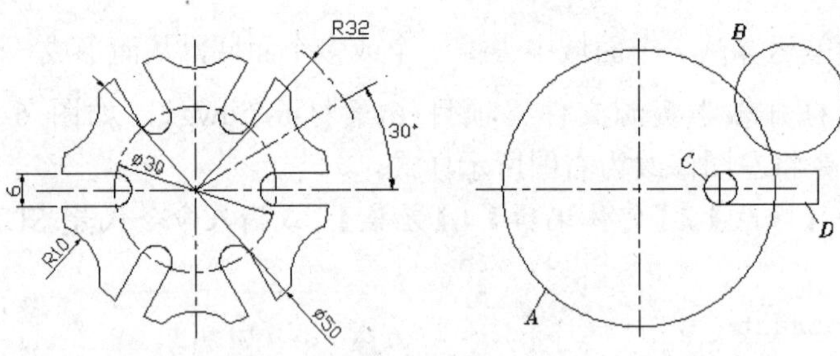

图6-32 面域造型

【案例6-9】 用面域造型法绘制如图 6-32 所示的图形。

1. 画水平及竖直定位线, 再绘制圆 *A*、*B* 和 *C* 及矩形 *D*, 然后将 3 个圆及矩形创建成面域, 如图 6-33 所示。
2. 阵列圆 B、C 及矩形 D, 如图 6-34 所示。
3. 用大圆面域 A "减去" 其余面域, 结果如图 6-35 所示。

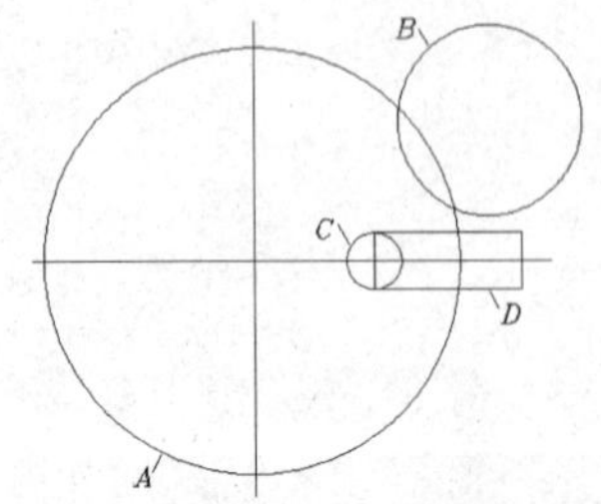

图6-33 绘制圆及矩形并创建面域等

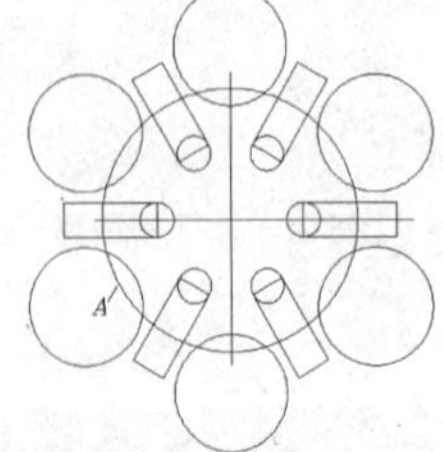

图6-34 创建环形阵列

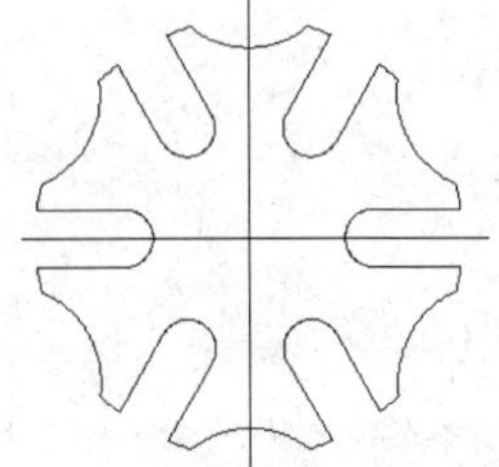
图6-35 差运算结果

五、列出对象的图形信息

LIST 命令将列表显示对象的图形信息, 这些信息随对象类型不同而不同, 一般包括以下内容。

- 对象类型、图层、颜色等。
- 对象的一些几何特性，如直线的长度、端点坐标、圆心位置、半径大小、圆的面积及周长等。

【案例6-10】 练习 LIST 命令的使用。

切换到【工具】选项卡，单击【查询】面板上的按钮，或输入命令代码 LIST，启动列表命令，AutoCAD 命令行提示如下。

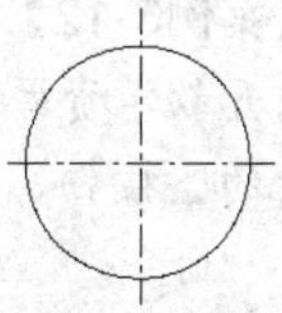

图6-36 列表显示对象的图形信息

```
命令： _list
选择对象：找到 1 个            //选择圆，如图 6-36 所示
选择对象：//按 Enter 键结束，AutoCAD 打开【文本窗口】
    圆   图层：0
            空间：模型空间
            句柄 = 8C
            圆心 点，X= 402.6691  Y=  67.3143  Z=   0.0000
            半径   47.7047
            周长  299.7372
            面积 7149.4317
```

技巧：可以将复杂的图形创建成面域，然后用 LIST 命令查询面积及周长等。

六、测量距离、面积及周长

DIST 命令可测量图形对象上两点之间的距离，同时，还能计算出与两点连线相关的某些角度。

AREA 命令可以计算出圆、面域、多边形或是一个指定区域的面积及周长，还可以进行面积的加、减运算等。

【案例6-11】 练习 DIST 命令的使用。

切换到【工具】选项卡，单击【查询】面板上的按钮，或输入命令代码 DIST，启动 DIST 命令，AutoCAD 命令行提示如下。

```
命令： '_dist 指定第一点：end 于                //捕捉端点 A，如图 6-37 所示
指定第二点：end 于                              //捕捉端点 B
距离 = 87.8544，XY 平面中的倾角 = 106，  与 XY 平面的夹角 = 0
X 增量 = -24.4549，   Y 增量 = 84.3822，    Z 增量 = 0.0000
```

DIST 命令显示的测量值得意义如下。

- 距离：两点间的距离。
- *XY* 平面中的倾角：两点连线在 *xy* 平面上的投影与 *x* 轴间的夹角。
- 与 *XY* 平面的夹角：两点连线与 *xy* 平面间的夹角。
- *X* 增量：两点的 *x* 坐标差值。
- *Y* 增量：两点的 *y* 坐标差值。

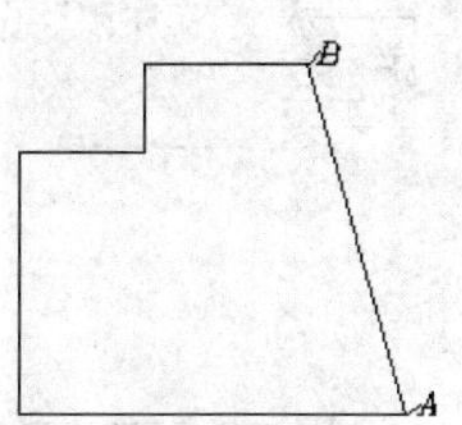

图6-37 测量距离

- Z增量：两点的 z 坐标差值。

使用 DIST 命令时，两点的选择顺序不影响距离值，但影响该命令的其他测量值。

【案例6-12】 练习 AREA 命令的使用。

打开教学资源文件“项目 6\素材\6-12.dwg”。切换到【工具】选项卡，单击【查询】面板上的按钮，或输入命令代码 AREA，启动 AREA 命令，AutoCAD 命令行提示如下。

```
命令: _area
指定第一个角点或 [对象(O)/加(A)/减(S)]:
                              //捕捉交点 A，如图 6-38 所示
指定下一个角点或按 ENTER 键全选:      //捕捉交点 B
指定下一个角点或按 ENTER 键全选:      //捕捉交点 C
指定下一个角点或按 ENTER 键全选:      //捕捉交点 D
指定下一个角点或按 ENTER 键全选:      //捕捉交点 E
指定下一个角点或按 ENTER 键全选:      //捕捉交点 F
指定下一个角点或按 ENTER 键全选:      //按 Enter 键结束
面积 = 7567.2957，周长 = 398.2821
命令: AREA                          //重复命令
指定第一个角点或 [对象(O)/加(A)/减(S)]:    //捕捉端点 G
指定下一个角点或按 ENTER 键全选:          //捕捉端点 H
指定下一个角点或按 ENTER 键全选:          //捕捉端点 I
指定下一个角点或按 ENTER 键全选:          //按 Enter 键结束
面积 = 2856.7133，周长 = 256.3846
```

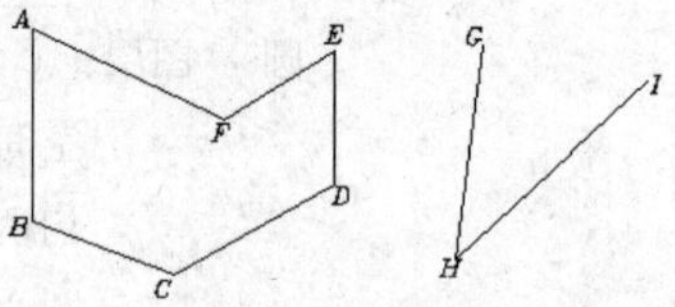

图6-38 计算面积

【知识链接】 AREA 命令选项如下。

(1) 对象(O)：求出所选对象的面积，有以下两种情况。

- 用户选择的对象是圆、椭圆、面域、正多边形、矩形等闭合图形。
- 对于非封闭的多段线及样条曲线，AutoCAD 将假定有一条连线使其闭合，然后计算出闭合区域的面积，而所计算出的周长却是多段线或样条曲线的实际长度。

(2) 加(A)：进入“加”模式。该选项使用户可以将新测量的面积加入到总面积中。

(3) 减(S)：利用此选项可以使 AutoCAD 把新测量的面积从总面积中扣除。

可以将复杂的图形创建成面域，然后利用“对象(O)”选项查询面积及周长。

实训

用 MLINE、DONUT、SOLID 等命令，绘制平面图形。

实训1　创建多线、多段线及圆环

【案例6-13】 用 MLINE、PLINE、DOUNT 等命令，绘制如图 6-39 所示的图形。

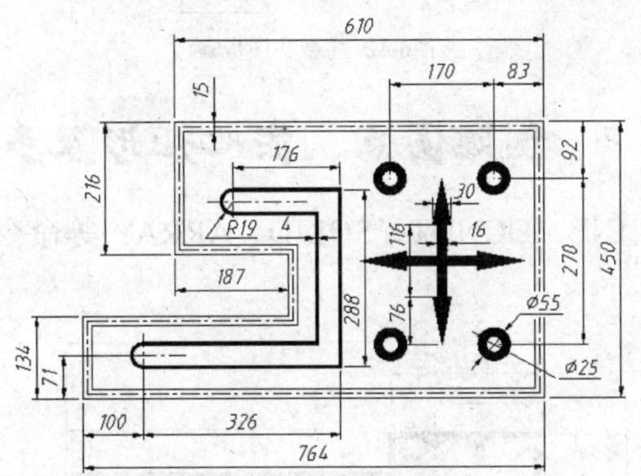

图6-39　用 MLINE、PLINE、DOUNT 等命令绘图

主要作图步骤，如图 6-40 所示。

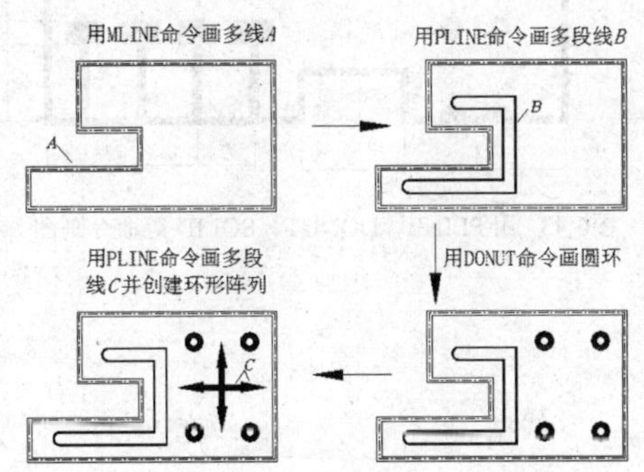

图6-40　主要作图步骤

【案例6-14】 用 SOLID、DONUT、ARRAY 等命令，绘制如图 6-41 所示的图形。

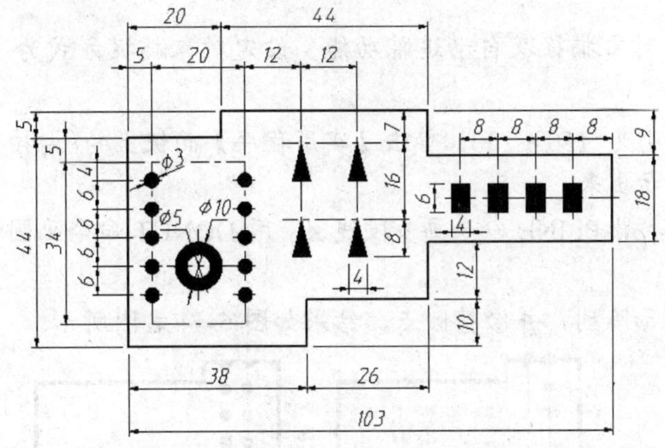

图6-41　用 SOLID、DONUT、ARRAY 等命令绘图

主要作图步骤，如图 6-42 所示。

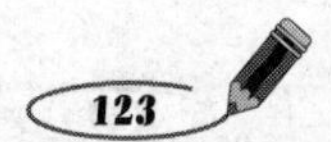

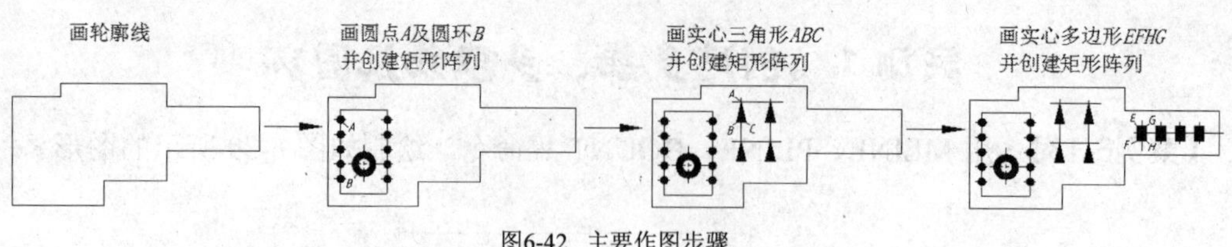

图6-42 主要作图步骤

实训 2 创建圆点、实心矩形及多段线

【案例6-15】 用 PLINE、DONUT、SOLID、ARRAY 等命令，绘制如图 6-43 所示的图形。

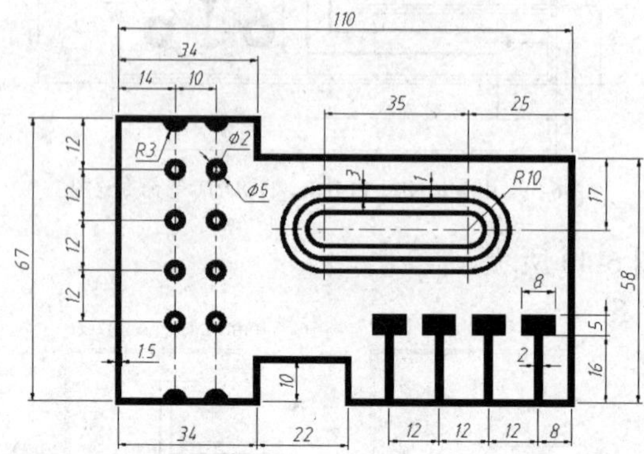

图6-43 用 PLINE、DONUT、SOLID 等命令画图

【步骤解析】

1. 创建 2 个图层。

名称	颜色	线型	线宽
轮廓线层	白色	Continuous	0.5
中心线层	红色	Center	默认

2. 通过【线型控制】下拉列表打开【线型管理器】对话框，在此对话框中设定线型全局比例因子为 0.2。
3. 打开极轴追踪、对象捕捉及自动追踪功能。设定对象捕捉方式为“端点”、“交点”及“圆心”。
4. 设定绘图区域大小为 150×150，单击【实用程序】面板上的🔍按钮，使绘图区域充满整个图形窗口显示出来。
5. 切换到轮廓线层，用 PLINE 命令画多段线 *A*，用 DONUT 命令画圆环及圆点，如图 6-44 左图所示。
6. 创建圆环 *B* 的矩形阵列，并修剪圆点，结果如图 6-44 右图所示。

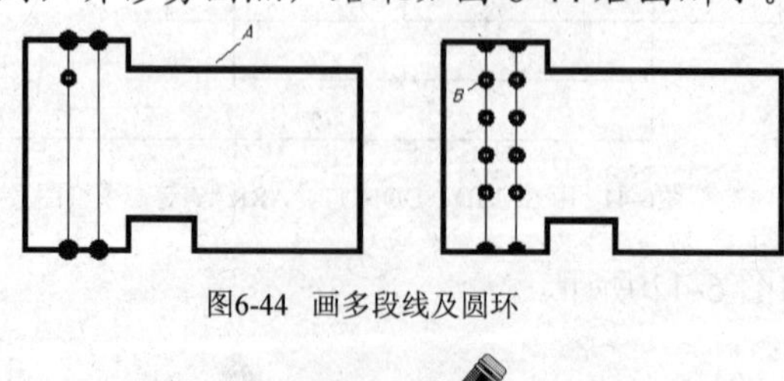

图6-44 画多段线及圆环

7. 画多段线 C 及多边形 D，创建它们的矩形阵列，如图 6-45 所示。

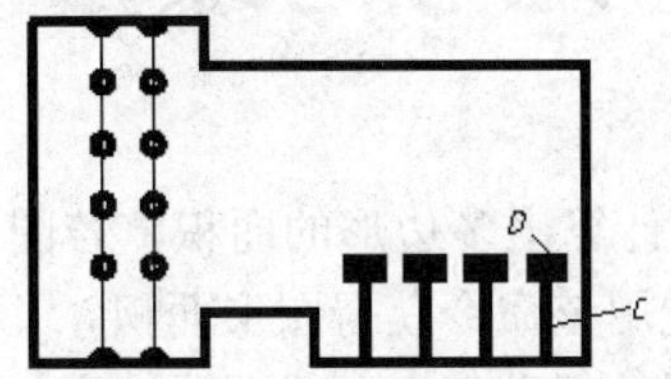

图6-45 画多段线 C 及多边形 D

8. 画多段线 E，然后将其向内偏移，如图 6-46 所示。

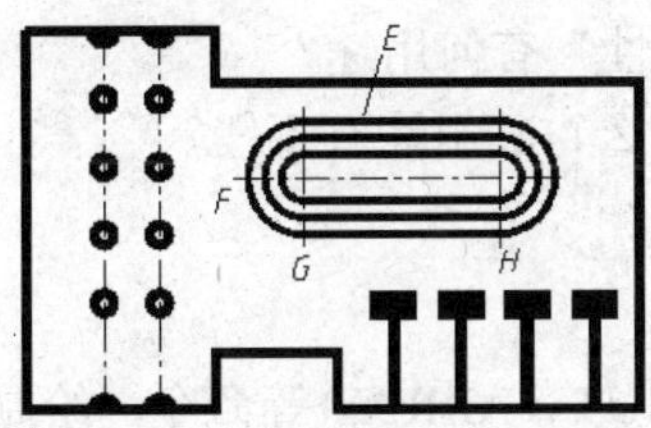

图6-46 画多段线 E

9. 画定位线 F、G 及 H，再将定位线修改到中心线层上，如图 6-46 所示。

项目小结

本项目主要内容总结如下。

- 绘制实心圆环、实心多边形及多线。创建等分点及测量点。
- 查询图形对象的信息。用 DIST 命令计算两点间的距离；用 AREA 命令计算面积及周长，当图形很复杂时，可以先将图形创建成面域，然后进行查询；用 LIST 命令列表显示对象的图形信息。
- 用 BLOCK 命令创建图块。块是将一组实体放置在一起形成的单一对象。把重复出现的图形创建成块，可以使设计人员大大提高工作效率，并减小图样的规模。生成块后，每当要绘制与块相同的图形时，就插入已定义的块，这时 AutoCAD 并不生成新的图形元素，而仅仅是记录块的引用信息。
- 用 ATTDEF 命令创建属性。属性是附加到图块中的文字信息，在定义属性时，用户需要输入属性标签、提示信息及属性的默认值。属性定义完成后，将它与有关图形放置在一起创建成图块，这样就建立了带有属性的块。
- 用 XATTACH 引用外部图形。外部引用在某些方面与块是类似的，但图块保存在当前图形中，而 Xref 则存储在外部文件里，因此，采用 Xref 将使图形更小一些。Xref 的一个重要的用途，是使多个用户可以同时使用相同的图形数据开展设计工作，并且相互间能随时观察对方的设计结果，这些优点对于在网络环境下进行分工设计是特别有用的。
- 面域造型法。这种方法与传统作图法不一样，是通过域的布尔运算来造型。此法在实际绘图过程中并不经常使用，一般当图形形状很不规则且边界曲线较复杂时，才采用这种方式构造图形。

思考与练习

一、思考题

1. 用 AREA 命令可以轻易地计算出多边形的面积，若图形很复杂，比如带有曲线边界，此时该怎样操作，才能用该命令获得图形面积？
2. 绘制工程图时，把重复使用的标准件定制成图块，有何好处？
3. 插入图块时，其缩放比例可以是负值吗？
4. 定制符号块时，常将块图形绘制在 1×1 的正方形中，为什么这样做呢？
5. 如何定义块属性？“块属性”有何用途？
6. Xref 与块的主要区别是什么？其用途有哪些？
7. 多线的对正方式有哪几种？

二、操作题

1. 用 PLINE、SOLID、DONUT、ARRAY 等命令，绘制如图 6-48 所示的图形。

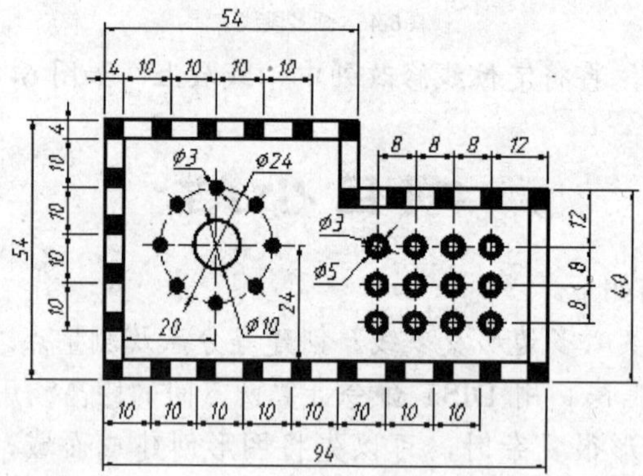

图6-47 用 PLINE、SOLID、DONUT、ARRAY 等命令画图

2. 用 MLINE、PLINE 等命令，绘制如图 6-48 所示的图形。

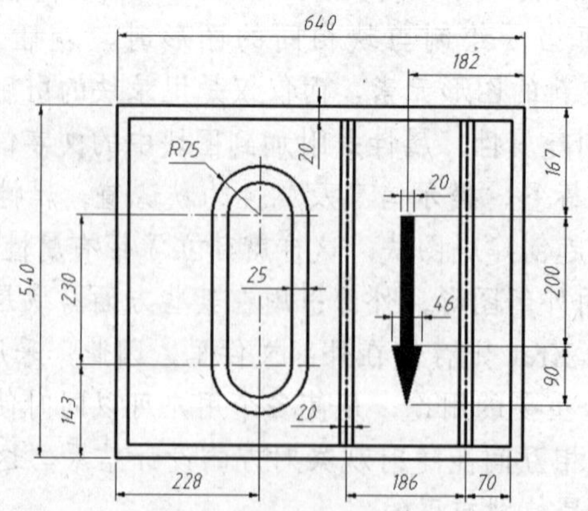

图6-48 用 MLINE、PLINE 等命令绘图

3. 打开教学资源文件“项目 6\素材\习题 6-3.dwg”，如图 6-49 所示。试计算图形面积及外轮廓线周长。

4. 下面这个练习的内容包括创建块、插入块和外部引用。

(1) 打开教学资源文件“项目 6\素材\习题 6-4-A.dwg”，如图 6-50 所示。将图形定义为图块，块名为“Block”，插入点在 *A* 点。

(2) 在当前文件中引用外部文件“习题 6-4-B.dwg”，然后插入“Block”块，结果如图 6-51 所示。

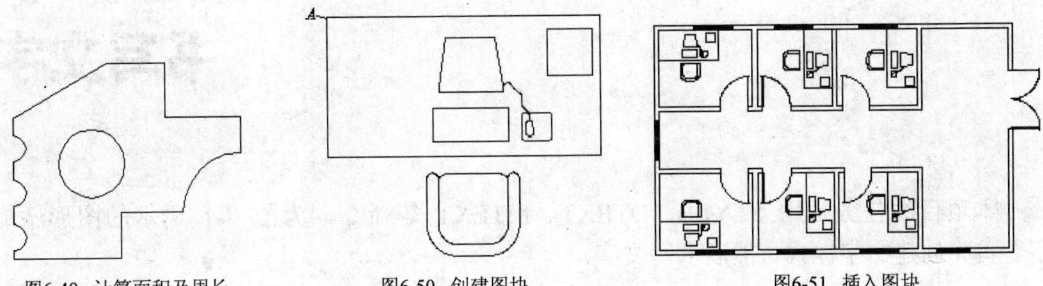

图6-49 计算面积及周长　　图6-50 创建图块　　图6-51 插入图块

5. 用面域造型法，绘制如图 6-52 所示的图形。

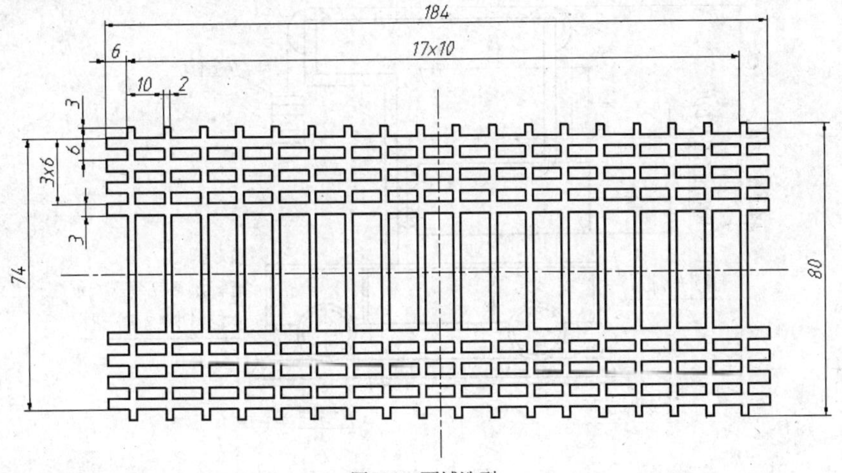

图6-52 面域造型

项 目 七

书写文字

本项目的任务是用 STYLE、DTEXT、MTEXT 等命令，为图 7-1 所示的图形添加文字。首先创建文字样式，然后书写文字。

【案例7-1】 用 STYLE、DTEXT、MTEXT 等命令，书写文字。

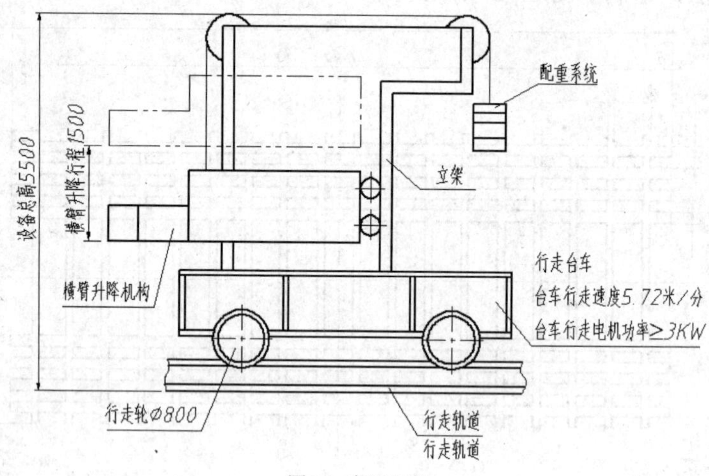

图7-1 书写文字

学习目标

- 创建文字样式。
- 书写单行及多行文字。
- 编辑文字内容及特性。
- 创建表格对象。

任务一 创建文字样式及单行文字

创建文字样式，然后书写单行文字并在单行文字中添加特殊字符，具体绘图过程，如图 7-2 所示。

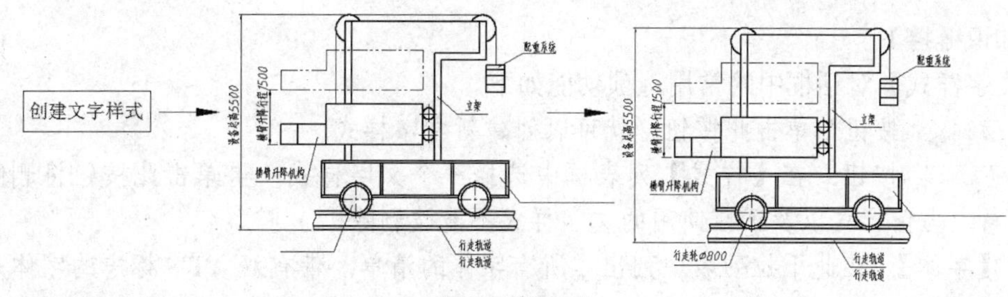

图7-2 绘图过程

一、新建文字样式

文字样式主要是控制与文本连接的字体、字符宽度、文字倾斜角度及高度等项目。另外，用户还可通过它设计出相反的、颠倒的以及竖直方向的文本。用户可以针对不同风格的文字创建对应的文字样式，这样在输入文本时就可以用相应的文字样式来控制文本的外观，如建立专门用于控制尺寸标注文字和技术说明文字外观的文本样式。

下面介绍创建符合国标规定的文字样式的方法。

【步骤解析】

1. 打开教学资源文件“项目 7\素材\7-1.dwg”。
2. 单击【注释】面板上的按钮，或键入 STYLE 命令，打开【文字样式】对话框，如图 7-3 所示。

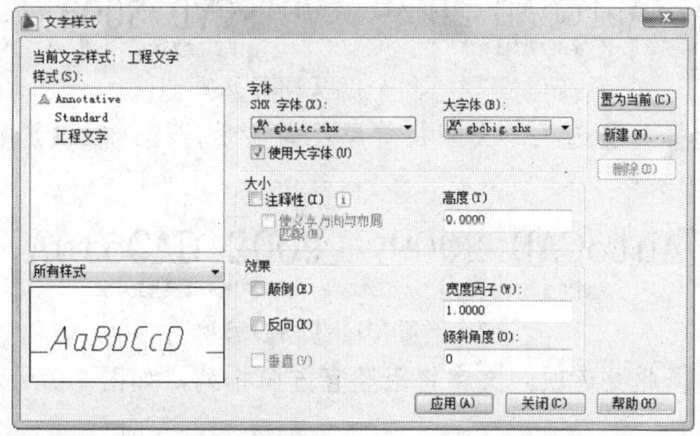

图7-3 【文字样式】对话框

3. 单击 新建(N)... 按钮，弹出【新建文字样式】对话框，在【样式名】文本框中输入文字样式的名称“工程文字”，如图 7-4 所示。

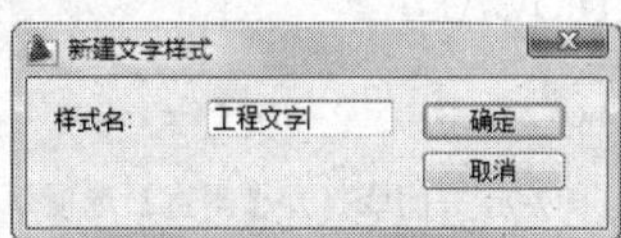

图7-4 【新建文字样式】对话框

4. 单击 确定 按钮，返回【文字样式】对话框，在【字体】下拉列表中选择“gbeitc.shx”选项。再选择【使用大字体】复选项，然后在【大字体】下拉列表中选择“gbcbig.shx”选项，如图 7-3 所示。
5. 单击 应用(A) 按钮，然后单击 置为当前(C) 按钮，使新创建的文字样式成为当前样式，退出【文字样式】对话框。

【知识链接】

【文字样式】对话框中的常用选项功能如下。

- 新建(N)... 按钮：单击此按钮，就可以创建新文字样式。
- 删除(D) 按钮：在【样式】列表框中选择一个文字样式，再单击此按钮将删除它。当前样式以及正在使用的文字样式不能被删除。
- 【字体】：在此下拉列表中列出了所有字体的清单。带有双“T”标志的字体是Windows系统提供的“TrueType”字体，其他字体是AutoCAD自己的字体（*.shx），其中“gbenor.shx”和“gbeitc.shx”（斜体西文）字体是符合国标的工程字体。
- 【使用大字体】复选框：大字体是指专为亚洲国家设计的文字字体。其中，“gbcbig.shx”字体是符合国标的工程汉字字体，该字体文件还包含一些常用的特殊符号。由于“gbcbig.shx”中不包含西文字体定义，因而使用时可将其与“gbenor.shx”和“gbeitc.shx”字体配合使用。
- 【高度】：输入字体的高度。如果用户在该文本框中指定了文字高度，则当使用DTEXT（单行文字）命令时，AutoCAD命令行将不提示“指定高度”。
- 【颠倒】：选择此复选项，文字将上下颠倒显示，该选项仅影响单行文字，如图7-5所示。

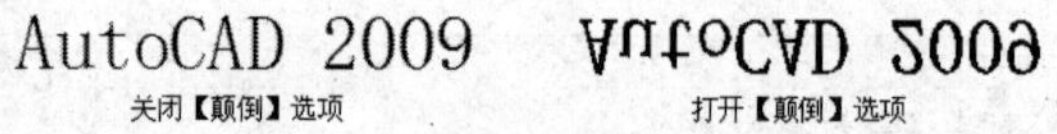

AutoCAD 2009　　AutoCAD 2009（颠倒）

关闭【颠倒】选项　　打开【颠倒】选项

图7-5 关闭或打开【颠倒】选项

- 【反向】：选择此复选项，文字将首尾反向显示，该选项仅影响单行文字，如图7-6所示。

AutoCAD 2009　　9002 DACotuA

关闭【反向】选项　　打开【反向】选项

图7-6 关闭或打开【反向】选项

- 【垂直】：选择此复选项，文字将沿竖直方向排列，如图7-7所示。

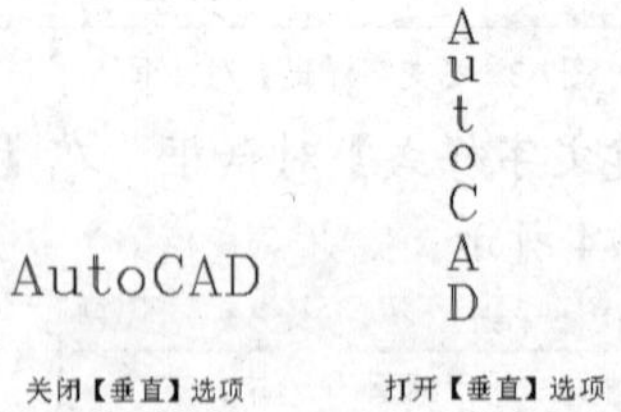

AutoCAD　　A u t o C A D

关闭【垂直】选项　　打开【垂直】选项

图7-7 关闭或打开【垂直】选项

- 【宽度因子】：默认的宽度因子为1。若输入小于1的数值，则文字将变窄，否则，文字变宽，如图7-8所示。

AutoCAD 2009　　AutoCAD 2009

宽度比例因子为1.0　　宽度比例因子为0.7

图7-8 调整宽度比例因子

- 【倾斜角度】：该选项指定文字的倾斜角度。角度值为正时向右倾斜，为负时向左倾斜，如图7-9所示。

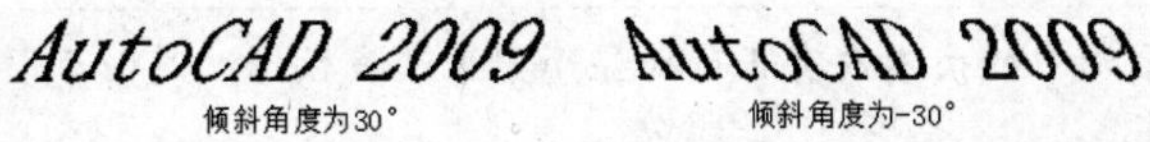

AutoCAD 2009 AutoCAD 2009

倾斜角度为30° 倾斜角度为-30°

图7-9 设置文字倾斜角度

二、书写单行文字

用 DTEXT 命令可以非常灵活地创建文字项目。发出此命令后，用户不仅可以设定文本的对齐方式及文字的倾斜角度，而且还能用十字光标在不同的地方选取点，以定位文本的位置，该特性使用户只发出一次命令就能在图形的任何区域放置文本。另外，DTEXT 命令还提供了屏幕预演的功能，即在输入文字的同时该文字也将在屏幕上显示出来，这样用户就能很容易地发现文本输入的错误，以便及时修改。

【步骤解析】

切换到文字层，单击【注释】面板上的A按钮，或输入命令 DTEXT，启动创建单行文字命令。

```
命令: dtext
指定文字的起点或 [对正(J)/样式(S)]: //单击 A 点，如图 7-10 所示
指定高度 <3.0000>: 5              //输入文字高度
指定文字的旋转角度 <0>:            //按 Enter 键
横臂升降机构                       //输入文字
配重系统                           //在 B 点处单击一点，并输入文字
立架                               //在 C 点处单击一点，并输入文字
行走轨道                           //在 D 点处单击一点，输入文字并按 Enter 键
行走轨道                           //输入文字并按 Enter 键
                                   //按 Enter 键结束
命令:DTEXT                         //重复命令
指定文字的起点或 [对正(J)/样式(S)]: //单击 E 点
指定高度 <5.0000>:                 //按 Enter 键
指定文字的旋转角度 <0>: 90          //输入文字旋转角度
设备总高 5500                      //输入文字
横臂升降行程 1500                  //在 F 点处单击一点，输入文字并按 Enter 键
                                   //按 Enter 键结束
```

结果如图 7-10 所示。

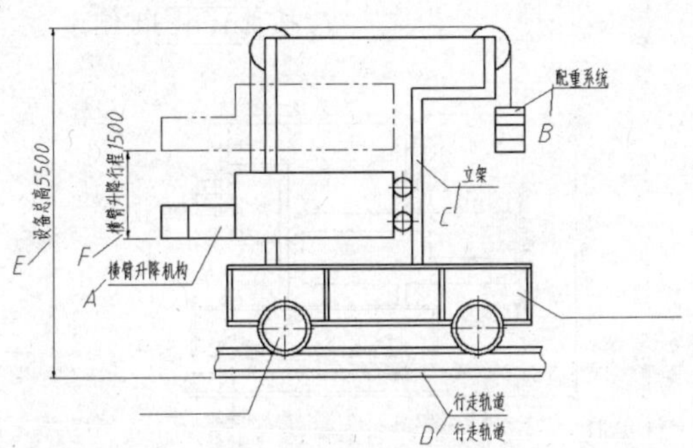

图7-10 书写单行文字

如果发现图形中的文本没有正确地显示出来，多数情况是由于文字样式所连接的字体不合适。

【知识链接】 DTEXT 命令的常用选项如下。

- 样式(S)：指定当前的文字样式。
- 对正(J)：设定文字的对齐方式。

三、在单行文字中加入特殊字符

工程图中用到的许多符号都不能通过标准键盘直接输入，如文字的下画线、直径代号等。当用户利用 DTEXT 命令创建文字注释时，必须输入特殊的代码来产生特定的字符，这些代码及对应的特殊符号，如表 7-1 所示。

表 7-1 特殊字符的代码

代码	字符
%%o	文字的上画线
%%u	文字的下画线
%%d	角度的度符号
%%p	表示“±”
%%c	直径代号

使用表中代码，生成特殊字符的样例，如图 7-11 所示。

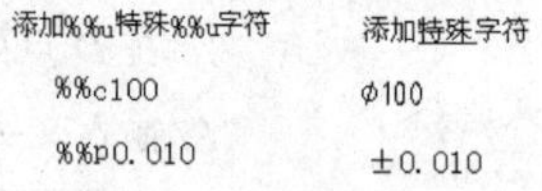

添加%%u特殊%%u字符　　添加<u>特殊</u>字符

%%c100　　⌀100

%%p0.010　　±0.010

图7-11 创建特殊字符

【步骤解析】

单击【注释】面板上的A按钮，启动创建单行文字命令。

```
命令: dtext
指定文字的起点或 [对正(J)/样式(S)]: //单击 A 点，如图 7-12 所示
指定高度 <5.0000>:                    //按 Enter 键
指定文字的旋转角度 <0>:                //按 Enter 键
行走轮%%c800                           //输入文字并按 Enter 键
                                       //按 Enter 键结束
```

结果如图 7-12 所示。

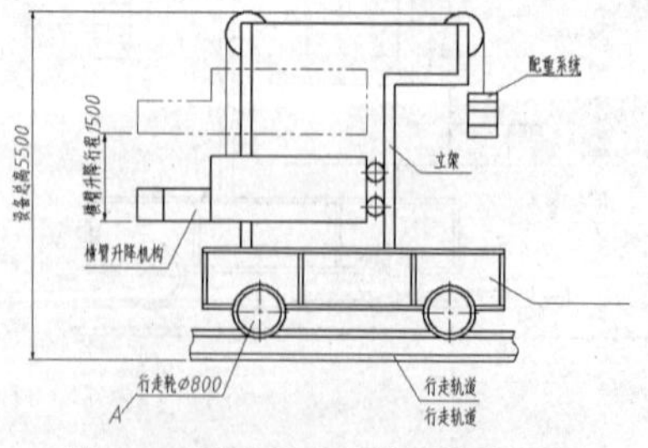

图7-12 在单行文字中输入特殊字符

任务二 添加多行文字及特殊字符

输入多行文字，然后在多行文字中添加特殊字符，绘图过程如图 7-13 所示。

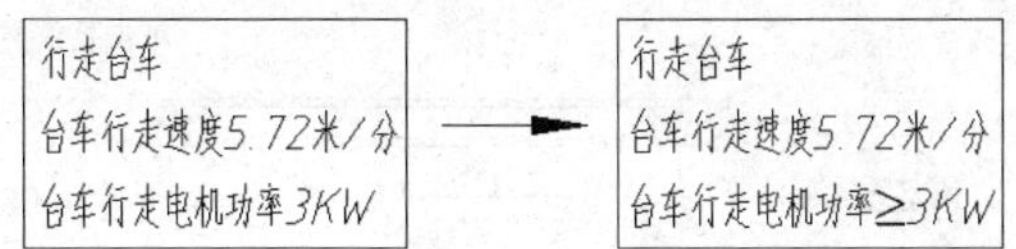

图7-13 绘图过程

一、书写多行文字

MTEXT 命令可以创建复杂的文字说明。用 MTEXT 命令生成的文字段落称为多行文字，它可以由任意数目的文字行组成，所有的文字构成一个单独的实体。使用 MTEXT 命令时，用户可以指定文本分布的宽度，但文字沿竖直方向可无限延伸。另外，用户还能设置多行文字中单个字符或某一部分文字的属性（包括文本的字体、倾斜角度和高度等）。

【步骤解析】

1. 单击【注释】面板上的A按钮，或键入 MTEXT 命令，AutoCAD 命令行提示如下。

指定第一角点： //在 A 点处单击一点，如图 7-14 所示

指定对角点： //在 B 点处单击一点

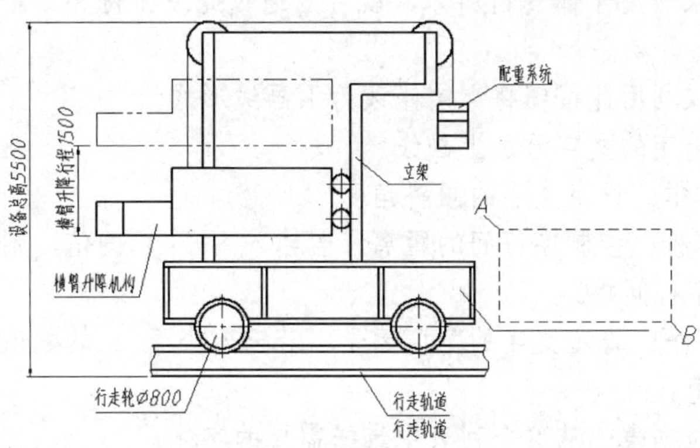

图7-14 指定多行文字边界

2. AutoCAD 打开【文字编辑器】，在【样式】面板的【文字高度】文本框中输入数值"5"，然后键入文字，如图 7-15 所示。

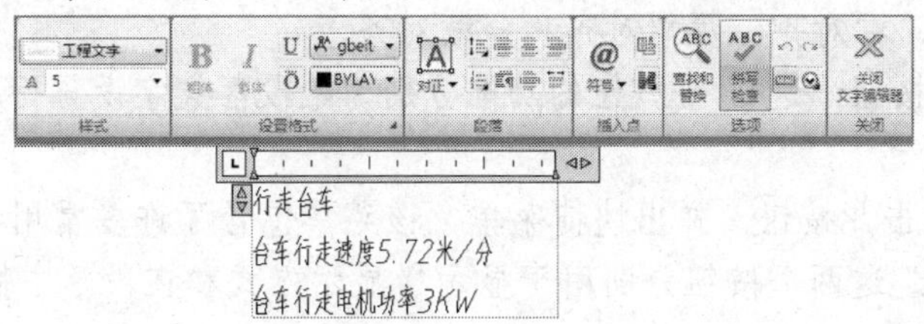

图7-15 输入多行文字

启动 MTEXT 命令并建立文本边框后，系统弹出【多行文字】选项卡及顶部带标尺的文字输入框，这两部分组成了【文字编辑器】对话框，如图 7-16 所示。利用此编辑器可以方便地创建文字并设置文字样式、对齐方式、字体及字高等。

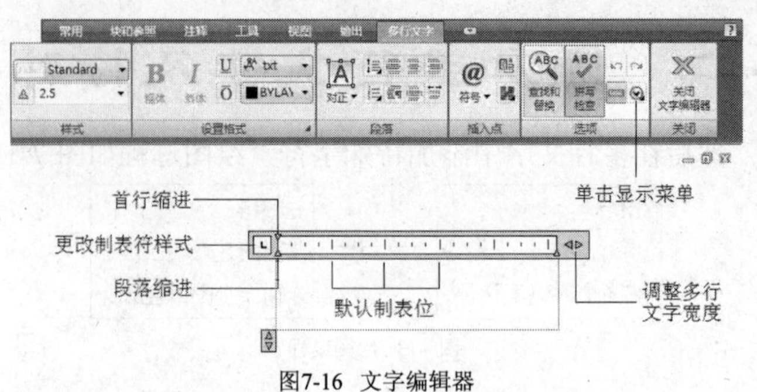

图7-16 文字编辑器

【知识链接】

【文字编辑器】中的主要功能如下。

1. 【多行文字】选项卡。

- 【样式】下拉列表：设置多行文字的文字样式。若将一个新样式与现有多行文字相连，将不会影响文字的某些特殊格式（如粗体、斜体和堆叠等）。
- 【文字高度】下拉列表：用户可以从下拉列表中选择或输入文字高度。
- B按钮：如果所用字体支持粗体，就可以通过此按钮将文字修改为粗体形式，按下按钮为打开状态。
- I按钮：如果所用字体支持斜体，就可以通过此按钮将文字修改为斜体形式，按下按钮为打开状态。
- U按钮：可以利用此按钮将文字修改为下画线形式。
- Ō按钮：给选定的文字添加上画线。
- 0/ 0.0000 文本框：设定文字的倾斜角度。
- a•b 1.0000 文本框：控制字符间的距离。若输入大于 1 的值，则增大字符间距，否则，缩小字符间距。
- 1.0000 文本框：设定文字的宽度因子。若输入小于 1 的数值，则文本变窄，否则，文本变宽。
- 【字体】下拉列表：从这个列表中选择需要的字体。
- 【颜色】下拉列表：为输入的文字设定颜色或修改已选定文字的颜色。
- A按钮：设置多行文字对正方式。
- 、、、和按钮：设定文字的对齐方式。这 5 个按钮的功能分别为左对齐、居中、右对齐、两端对齐和分散对齐。
- 、和按钮：这 3 个按钮的功能分别为给段落文字设置行距、添加编号及段落格式。
- @按钮：单击此按钮，弹出快捷菜单，该菜单包含了许多常用符号。
- 、按钮：这两个按钮分别用于显示栏显示方式和在段落中插入文字。

2. 文字输入框。

(1) 标尺：设置首行文字及段落文字的缩进，还可设置制表位，用法如下。

- 拖动标尺上第一行的缩进滑块，可以改变所选段落第一行的缩进位置。
- 拖动标尺上第二行的缩进滑块，可以改变所选段落其余行的缩进位置。

- 标尺上显示了默认的制表位，如图 7-16 所示。要设置新的制表位，可以用鼠标光标单击标尺。要删除创建的制表位，可以用鼠标光标按住制表位，将其拖出标尺。

(2) 快捷菜单：在文本框中单击鼠标右键，弹出快捷菜单，该菜单中包含了一些标准编辑选项和多行文字特有的选项，如图 7-17 所示（只显示了部分选项）。

- 【符号】：该选项包含以下常用子选项。
- 【度数】：在光标定位处插入特殊字符“%%d”，它表示度数符号“°”。
- 【正/负】：在光标定位处插入特殊字符“%%p”，它表示加、减符号“±”。
- 【直径】：在光标定位处插入特殊字符“%%c”，它表示直径符号“ϕ”。
- 【约等于】：在光标定位处插入符号“≈”。
- 【角度】：在光标定位处插入符号“∠”。
- 【不相等】：在光标定位处插入符号“≠”。
- 【下标 2】：在光标定位处插入下标“2”。
- 【平方】：在光标定位处插入上标“2”。
- 【立方】：在光标定位处插入上标“3”。
- 【其他】：选择该选项，AutoCAD 弹出【字符映射表】对话框，在该对话框的【字体】下拉列表中选择字体，则对话框显示所选字体包含的各种字符，如图 7-18 所示。

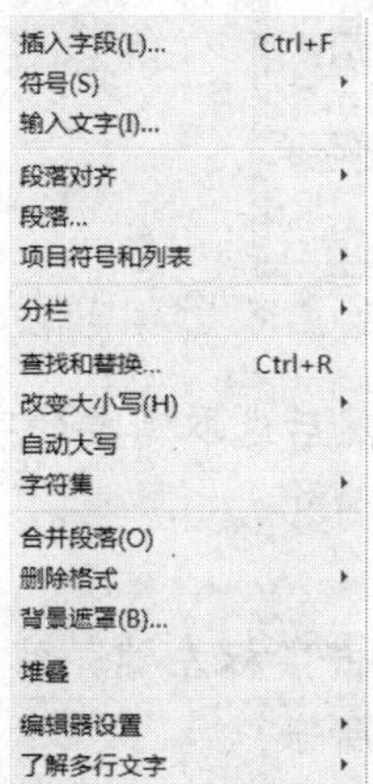

图7-17 快捷菜单

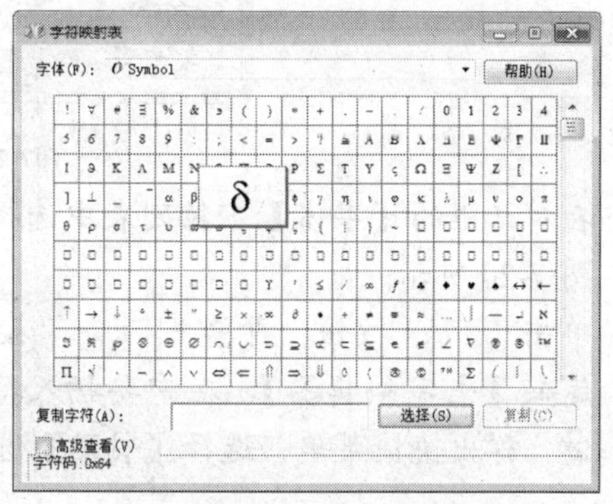

图7-18 【字符映射表】对话框

若要插入一个字符，请选择它并单击 选择(S) 按钮，此时 AutoCAD 将选择的字符放在【复制字符】文本框中，按这种方法选择所有要插入的字符，然后单击 复制(C) 按钮。关闭【字符映射表】对话框，返回【文字编辑器】，在要插入字符的地方单击鼠标左键，再单击鼠标右键，弹出快捷菜单，从快捷菜单中选择【粘贴】选项，这样就将字符插入多行文字中了。

- 【段落】：选择该选项，AutoCAD 弹出【段落】对话框，设定制表位和缩进，控制段落对齐方式、段落间距和行间距。
- 【项目符号和列表】：给段落文字添加编号及项目符号。

- 【堆叠】：利用此选项使可层叠的文字堆叠起来（见图 7-19），这对创建分数及公差形式的文字很有用，AutoCAD 通过特殊字符“/”、“^”及“#”表明多行文字是可层叠的。输入层叠文字的方式为左边文字+特殊字符+右边文字，堆叠后，左面文字被放在右边文字的上面。

输入可堆叠的文字	堆叠结果
1/3	$\frac{1}{3}$
100+0.021^-0.008	$100^{+0.021}_{-0.008}$
1#12	$^{1}/_{12}$

图7-19 堆叠文字

二、添加特殊字符

以下过程演示了如何在多行文字中加入特殊字符。

【步骤解析】

1. 单击@按钮，在弹出的菜单中选择【其他】选项，弹出【字符映射表】对话框，如图 7-20 所示。

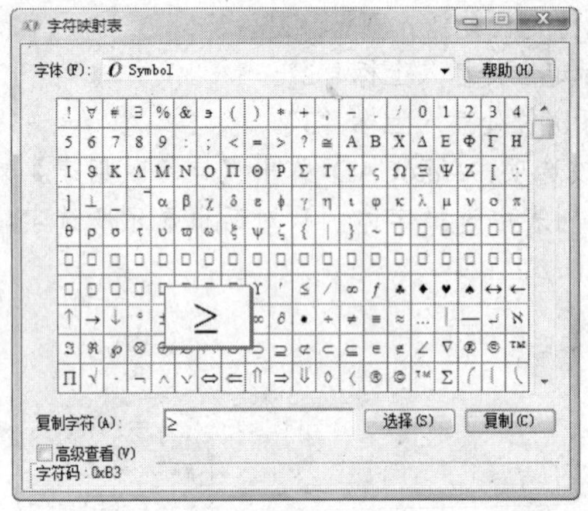

图7-20 选择字符“≥”

2. 在对话框的【字体】下拉列表中选择“Symbol”字体，然后选取需要的字符“≥”，如图 7-20 所示。
3. 单击 选择(S) 按钮，再单击 复制(C) 按钮。
4. 返回【文字编辑器】，在需要插入符号“≥”的地方单击鼠标左键，然后单击鼠标右键，弹出快捷菜单，选择【粘贴】选项，结果如图 7-21 所示。

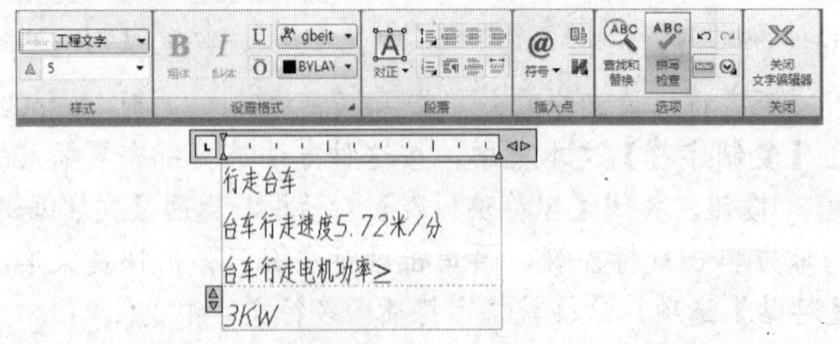

图7-21 插入“≥”符号

提示：粘贴符号“≥”后，AutoCAD 将自动回车。

5. 把符号“≥”的高度修改为“5”，再将光标放置在此符号的后面，按 Delete 键，结果如图 7-22 所示。

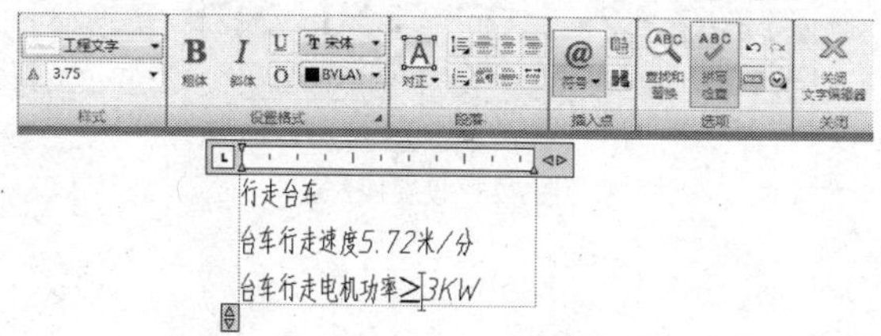

图7-22 修改文字高度及调整文字位置

6. 单击按钮完成。

知识拓展

以下介绍单行文字的对齐方式、编辑文字及创建表格对象。

一、单行文字的对齐方式

发出 DTEXT 命令后，AutoCAD 命令行提示用户输入文字的插入点，此点与实际字符的位置关系由对齐方式“对正(J)”决定。对于单行文字，AutoCAD 提供了 10 多种对正选项。默认情况下，文字是左对齐的，即指定的插入点是文字的左基线点，如图 7-23 所示。

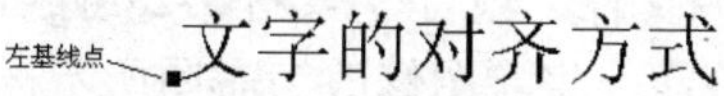

左基线点 文字的对齐方式

图7-23 左对齐方式

如果要改变单行文字的对齐方式，就选择“对正(J)”选项，在“指定文字的起点或[对正(J)/样式(S)]”提示下，输入“j”，则 AutoCAD 命令行提示如下。

```
[对齐(A)/布满(F)/居中(C)/中间(M)/右对齐(R)/左上(TL)/中上(TC)/右上(TR)/左中(ML)/正中(MC)/右中(MR)/左下(BL)/中下(BC)/右下(BR)]:
```

下面将详细介绍以上选项。

- 对齐(A)：选择此选项时，AutoCAD 命令行提示指定文字分布的起始点和结束点。当用户选定两点并输入文字后，AutoCAD 把文字压缩或扩展使其充满指定的宽度范围，而文字的高度则按适当比例进行变化以使文字不致于被扭曲。
- 布满(F)：与选项“对齐(A)”相比，选择此选项时，AutoCAD 增加了“指定高度”提示。“布满(F)”也将压缩或扩展文字使其充满指定的宽度范围，但保持文字的高度值等于指定的数值。

分别选择“对齐(A)”和“布满(F)”选项在矩形框中填写文字，结果如图 7-24 所示。

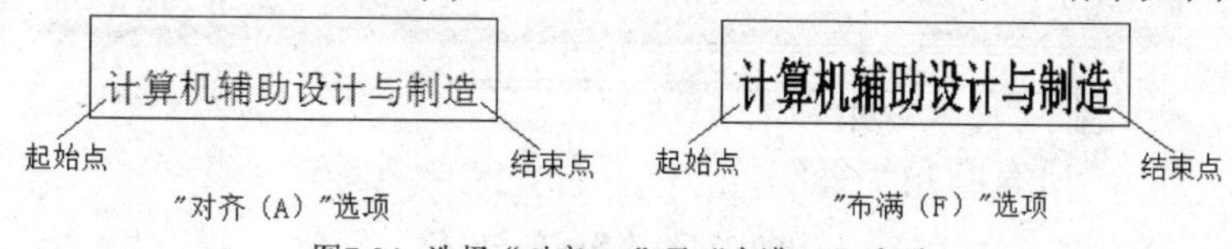

图7-24 选择“对齐(A)”及“布满(F)”选项

- 居中(C)/中间(M)/右对齐(R)/左上(TL)/中上(TC)/右上(TR)/左中(ML)/正中(MC)/右中(MR)/左下(BL)/中下(BC)/右下(BR)：通过这些选项设置文字的插入点，各插入点位置，如图 7-25 所示。

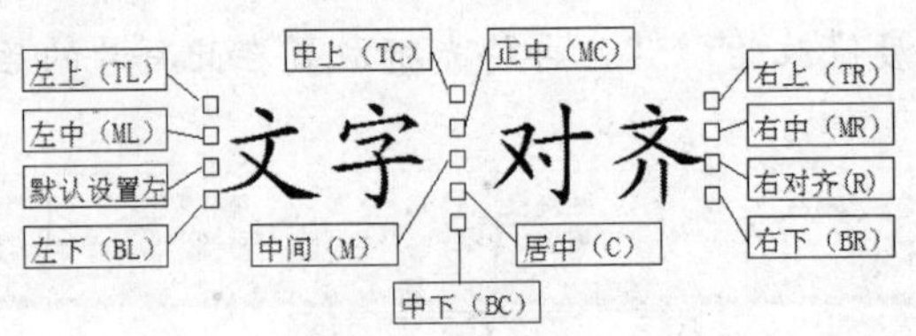

图7-25 设置插入点

二、编辑文字

编辑文字的常用方法有以下两种。

(1) 使用 DDEDIT 命令编辑单行或多行文字。选择的对象不同，系统将打开不同的对话框。对于单行文字，系统显示文本编辑框；对于多行文字，系统则打开【文字编辑器】对话框。用 DDEDIT 命令编辑文本的优点是，此命令连续地提示用户选择要编辑的对象，因而，只要发出 DDEDIT 命令就能一次修改许多文字对象。

双击要编辑的文字，将启动 DDEDIT 命令。

(2) 用 PROPERTIES 命令修改文本。选择要修改的文字后，单击鼠标右键，在弹出的快捷菜单中选择【特性】选项，启动 PROPERTIES 命令。打开【特性】选项板，在这个选项板中，用户不仅能修改文本的内容，还能编辑文本的其他许多属性，如倾斜角度、对齐方式、高度、文字样式等。

【案例7-2】 打开教学资源文件“项目 7\素材\7-2.dwg”，如图 7-26 左图所示。下面用 DDEDIT、PROPERTIES 等命令将左图修改为右图所示样式。

箱体零件图	变速器箱体零件图
技术要求 未注圆角半径R3。	技术要求 所有圆角半径R3。

图7-26 编辑文字

1. 编辑文字内容。

(1) 双击第一行文字，启动 DDEDIT 命令，AutoCAD 打开【文字编辑框】，在此框中输入文字“变速器箱体零件图”。

(2) 按 Enter 键，AutoCAD 命令行提示“选择注释对象”，选择第二行文字，AutoCAD 弹出【文字编辑器】，如图 7-27 所示，选中文字“未注”，将其修改为“所有”。

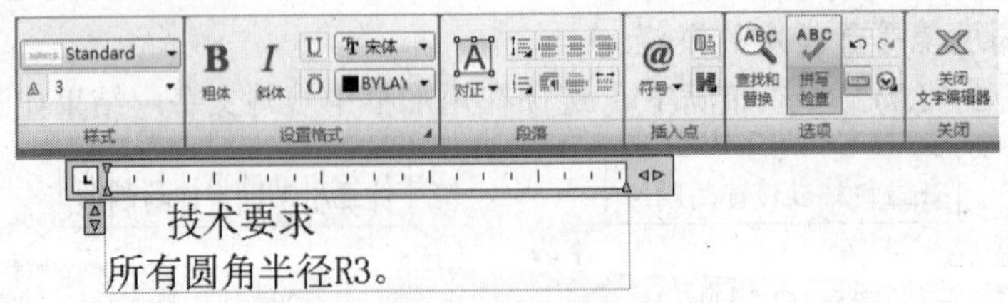

图7-27 修改多行文字内容

(3) 单击 按钮完成。

2. 改变多行文字的字体及字高。

(1) 双击第二行文字，启动 DDEDIT 命令，AutoCAD 打开【文字编辑器】。选中文字“技

术要求”，然后在【字体】下拉列表中选择“黑体”，再在【字体高度】文本框中输入数值“4”，按Enter键，结果如图 7-28 所示。

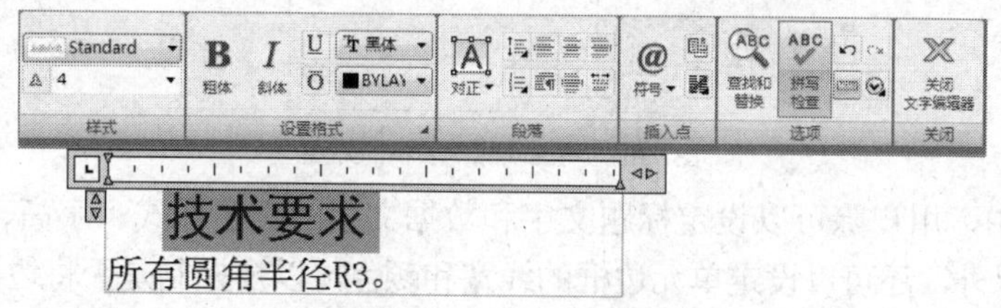

图7-28　修改字体及字高

(2) 单击按钮完成。

3. 为文字指定新的文字样式。

(1) 创建新文字样式，新样式名称为“工程文字”，与其相连的字体文件是“gbeitc.shx”和“gbcbig.shx”。

(2) 选择所有文字，单击鼠标右键，选择【特性】选项，打开【特性】选项板，在此选项板上边的下拉列表中选择“文字（1）”，再在【样式】栏中选择“工程文字”，如图 7-29 所示。

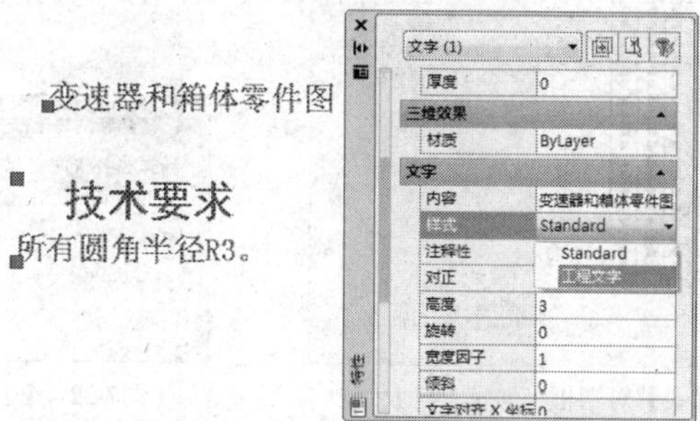

图7-29　指定单行文字的新文字样式

(3) 在【特性】对话框上边的下拉列表中选择“多行文字（1）”，然后在【样式】栏中选择“工程文字”，结果如图 7-26 右图所示。

建立多行文字时，如果在文字中连接了多个字体文件，那么当把段落文字的文字样式修改为其他样式时，只有一部分文本的字体发生变化，而其他文本的字体保持不变，前者在创建时使用了旧样式中指定的字体。

三、创建表格对象

在 AutoCAD 中，用户可以生成表格对象。创建该对象时，系统首先生成一个空白表格，随后可以在该表中填入文字信息。用户可以很方便地修改表格的宽度、高度及表中文字，还可以按行、列方式删除表格单元或合并表中的相邻单元。

1. 表格样式

表格对象的外观由表格样式控制。默认情况下，表格样式是“Standard”，但用户可以根据需要，创建新的表格样式。“Standard”表格的外观如图 7-30 所示，第一行是标题行，第二行是列标题行，其他行是数据行。

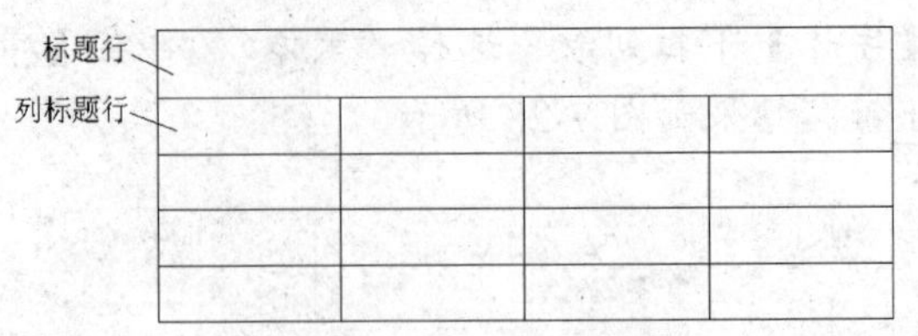

图7-30 “Standard”表格的外观

在表格样式中，用户除可以设定标题文字和数据文字的文字样式、字高、对齐方式及表格单元的填充颜色以外，还可以设定单元边框的线宽和颜色，以及控制是否将边框显示出来。

【案例7-3】 创建新的表格样式。

1. 单击【注释】面板上的按钮，启动 TABLESTYLE 命令，打开【表格样式】对话框，如图 7-31 所示，利用该对话框用户可以新建、修改及删除表样式。
2. 单击 新建(N)... 按钮，弹出【创建新的表格样式】对话框，在【基础样式】下拉列表中选择新样式的原始样式“Standard”，该原始样式为新样式提供默认设置。在【新样式名】文本框中输入新样式的名称“表格样式-1”，如图 7-32 所示。

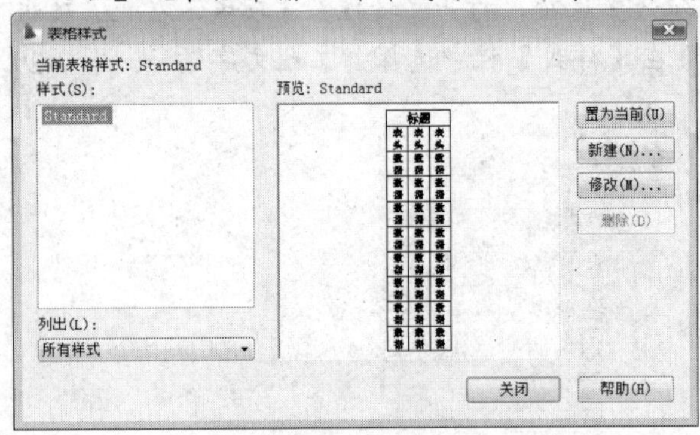

图7-31 【表格样式】对话框

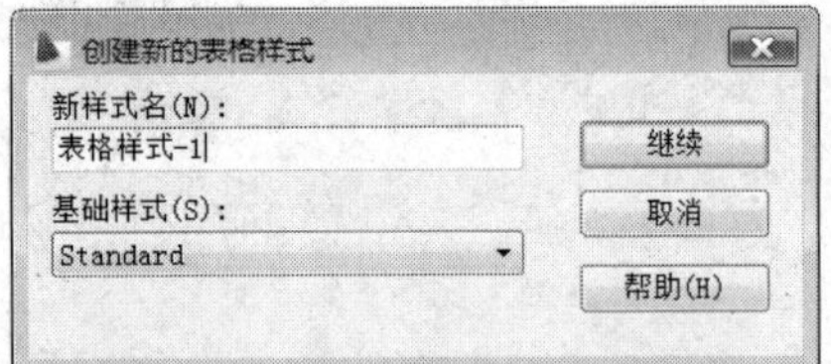

图7-32 【创建新的表格样式】对话框

3. 单击 继续 按钮，打开【新建表格样式:表格样式-1】对话框，如图 7-33 所示。该对话框包含【起始表格】、【常规】、【单元样式】和【单元样式预览】4 个分组框，通过这些分组框可以设定所有表单元的外观。

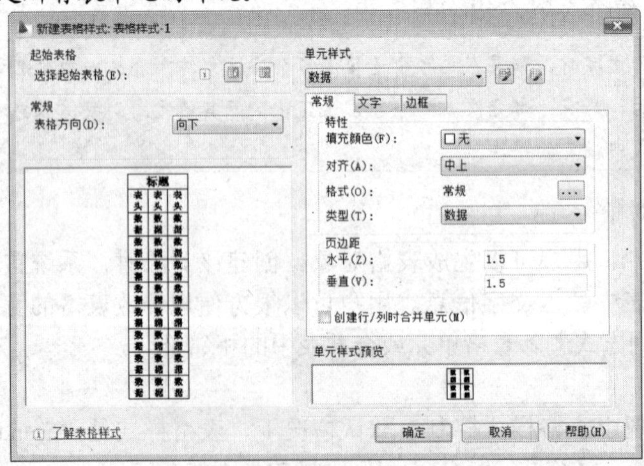

图7-33 【新建表格样式:表格样式-1】对话框

4. 单击确定按钮，返回【表格样式】对话框，再单击置为当前(U)按钮，使新的表格样式成为当前样式。

【新建表格样式】对话框的常用选项的功能如下。

(1) 【表格方向】

- 【向下】：创建从上向下读取的表对象。标题行和列标题行位于表的顶部。
- 【向上】：创建从下向上读取的表对象。标题行和列标题行位于表的底部。

(2) 【常规】选项卡

- 【填充颜色】：指定单元的背景色，默认值为“无”。
- 【对齐】：设置表格单元中文字的对正和对齐方式。文字相对于单元的顶部边框和底部边框进行居中对齐、上对齐或下对齐，文字相对于单元的左边框和右边框进行居中对正、左对正或右对正。
- 【格式】：为表格中的“数据”、“列标题”及“标题”行设置数据类型和格式。
- 【类型】：将单元样式指定为“标签”或“数据”。

(3) 【文字】选项卡

- 【文字样式】：指定单元文字使用的文字样式。
- 【文字高度】：设置文字高度。数据和列标题单元的默认文字高度为4.5mm，标题的默认文字高度为6mm。
- 【文字颜色】：指定文字颜色。
- 【文字角度】：设置文字角度。默认的文字角度为0°，用户也可以输入-359°～359°的任意角度。

(4) 【边框】选项卡

- 【线宽】：设置将要应用于指定边界的线宽。如果使用粗线宽，可能必须增加单元边距。
- 【线型】：设置将要应用于指定边界的线型。将显示标准线型随块、随层和连续，用户也可以选择【其他】选项，加载自定义线型。
- 【颜色】：设置将要应用于指定边界的颜色。

2. 创建及修改空白表格

用 TABLE 命令创建空白表格，空白表格的外观由当前表格样式决定。使用该命令时，用户要输入的主要参数有行数、列数、行高、列宽等。

【案例7-4】 创建如图7-34所示的空白表格。

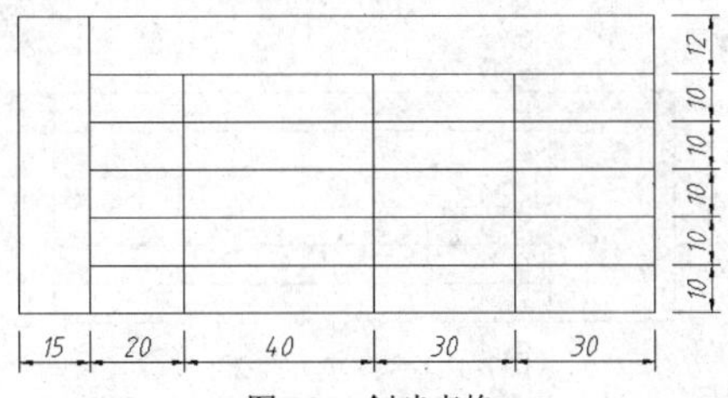

图7-34 创建表格

1. 单击【注释】面板上的按钮，启动 TABLE 命令，弹出【插入表格】对话框，在该对话框中输入创建表格的参数，如图7-35所示。

2. 单击 确定 按钮，创建如图 7-36 所示的表格。

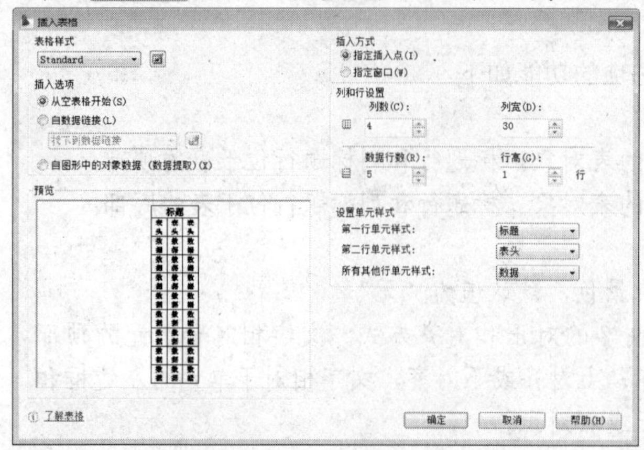

图7-35 【插入表格】对话框

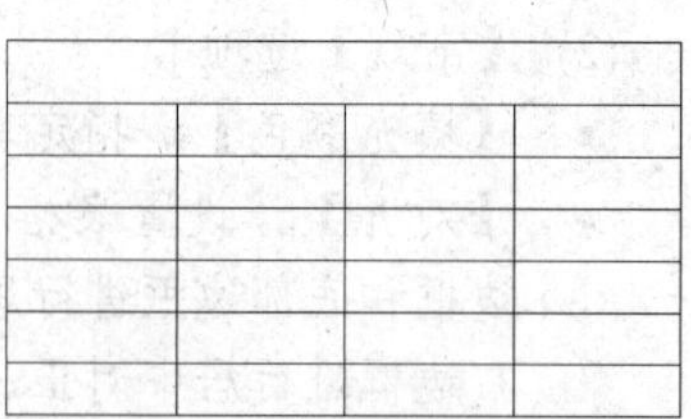

图7-36 创建表格

3. 按住鼠标左键拖动光标，选中第 1、2 行，单击【表格】选项卡中【行数】面板上的按钮，删除选中的两行，结果如图 7-37 所示。
4. 选中第 1 列的任一单元，单击鼠标右键，弹出快捷菜单，选择【列】/【在左侧插入】选项，插入新的一列，结果如图 7-38 所示。

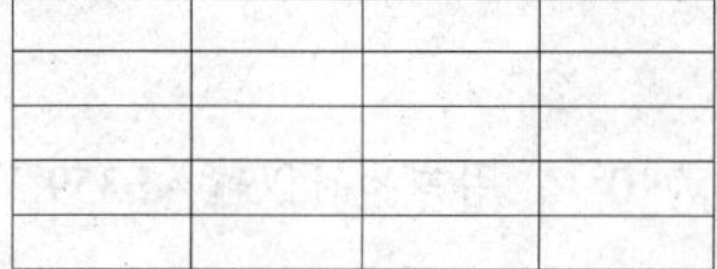

图7-37 删除行

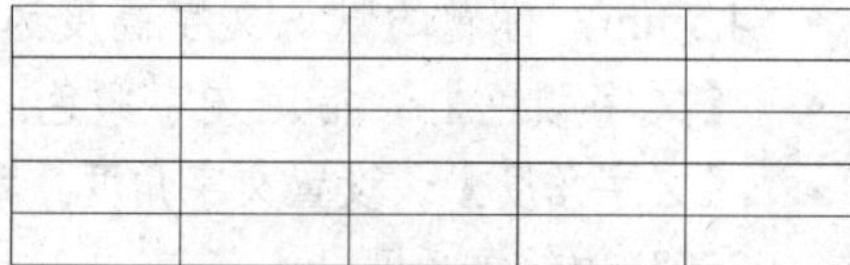

图7-38 插入新的一列

5. 选中第 1 行的任一单元，单击【表格】选项卡中【行数】面板上的按钮，在选定行的上方插入新的一行，结果如图 7-39 所示。
6. 按住鼠标左键拖动光标，选中第 1 列的所有单元，单击【合并】面板上的按钮，合并选定的全部单元格，结果如图 7-40 所示。

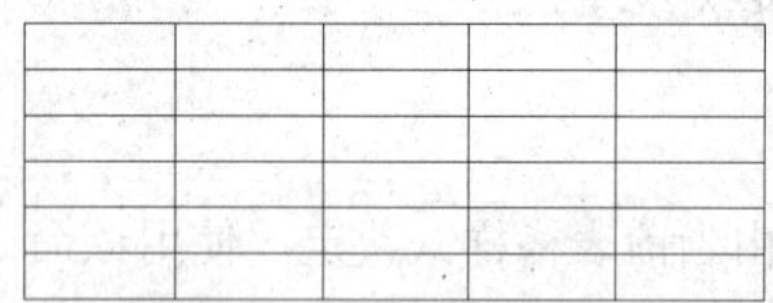

图7-39 插入新的一行

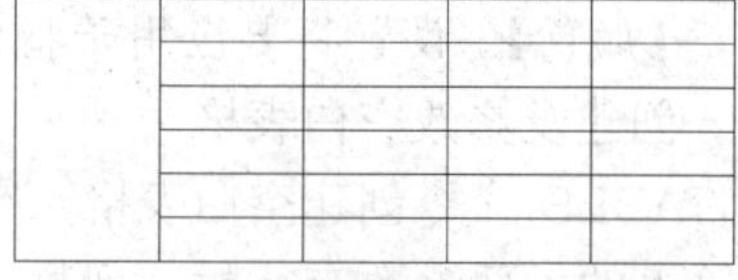

图7-40 合并单元（1）

7. 按住鼠标左键拖动光标，选中第 1 行的所有单元，单击【合并】面板上的按钮，结果如图 7-41 所示。

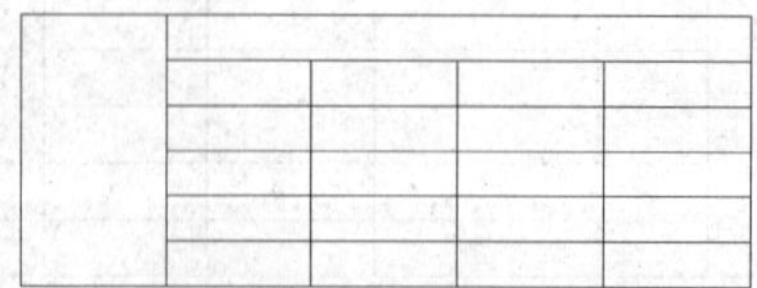

图7-41 合并单元（2）

8. 分别选中单元 *A* 和单元 *B*，然后利用夹点拉伸方式调整单元的尺寸，结果如图 7-42 所示。
9. 选中单元 *C*，单击鼠标右键，弹出快捷菜单，选择【特性】选项，弹出【特性】选项板，在【单元宽度】及【单元高度】栏中分别输入数值“20”、“10”，结果如图 7-43 所示。

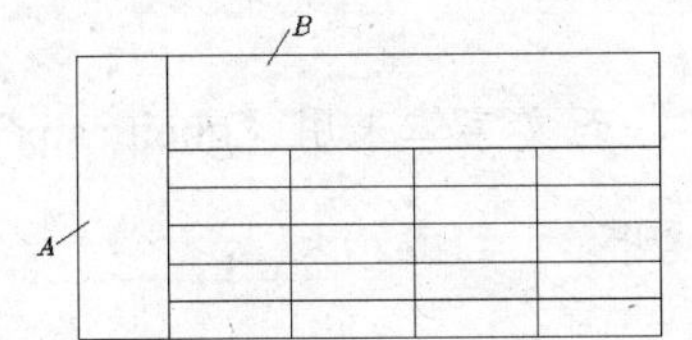

图7-42 利用关键点拉伸方式调整单元的尺寸

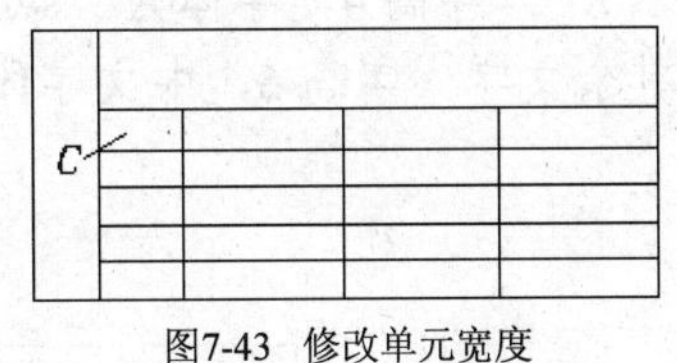

图7-43 修改单元宽度

10. 用类似的方法修改表格的其余尺寸。

实训

用 DTEXT、MTEXT 等命令添加文字，用 DDEDIT、PROPERTIES 等命令编辑文字。

实训 1 添加单行及多行文字

【案例7-5】 打开教学资源文件“项目 7\素材\7-5.dwg”，如图 7-44 左图所示。修改文字内容、字体及字高，结果如图 7-44 右图所示。右图中文字特性如下。

- “技术要求”：字高 5，字体“gbeitc,gbcbig”。
- 其余文字：字高 3.5，字体“gbeitc,gbcbig”。

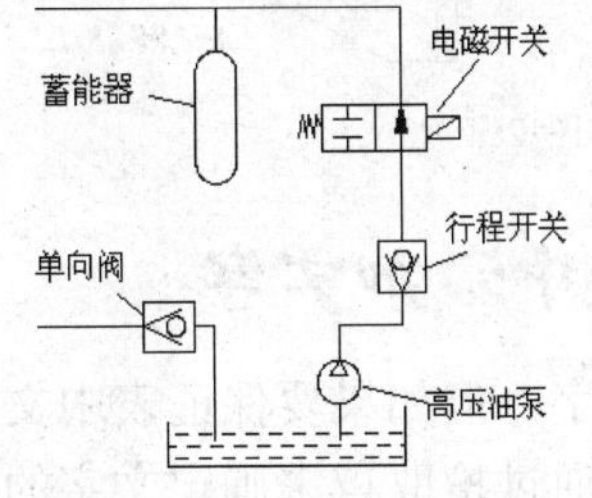

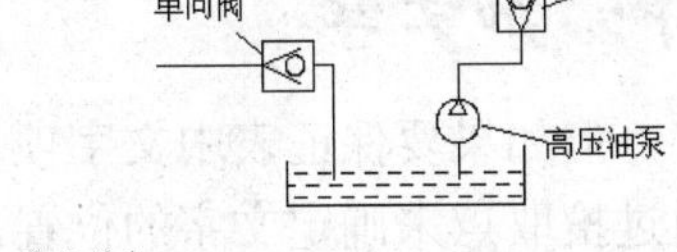

气囊式蓄能器
电磁阀
单向阀（1）
单向阀（2）
低高压油泵
技术要求
1.油管弯曲半径R≥3d。
2.全部安装完毕后，进行油压实验，压力为5kg/cm²。

图7-44 编辑文字

主要作图步骤，如图 7-45 所示。

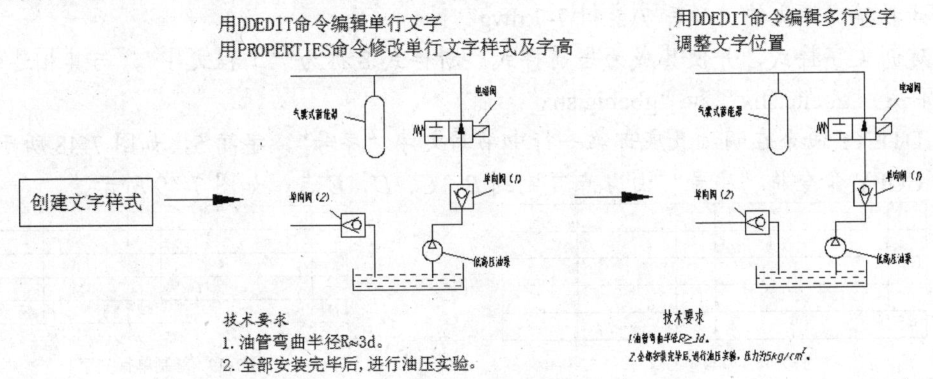

图7-45 主要作图步骤

【案例7-6】 打开教学资源文件“项目 7\素材\7-6.dwg”，请在图中添加单行及多行文字，如图 7-46 所示。图中文字特性如下。

- “λ”：字高 4，字体为“symbol”
- 其余文字：字高 5，中文字体采用“gbcbig.shx”，西文字体采用“gbeitc.shx”。

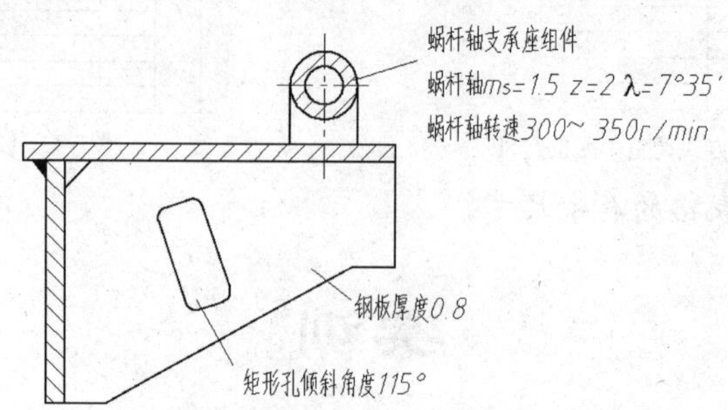

图7-46 添加单行及多行文字

主要作图步骤，如图 7-47 所示。

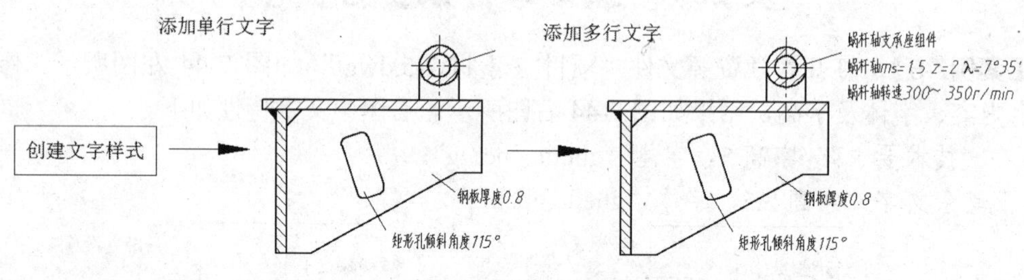

图7-47 主要作图步骤

实训 2 在表格中添加文字

用 DTEXT 命令可以方便地在表格中填写文字，但如果要保证表中文字项目的位置是对齐的就很困难了，因为使用 DTEXT 命令时只能通过拾取点来确定文字的位置，这样就无法保证表中文字的位置是准确对齐的。

【案例7-7】 给表格中添加文字的技巧。

【步骤解析】

1. 打开教学资源文件“项目 7\素材\7-7.dwg”。
2. 创建新文字样式，并使其成为当前样式。新样式名称为“工程文字”，与其相连的字体文件是“gbeitc.shx”和“gbcbig.shx”。
3. 用 DTEXT 命令在明细表底部第一行中书写文字“序号”，字高 5，如图 7-48 所示。
4. 用 COPY 命令将“序号”由 *A* 点复制到 *B*、*C*、*D*、*E* 点，如图 7-49 所示。

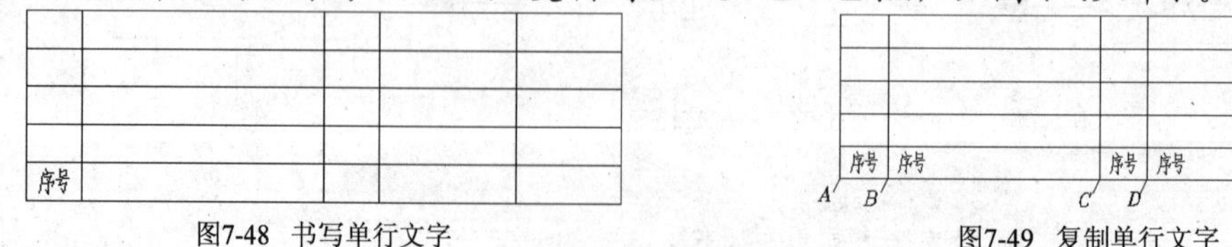

图7-48 书写单行文字　　图7-49 复制单行文字

5. 用 DDEDIT 命令修改文字内容，再用 MOVE 命令调整“名称”、“材料”的位置，结果如图 7-50 所示。
6. 把已经填写的文字向上阵列，如图 7-51 所示。

序号	名称	数量	材料	备注

图7-50 调整文字位置

序号	名称	数量	材料	备注
序号	名称	数量	材料	备注
序号	名称	数量	材料	备注
序号	名称	数量	材料	备注
序号	名称	数量	材料	备注

图7-51 阵列文字

7. 用 DDEDIT 命令修改文字内容，结果如图 7-52 所示。
8. 把序号及数量数字移动到表格的中间位置，结果如图 7-53 所示。

4	转轴	1	45	
3	定位板	2	Q235	
2	轴承盖	1	HT200	
1	轴承座	1	HT200	
序号	名称	数量	材料	备注

图7-52 修改文字内容

4	转轴	1	45	
3	定位板	2	Q235	
2	轴承盖	1	HT200	
1	轴承座	1	HT200	
序号	名称	数量	材料	备注

图7-53 调整文字位置

项目小结

本项目主要内容总结如下。

- 创建文字样式。文字样式决定了 AutoCAD 图形中文本的外观，默认情况下，当前文字样式是 Standard，但用户可以创建新的文字样式。文字样式是文本设置的集合，它决定了文本的字体、高度、宽度、倾斜角度等特性，通过修改某些设定，就能快速地改变文本的外观。
- 用 DTEXT 命令创建单行文字，用 MTEXT 命令创建多行文字。DTEXT 命令的最大优点是它能一次在图形的多个位置放置文本而无须退出命令。而 MTEXT 命令则提供了许多在 Windows 字处理中才有的功能，如建立下画线文字、在段落文本内部使用不同的字体及创建堆叠文字等。
- DDEDIT 命令可以编辑文字内容，PROPERTIES 命令可以修改更多的文字特性。
- 用 TABLE 命令创建表格。表格的外观由表格样式控制，对已生成的表格对象，可以方便地对其形状修改或编辑其中的文字。

思考与练习

一、思考题

1. 文字样式与文字的关系是怎样的？文字样式与文字字体有什么不同？
2. 在文字样式中，宽度比例因子起何作用？
3. 对于单行文字，对齐方式“对齐(A)”和“调整(F)”有何差别？
4. DTEXT 和 MTEXT 命令各有哪些优点？
5. 如何创建分数及公差形式的文字？
6. 如何修改文字内容？

二、操作题

1. 打开教学资源文件“项目 7\素材\习题 7-1.dwg”，请在图中添加单行及多行文字，如图

7-54 所示。图中文字特性如下。

- 单行文字字体为【宋体】，字高为“10”。其中，部分文字沿 60° 方向书写，字体倾斜角度为“30”。
- 多行文字字高为“12”，字体分别为【黑体】和【宋体】。

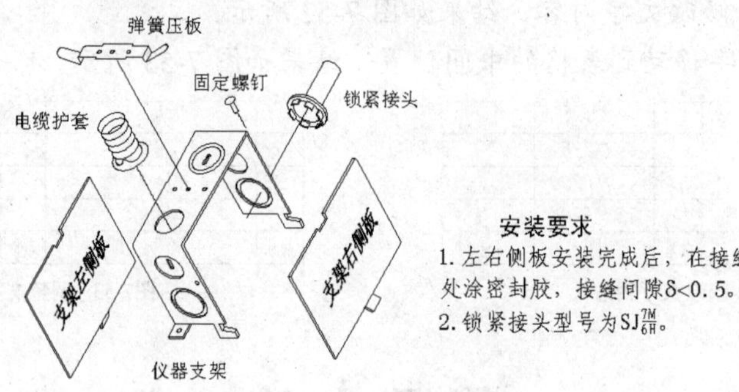

图7-54 添加单行及多行文字

2. 用 TABLE 命令创建表格并修改，然后填写文字，文字高度为“3.5”，字体为【仿宋-GB2312】，结果如图 7-55 所示。

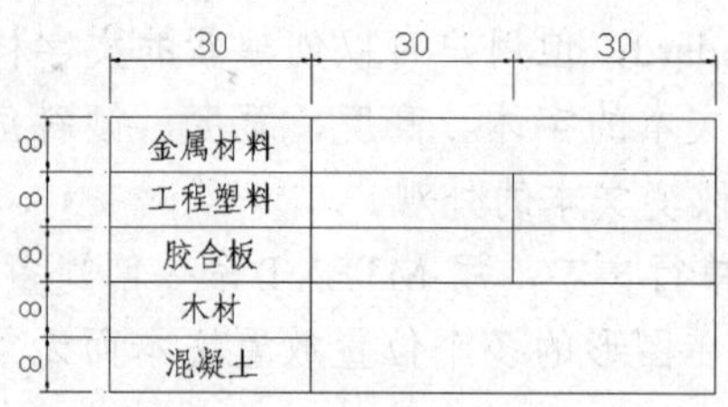

金属材料		
工程塑料		
胶合板		
木材		
混凝土		

图7-55 创建表格对象

项 目 八

标注尺寸

本项目的任务是用 DIMLINEAR、DIMANGULAR、DIMRADIUS、DIMDIAMETER 等命令，标注如图 8-1 所示的图形。首先创建标注样式，然后依次标注长度型、角度型、直径及半径型尺寸等。

【案例8-1】 用 DIMLINEAR、DIMANGULAR、DIMRADIUS、DIMDIAMETER 等命令，标注如图 8-1 所示图形。

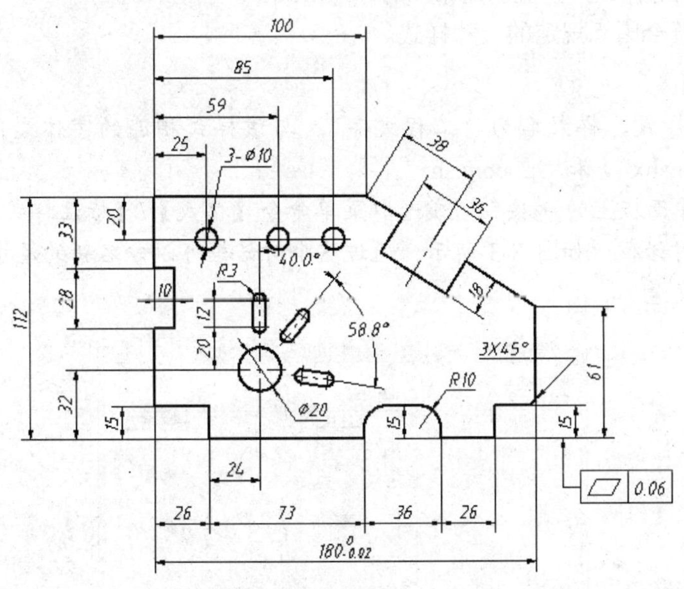

图8-1 标注尺寸

学习目标

- 创建标注样式。
- 标注长度型、角度型、直径及半径型尺寸。
- 标注尺寸公差及形位公差。
- 编辑尺寸文字及调整标注位置。

任务一 创建标注样式

尺寸标注是一个复合体，它以块的形式存储在图形中，其组成部分包括尺寸线、尺寸线两端起止符号（箭头、斜线等）、尺寸界线、标注文字等，如图 8-2 所示。所有这些组成部分的格式都由尺寸样式来控制。

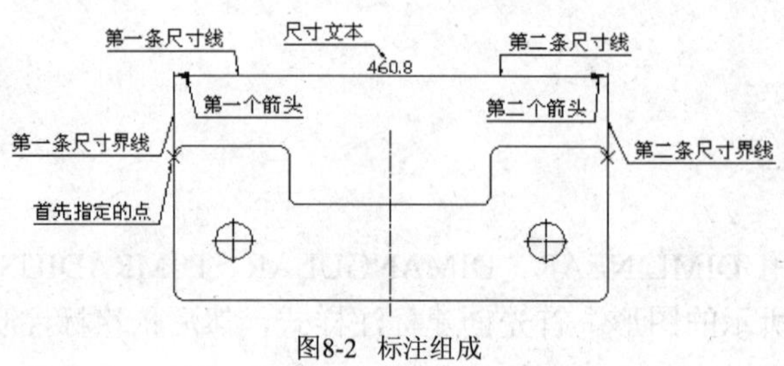

图8-2 标注组成

在标注尺寸前，用户一般都要创建尺寸样式，否则，AutoCAD 将使用默认样式 ISO-25，生成尺寸标注。AutoCAD 中可以定义多种不同的标注样式，并为之命名。标注时，用户只需指定某个样式为当前样式，就能创建相应的标注形式。

下面将建立符合国标规定的尺寸样式。

【步骤解析】

1. 建立新文字样式，样式名为“工程文字”。与该样式相连的字体文件是“gbeitc.shx”（或“gbenor.shx”）和“gbcbig.shx”。
2. 单击【注释】面板上的按钮，或选取菜单命令【格式】/【标注样式】，弹出【标注样式管理器】对话框，如图 8-3 所示。通过这个对话框可以命名新的尺寸样式，或修改样式中的尺寸变量。

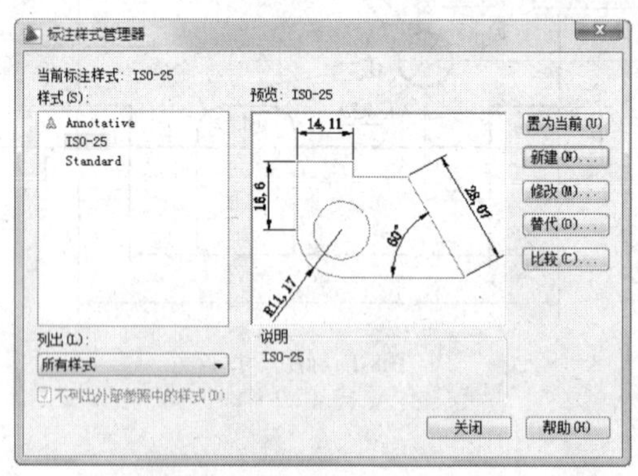

图8-3 【标注样式管理器】对话框

3. 单击新建(N)...按钮，弹出【新建标注样式】对话框，如图 8-4 所示。在该对话框的【新样式名】文本框中输入新的样式名称“工程标注”。在【基础样式】下拉列表中指定某个尺寸样式作为新样式的基础样式，则新样式将包含基础样式的所有设置。此外，还可以在【用于】下拉列表中设定新样式对某一类型尺寸的特殊控制。默认情况下，【用于】下拉列表的选项是“所有标注”，即指新样式将控制所有类型尺寸。

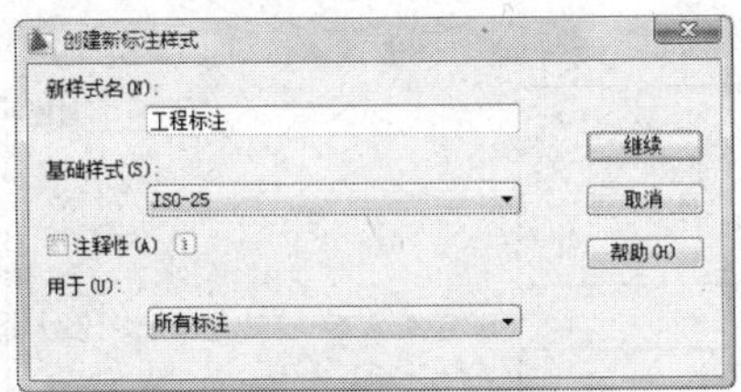

图8-4 【创建新标注样式】对话框

4. 单击 继续 按钮，弹出【新建标注样式】对话框，如图 8-5 所示。

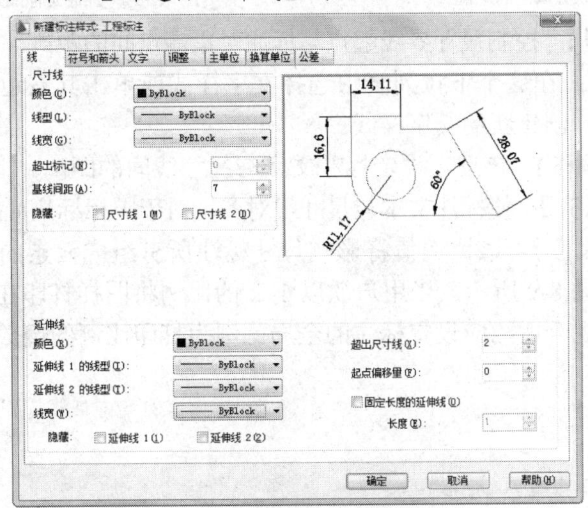

图8-5 【新建标注样式】对话框

5. 在【线】选项卡的【基线间距】、【超出尺寸线】和【起点偏移量】文本框中分别输入“7”、“2”和“0”。
6. 在【符号和箭头】选项卡的【第一个】下拉列表中选择“实心闭合”，在【箭头大小】文本框中输入“2”，该值设定箭头的长度。
7. 在【文字】选项卡的【文字样式】下拉列表中选择“工程文字”，在【文字高度】、【从尺寸线偏移】文本框中分别输入“2.5”和“0.8”，在【文字对齐】区域中选择【与尺寸线对齐】选项。
8. 在【调整】选项卡的【使用全局比例】文本框中输入“2”。进入【主单位】选项卡，在【线性标注】分组框中的【单位格式】、【精度】和【小数分隔符】下拉列表中分别选择“小数”、“0.00”和“句点”，在【角度标注】分组框中的【单位格式】和【精度】下拉列表中分别选择“十进制度数”、“0.0”。
9. 单击 确定 按钮得到一个新的尺寸样式，再单击 置为当前(U) 按钮使新样式成为当前样式。

【知识链接】

【新建标注样式】对话框常用选项。

(1) 【基线间距】：此选项决定了平行尺寸线间的距离，例如，当创建基线型尺寸标注时，相邻尺寸线间的距离由该选项控制，如图 8-6 所示。

(2) 【超出尺寸线】：控制尺寸界线超出尺寸线的距离，如图 8-7 所示。国标中规定，尺寸界线一般超出尺寸线 2～3mm。

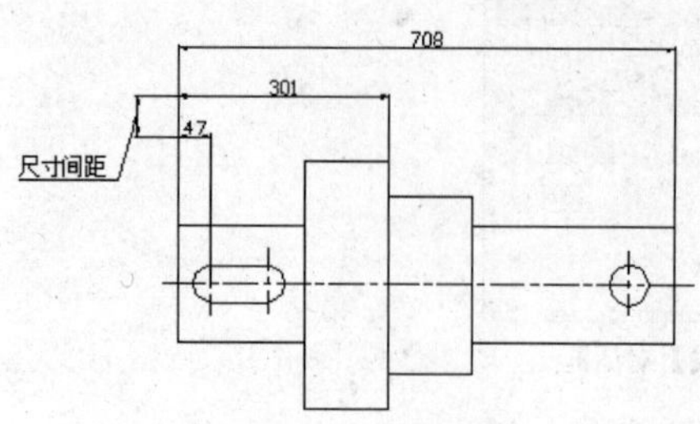

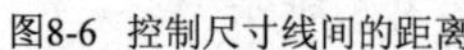
图8-6 控制尺寸线间的距离

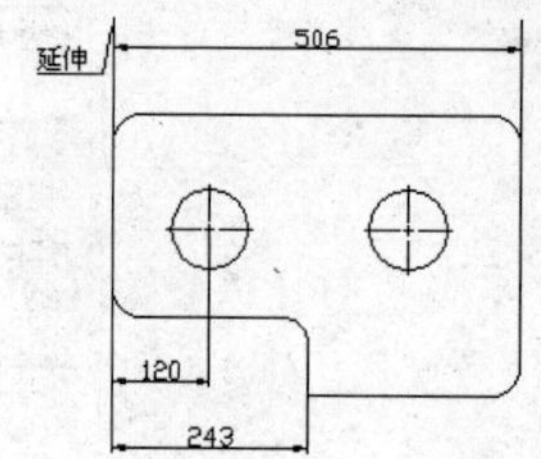

图8-7 控制延伸线超出尺寸线的距离

(3) 【起点偏移量】：控制尺寸界线起点与标注对象端点间的距离，如图 8-8 所示。

(4) 【文字样式】：在这个下拉列表中选择文字样式或单击其右边的...按钮，打开【文字样式】对话框，创建新的文字样式。

(5) 【从尺寸线偏移】：该选项设定标注文字与尺寸线间的距离。

(6) 【与尺寸线对齐】：使标注文本与尺寸线对齐。对于国标标注，应选择此选项。

(7) 【使用全局比例】：该比例值将影响尺寸标注所有组成元素的大小，如标注文字和尺寸箭头等，如图 8-9 所示。当用户欲以 1:2 的比例将图样打印在标准幅面的图纸上时，为保证尺寸外观合适，应设定标注的全局比例为打印比例的倒数，即 2。

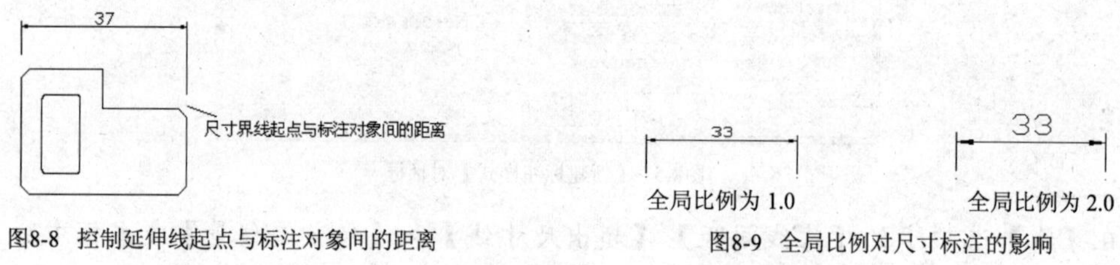

图8-8 控制延伸线起点与标注对象间的距离

图8-9 全局比例对尺寸标注的影响

任务二　标注尺寸

依次标注各种尺寸，绘图过程如图 8-10 所示。

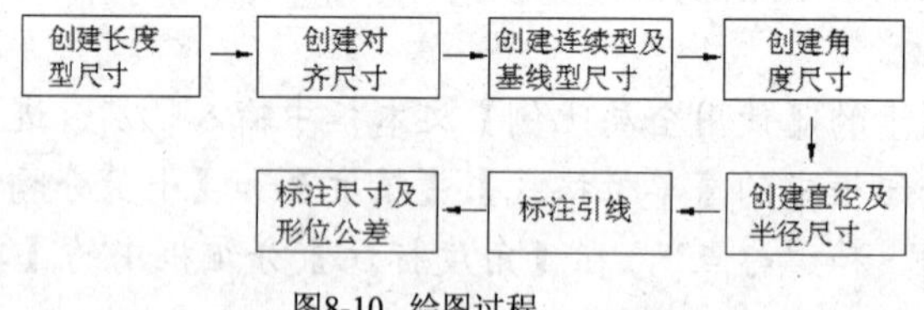

图8-10 绘图过程

一、创建长度型尺寸

标注长度尺寸一般可使用以下两种方法。

- 通过在标注对象上指定尺寸线起始点及终止点，创建尺寸标注。
- 直接选取要标注的对象。

DIMLINEAR 命令可以标注水平、竖直及倾斜方向尺寸。标注时，若要使尺寸线倾斜，则输入“R”选项，然后输入尺寸线倾斜角度即可。

【步骤解析】

1. 创建一个名为"尺寸标注"的图层，并使该层成为当前层。
2. 打开自动捕捉，设定捕捉类型为"端点"、"圆心"和"交点"。
3. 单击【注释】面板上的按钮，启动 DIMLINEAR 命令。

```
令: _dimlinear
指定第一条延伸线原点或 <选择对象>:                    //捕捉端点 A，如图 8-11 所示
指定第二条延伸线原点:                                //捕捉端点 B
指定尺寸线位置或[多行文字(M)/文字(T)/角度(A)/水平(H)/垂直(V)/旋转(R)]:
                        //向左移动光标将尺寸线放置在适当位置，单击鼠标左键结束
命令:DIMLINEAR                                       //重复命令
指定第一条延伸线原点或 <选择对象>:                    //按 Enter 键
选择标注对象:                                        //选择直线 C
指定尺寸线位置:          //向上移动光标将尺寸线放置在适当位置，单击鼠标左键结束
```

继续标注尺寸"61"，结果如图 8-11 所示。

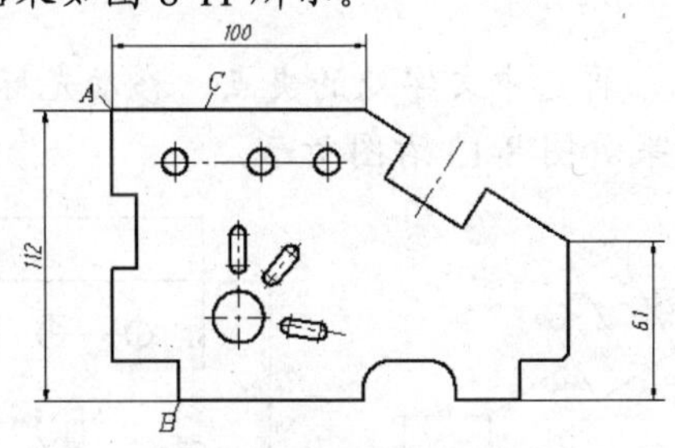

图8-11 标注长度型尺寸

【知识链接】 DIMLINEAR 命令选项如下。

(1) 多行文字(M)：使用该选项则打开【文字编辑器】，利用此编辑器用户可以输入新的标注文字。

若修改了系统自动标注的文字，就会失去尺寸标注的关联性，即尺寸数字不随标注对象的改变而改变。

(2) 文字(T)：此选项使用户可以在命令行上输入新的尺寸文字。

(3) 角度(A)：通过该选项设置文字的放置角度。

(4) 水平(H)/垂直(V)：创建水平或垂直型尺寸。用户也可通过移动光标指定创建何种类型尺寸。若左右移动光标，将生成垂直尺寸；上下移动光标，则生成水平尺寸。

(5) 旋转(R)：使用 DIMLINEAR 命令时，AutoCAD 自动将尺寸线调整成水平或竖直方向的。"旋转(R)"选项可使尺寸线倾斜一个角度，因此可以利用这个选项，标注倾斜的对象，如图 8-12 所示。

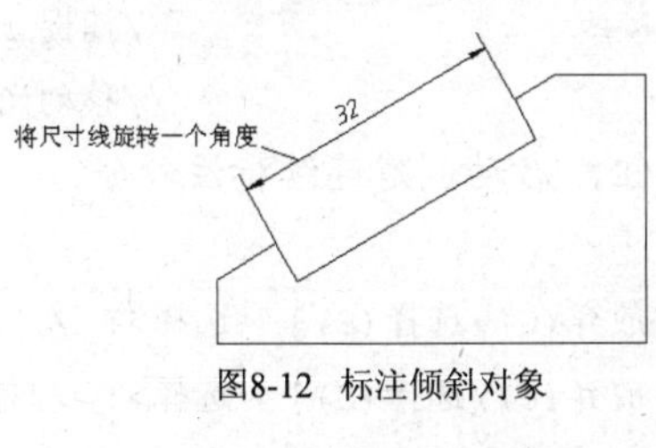

图8-12 标注倾斜对象

二、创建对齐尺寸

要标注倾斜对象的真实长度可以使用对齐尺寸，对齐尺寸的尺寸线平行于倾斜的标注对象。如果用户是选择两个点来创建对齐尺寸，则尺寸线与两点的连线平行。

【步骤解析】

1. 单击【注释】面板上的按钮，启动 DIMALIGNED 命令。

```
命令: _dimaligned
指定第一条延伸线原点或 <选择对象>:                    //捕捉 D 点，如图 8-13 所示
指定第二条延伸线原点: per 到                         //捕捉垂足 E
指定尺寸线位置或[多行文字(M)/文字(T)/角度(A)]:        //移动光标指定尺寸线的位置
命令:DIMALIGNED                                     //重复命令
指定第一条延伸线原点或 <选择对象>:                    //捕捉 F 点
指定第二条延伸线原点:                                //捕捉 G 点
指定尺寸线位置或[多行文字(M)/文字(T)/角度(A)]:        //移动光标指定尺寸线的位置
```

结果如图 8-13 左图所示。

2. 选择尺寸“36”或“38”，再选中文字处的夹点，移动光标调整文字及尺寸线的位置。继续标注尺寸“18”，结果如图 8-13 右图所示。

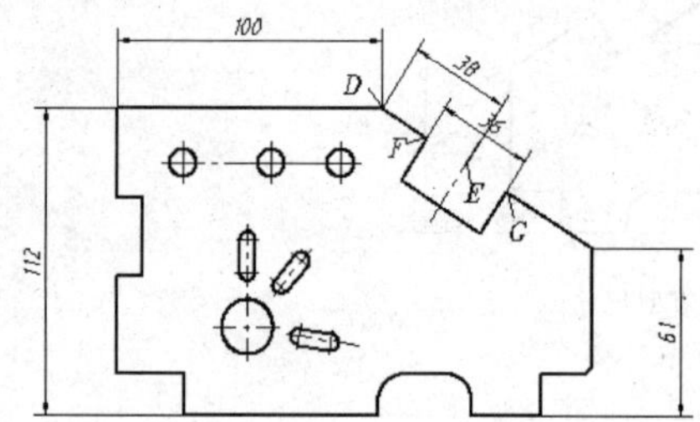

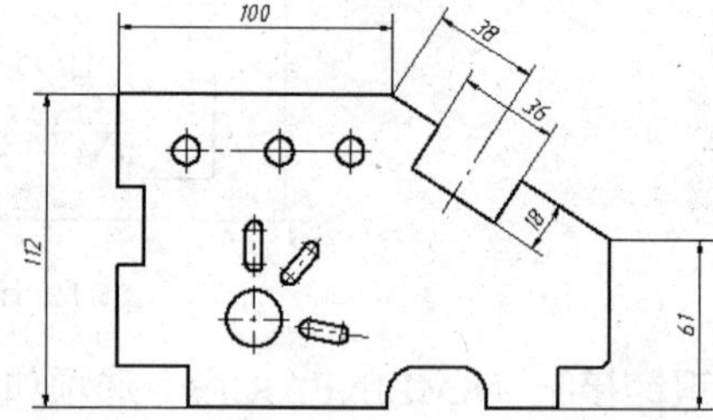

图8-13 创建对齐尺寸

三、创建连续型及基线型尺寸

连续型尺寸标注是一系列首尾相连的标注形式，而基线型尺寸是指所有的尺寸都从同一点开始标注，即公用一条尺寸界线。在创建这两种形式的尺寸时，应首先建立一个尺寸标注，然后发出标注命令。

【步骤解析】

1. 标注连续尺寸，如图 8-14 所示。

切换到【注释】选项卡，单击【标注】面板上的按钮，启动 DIMLINEAR 命令。

```
命令: _dimlinear                              //标注尺寸“26”，如图 8-14 左图所示
指定第一条延伸线原点或 <选择对象>:              //捕捉 H 点
指定第二条延伸线原点:                          //捕捉 I 点
指定尺寸线位置:                                //移动光标指定尺寸线的位置
```

单击【标注】面板上的按钮，启动创建连续标注命令。

```
命令: _dimcontinue
指定第二条延伸线原点或 [放弃(U)/选择(S)] <选择>: //捕捉 J 点
指定第二条延伸线原点或 [放弃(U)/选择(S)] <选择>: //捕捉 K 点
```

指定第二条延伸线原点或 [放弃(U)/选择(S)] <选择>: //捕捉 *L* 点

指定第二条延伸线原点或 [放弃(U)/选择(S)] <选择>: //按 Enter 键

选择连续标注: //按 Enter 键结束

结果如图 8-14 左图所示。

2. 标注尺寸"15"、"33"、"28"等，结果如图 8-14 右图所示。

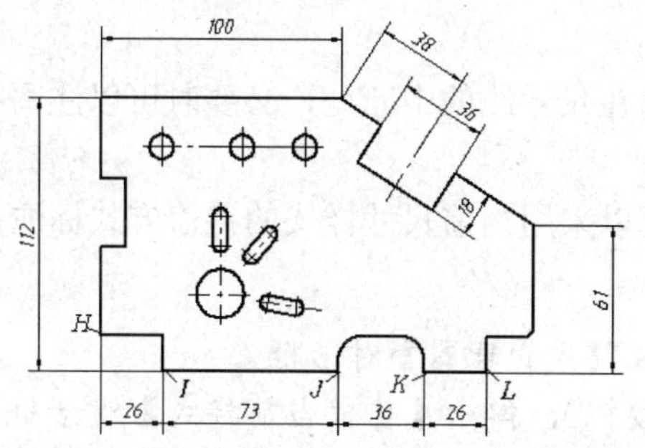

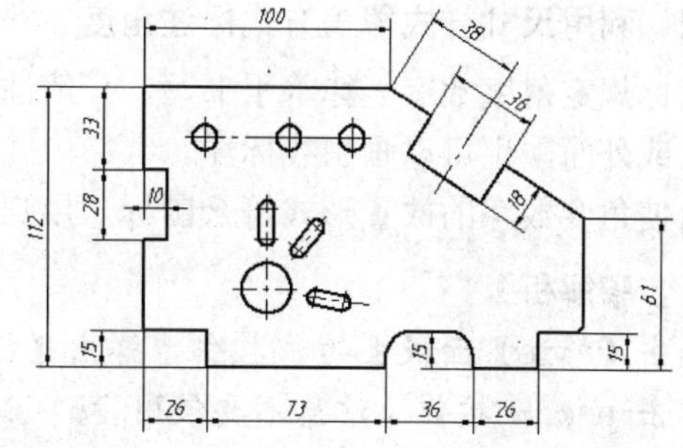

图8-14 创建连续型尺寸

3. 利用夹点编辑方式向上调整尺寸"100"的尺寸线位置，然后创建基线型尺寸，如图 8-15 所示。

命令: _dimlinear //标注尺寸"25"，如图 8-15 左图所示

指定第一条延伸线原点或 <选择对象>: //捕捉 *M* 点

指定第二条延伸线原点: //捕捉 *N* 点

指定尺寸线位置: //移动光标指定尺寸线的位置

单击【标注】面板上的按钮，启动创建基线型尺寸命令。

命令: _dimbaseline

指定第二条延伸线原点或 [放弃(U)/选择(S)] <选择>: //捕捉 *O* 点

指定第二条延伸线原点或 [放弃(U)/选择(S)] <选择>: //捕捉 *P* 点

指定第二条延伸线原点或 [放弃(U)/选择(S)] <选择>: //按 Enter 键

选择基准标注: //按 Enter 键结束

结果如图 8-15 左图所示。

4. 打开正交模式，用 STRETCH 命令将虚线矩形框 *Q* 内的尺寸线向左调整，然后标注尺寸"20"，结果如图 8-15 右图所示。

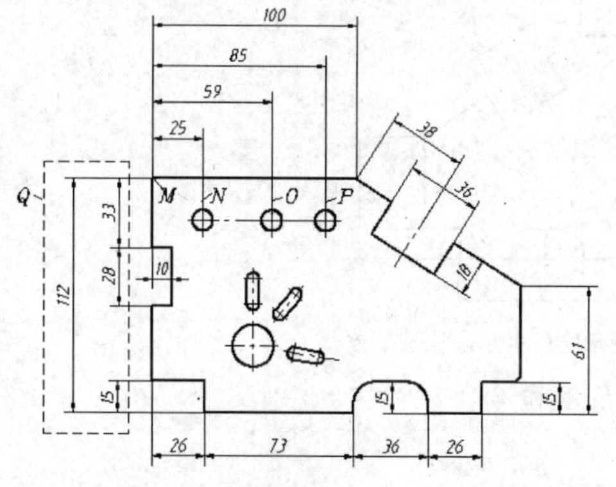

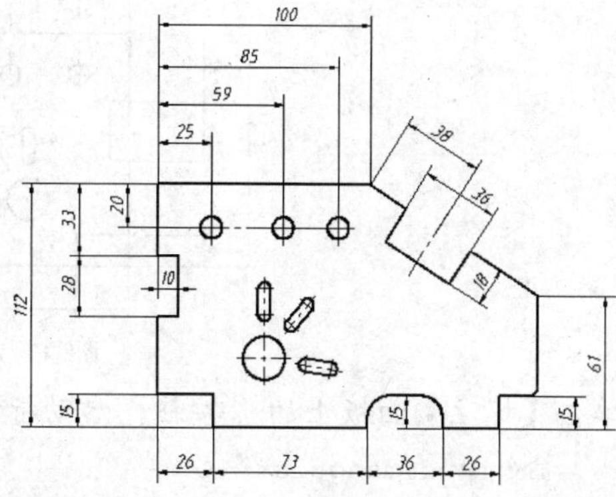

图8-15 创建基线型尺寸

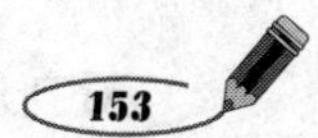

当用户创建一个尺寸标注后，紧接着启动基线或连续标注命令，则 AutoCAD 将以该尺寸的第一条尺寸界线为基准线生成基线型尺寸，或者以该尺寸的第二条尺寸界线为基准线建立连续型尺寸。若不想在前一个尺寸的基础上生成连续型或基线型尺寸，就按 Enter 键，AutoCAD 命令行提示“选择连续标注”或“选择基准标注”，此时，选择某条尺寸界线作为建立新尺寸的基准线。

四、利用尺寸样式覆盖方式标注角度

国标规定角度数字一律水平书写，一般注写在尺寸线的中断处，必要时可以注写在尺寸线上方或外面，也可以画引线标注。

为使角度数字的放置形式符合国标，用户可以采用当前尺寸样式的覆盖方式标注角度。

【步骤解析】

1. 单击【标注】面板上的按钮，弹出【标注样式管理器】对话框。
2. 单击 替代(O)... 按钮（注意不要使用 修改(M)... 按钮），弹出【替代当前样式】对话框。进入【文字】选项卡，在【文字对齐】分组框中选择【水平】单选项，如图 8-16 所示。

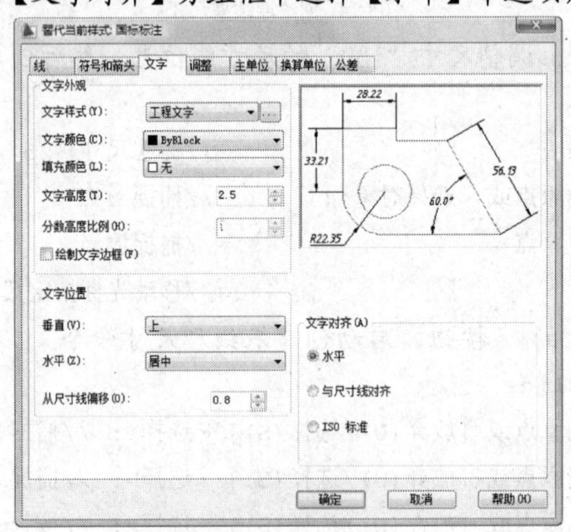

图8-16 【替代当前样式】对话框

3. 返回主窗口，标注角度尺寸，角度数字将水平放置，如图 8-17 所示。

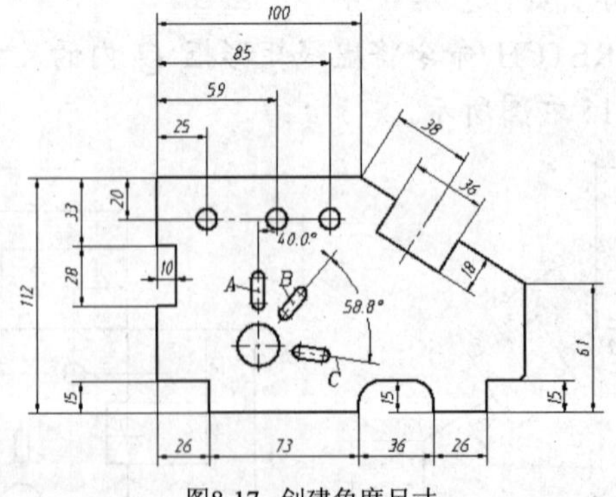

图8-17 创建角度尺寸

单击【标注】面板上的按钮，启动标注角度命令。

```
命令: _dimangular
选择圆弧、圆、直线或 <指定顶点>:                    //选择直线 A
```

选择第二条直线： //选择直线 *B*

指定标注弧线位置或 [多行文字(M)/文字(T)/角度(A)/象限点(Q)]：

//移动光标指定尺寸线的位置

命令：_dimcontinue //启动连续标注命令

指定第二条延伸线原点或 [放弃(U)/选择(S)] <选择>： //捕捉 *C* 点

指定第二条延伸线原点或 [放弃(U)/选择(S)] <选择>： //按 Enter 键

选择连续标注： //按 Enter 键结束

结果如图 8-17 所示。

五、利用尺寸样式覆盖方式标注直径及半径尺寸

在标注直径和半径尺寸时，AutoCAD 自动在标注文字前面加入"∅"或"*R*"符号。实际标注中，直径和半径型尺寸的标注形式有多种多样，通过当前样式的覆盖方式进行标注，就非常方便。

上一节已设定尺寸样式的覆盖方式，使尺寸数字水平放置，下面继续标注直径和半径尺寸，这些尺寸的标注文字也将处于水平方向。

【步骤解析】

1. 创建直径和半径尺寸，如图 8-18 所示。

单击【标注】面板上的按钮，启动标注直径命令。

命令：_dimdiameter

选择圆弧或圆： //选择圆 *D*

指定尺寸线位置或 [多行文字(M)/文字(T)/角度(A)]：t //选择"文字(T)"选项

输入标注文字 <10>：3-%%C10 //输入标注文字

指定尺寸线位置或 [多行文字(M)/文字(T)/角度(A)]： //移动光标指定标注文字的位置

单击【标注】面板上的按钮，启动半径标注命令。

命令：_dimradius

选择圆弧或圆： //选择圆弧 *E*

指定尺寸线位置或 [多行文字(M)/文字(T)/角度(A)]： //移动光标指定标注文字的位置

继续标注直径尺寸"∅20"及半径尺寸"*R*3"，结果如图 8-18 所示。

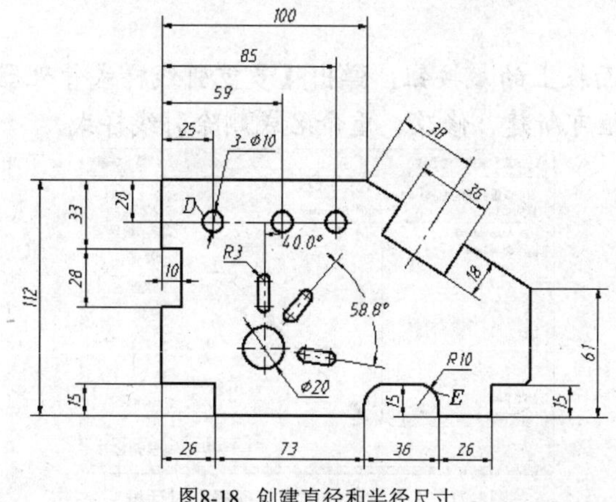

图8-18 创建直径和半径尺寸

2. 取消当前样式的覆盖方式，恢复原来的样式。单击按钮，进入【标注样式管理器】对话框，在此对话框的列表框中选择“工程标注”，然后单击置为当前(U)按钮，此时系统打开一个提示性对话框，继续单击确定按钮完成。
3. 标注尺寸“32”、“24”、“12”、“20”，然后利用夹点编辑方式调整尺寸线的位置，结果如图 8-19 所示。

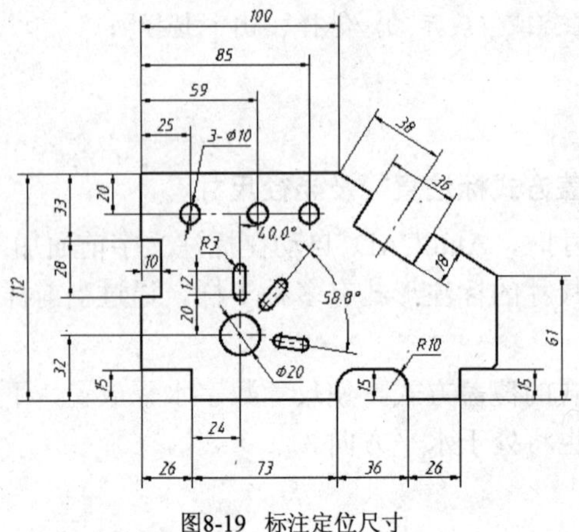

图8-19 标注定位尺寸

六、引线标注

MLEADER 命令创建引线标注，它由箭头、引线、基线（引线与标注文字间的线）和多行文字（或图块）组成，如图 8-20 所示，其中箭头的形式、引线外观、文字属性及图块形状等由引线样式控制。

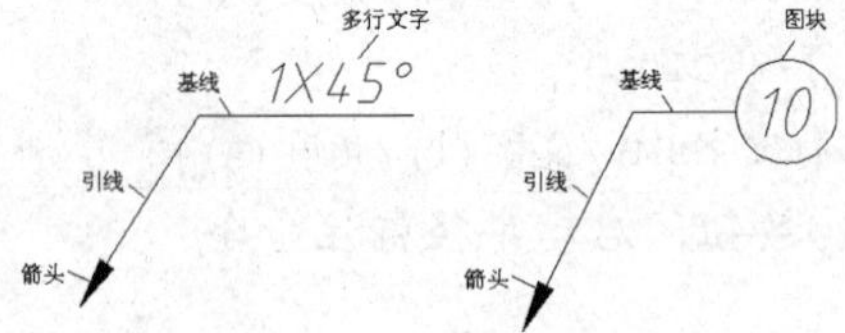

图8-20 引线标注的组成

选中引线标注对象，利用夹点移动基线，则引线、文字或图块跟随移动。若利用夹点移动箭头，则只有引线跟随移动，基线、文字或图块不动。

【步骤解析】

1. 单击【多重引线】面板上的按钮，弹出【多重引线样式管理器】对话框，如图 8-21 所示，利用该对话框可新建、修改、重命名或删除引线样式。

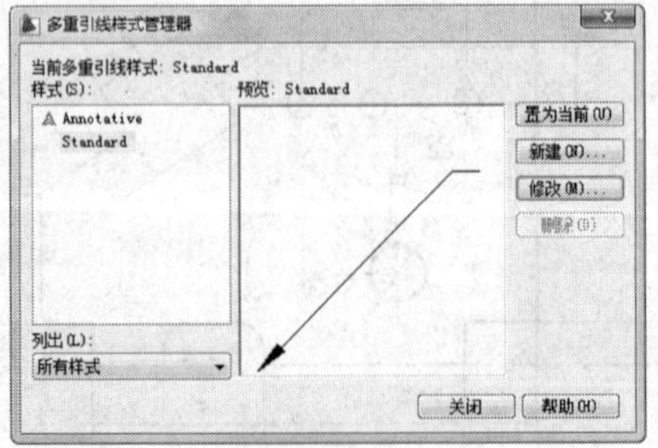

图8-21 【多重引线样式管理器】对话框

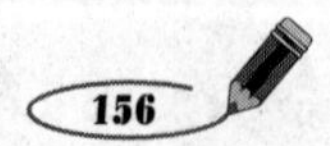

2. 单击修改(M)...按钮，弹出【修改多重引线样式】对话框，如图 8-22 所示。在该对话框中完成以下设置。

- 【引线格式】选项卡

- 【引线结构】选项卡

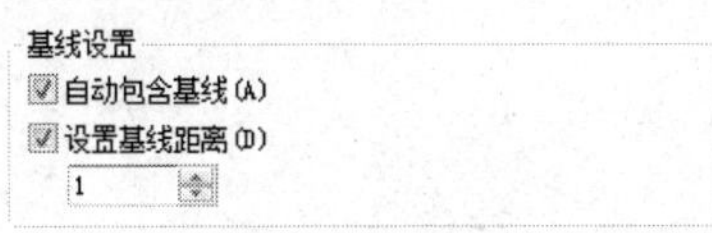

文本框中的数值 1 表示下画线与引线间的距离。

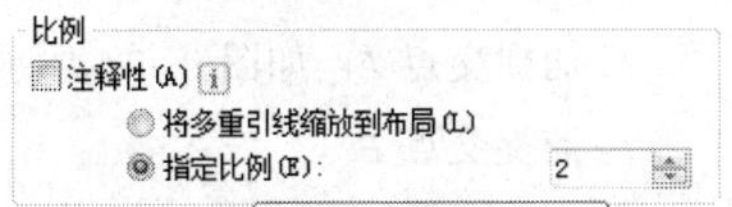

【指定比例】栏中的数值等于绘图比例的倒数。

- 【内容】选项卡

设置的选项如图 8-22 所示。其中【基线间隙】文本框中的数值表示下画线的长度。

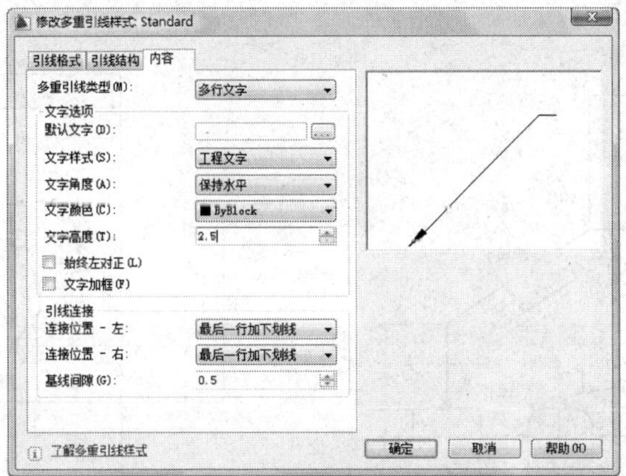

图8-22 【修改多重引线样式】对话框

3. 单击【多重引线】面板上的按钮，启动创建引线标注命令。

命令: _mleader

指定引线箭头的位置或 [引线基线优先(L)/内容优先(C)/选项(O)] <选项>:

//指定引线起始点 A，如图 8-23 所示

指定引线基线的位置: //指定引线下一个点 B

//启动文字编辑器，然后输入标注文字“3×45°”

结果如图 8-23 所示。

提示 创建引线标注时，若文本或指引线的位置不合适，可利用夹点编辑方式进行调整。

七、标注尺寸及形位公差

创建尺寸公差的方法有两种。

- 利用尺寸样式的覆盖方式标注尺寸公差，公差的上、下偏差值可以在【替代当前样式】对话框的【公差】选项卡中设置。
- 标注时，利用“多行文字(M)”选项打开文字编辑器，然后采用堆叠文字方式标注公差。

标注形位公差可以使用 TOLERANCE 命令及 QLEADER 命令，前者只能产生公差框格，而后者既能形成公差框格又能形成标注指引线。

【步骤解析】

1. 标注尺寸公差。启动 DIMLINEAR 命令，AutoCAD 命令行提示如下。

```
命令: _dimlinear
指定第一条延伸线原点或 <选择对象>:                    //捕捉交点 A，如图 8-24 所示
指定第二条延伸线原点:                                  //捕捉交点 B
指定尺寸线位置或[多行文字(M)/文字(T)/角度(A)/水平(H)/垂直(V)/旋转(R)]: m
        //打开【文字编辑器】，在此编辑器中采用堆叠文字方式输入尺寸公差，如图 8-25 所示
指定尺寸线位置或[多行文字(M)/文字(T)/角度(A)/水平(H)/垂直(V)/旋转(R)]:
                                                       //指定标注文字位置，结果如图 8-24 所示
```

结果如图 8-24 所示。

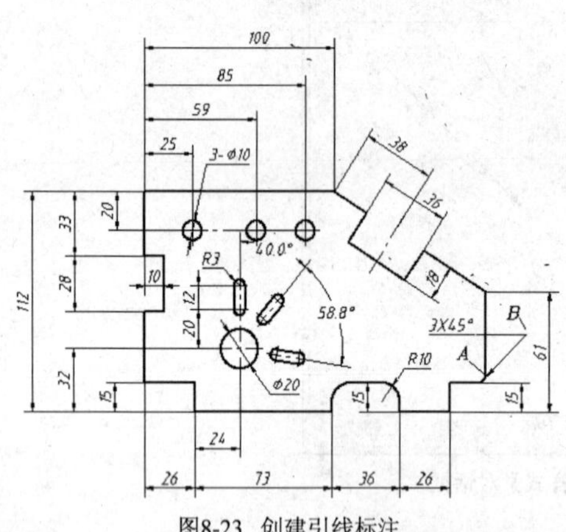

图8-23 创建引线标注

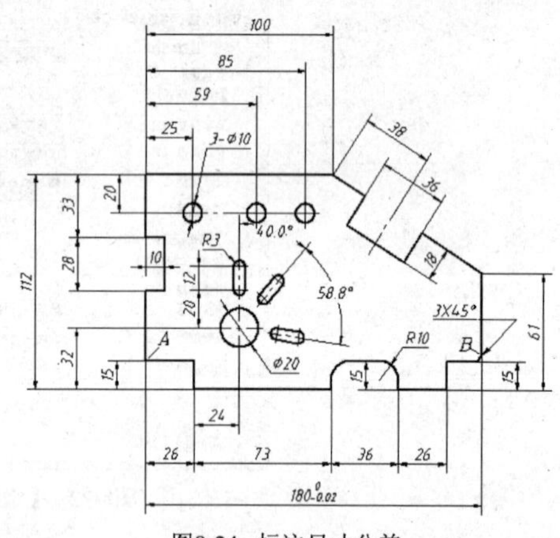

图8-24 标注尺寸公差

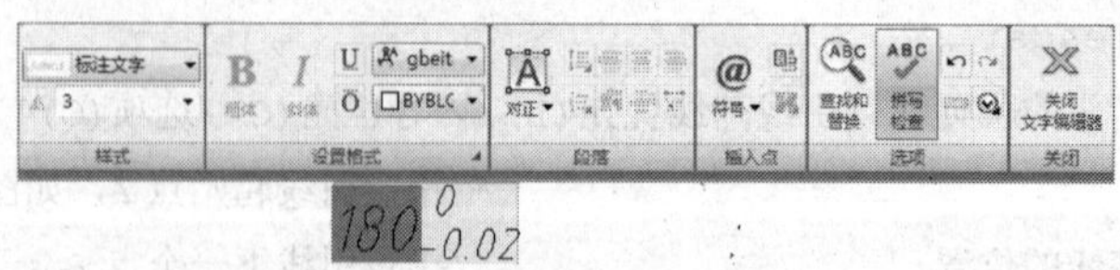

图8-25 利用【文字编辑器】创建尺寸公差

2. 标注形位公差。键入 QLEADER 命令，AutoCAD 命令行提示“指定第一个引线点或[设置(S)]<设置>:”，直接按 Enter 键，弹出【引线设置】对话框，在【注释】选项卡中选择【公差】单选项，如图 8-26 所示。

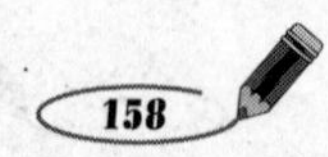

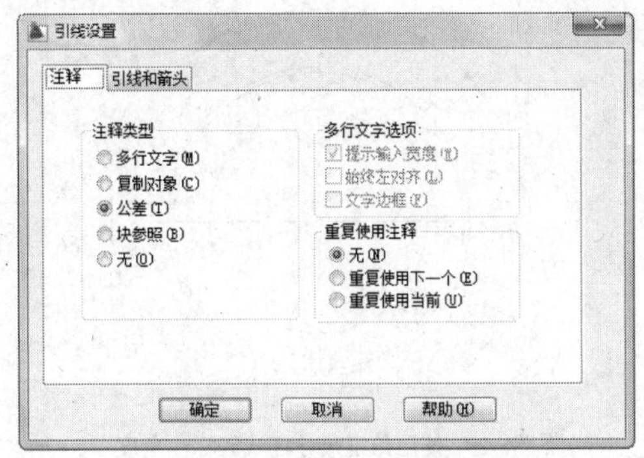

图8-26 【引线设置】对话框

3. 单击 确定 按钮，AutoCAD 命令行提示如下。

```
指定第一个引线点或 [设置(S)]<设置>: nea 到          //捕捉点 C，如图 8-27 所示
指定下一点: <正交 开>                             //打开正交并在 D 点处单击一点
指定下一点:                                      //在 E 点处单击一点
```

AutoCAD 打开【形位公差】对话框，在此对话框中输入公差值，如图 8-28 所示。

4. 单击 确定 按钮，结果如图 8-27 所示。

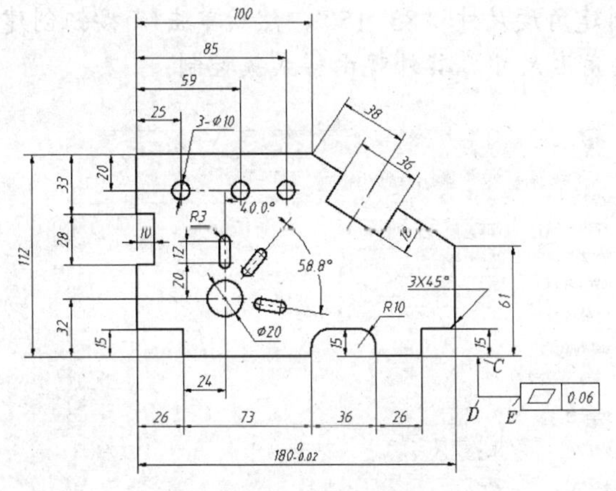

图8-27 标注形位公差

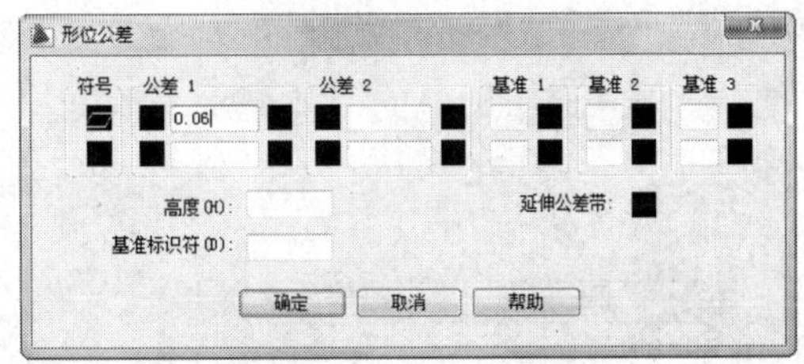

图8-28 【形位公差】对话框

知识拓展

以下介绍使用角度尺寸样式簇标注角度、修改标注文字、调整标注位置、更新标注等。

一、使用角度尺寸样式簇标注角度

除了利用尺寸样式覆盖方式标注角度外，还可以利用角度尺寸样式簇标注角度。样式簇是已有尺寸样式（父样式）的子样式，该子样式用于控制某种特定类型尺寸的外观。

【案例8-2】 打开教学资源文件“项目 8\素材\8-2.dwg”，利用角度尺寸样式簇标注角度，如图 8-29 所示。

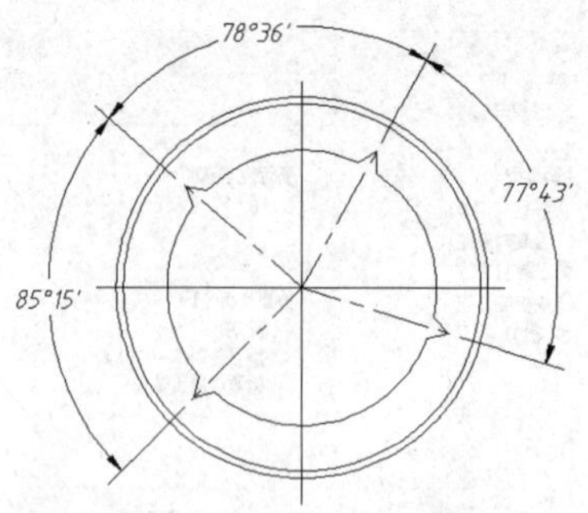

图8-29　使用角度尺寸样式簇标注角度

【步骤解析】

1. 单击【标注】面板上的按钮，弹出【标注样式管理器】对话框，再单击新建(N)...按钮，弹出【创建新标注样式】对话框，在【用于】下拉列表中选择“角度标注”，如图 8-30 所示。
2. 单击继续按钮，弹出【新建标注样式】对话框，进入【文字】选项卡，在该选项卡【文字对齐】分组框中选中【水平】单选项，如图 8-31 所示。
3. 进入【主单位】选项卡，在【角度标注】分组框中设定角度测量单位为“度/分/秒”，精度为“0d00′”，单击确定按钮完成。
4. 返回 AutoCAD 主窗口，单击按钮，创建角度尺寸“85° 15′”，然后单击按钮创建连续标注，结果如图 8-29 所示。所有这些角度尺寸，其外观由样式簇控制。

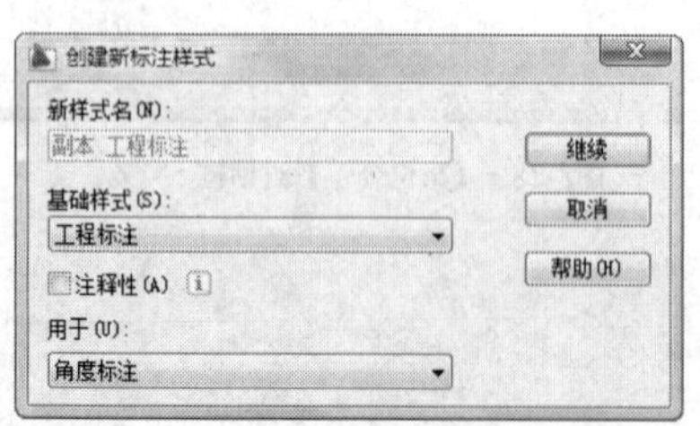

图8-30　【创建新标注样式】对话框

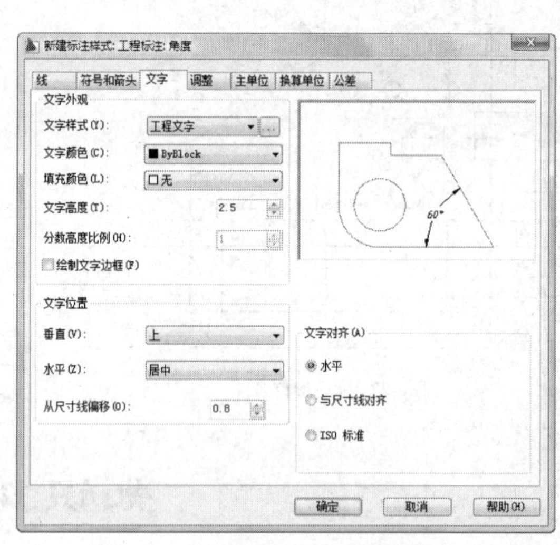

图8-31　【新建标注样式】对话框

二、修改尺寸标注文字

如果只是修改尺寸标注文字，最佳方法是使用 DDEDIT 命令。发出该命令后，用户可以连续地修改想要编辑的尺寸。

【案例8-3】 打开教学资源文件“项目 8\素材\8-3.dwg”，如图 8-32 左图所示。用 DDEDIT 命令，修改标注文本的内容。

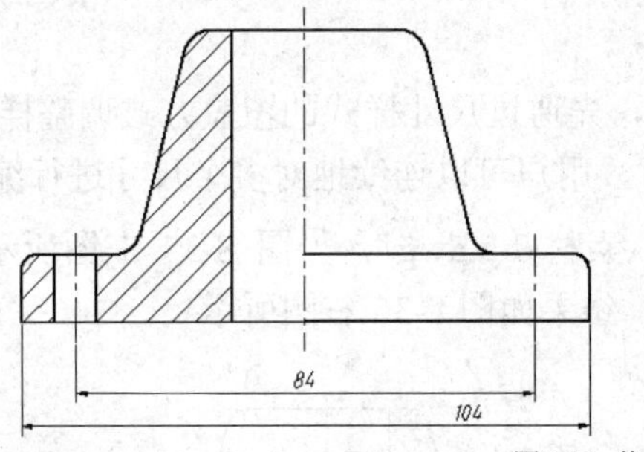

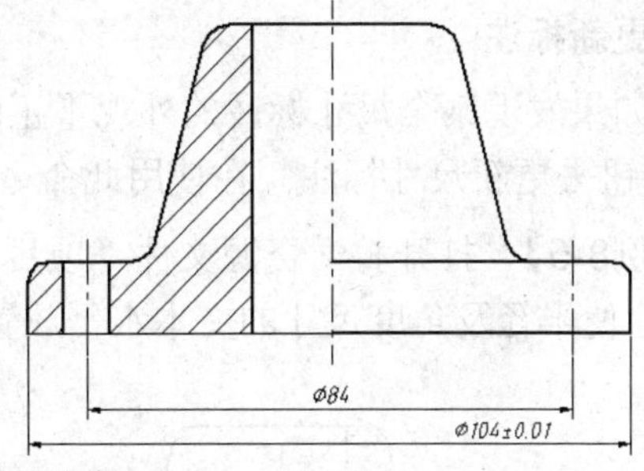

图8-32　修改标注文字

【步骤解析】

1. 输入 DDEDIT 命令，AutoCAD 命令行提示“选择注释对象或[放弃(U)]”，选择尺寸“104”后，AutoCAD 打开【文字编辑器】，在该编辑器中输入直径代码及公差值，如图 8-33 所示。

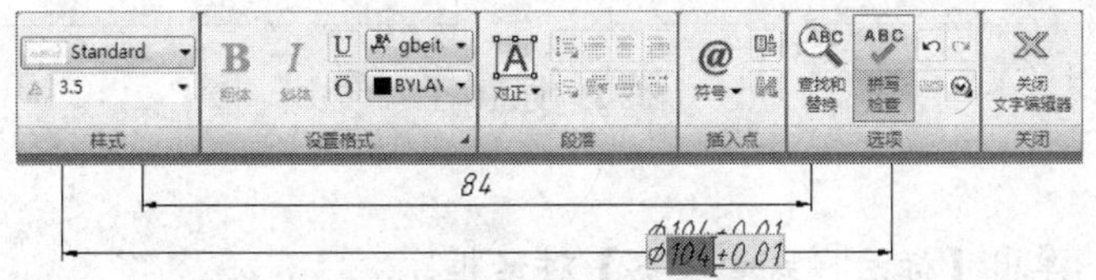

图8-33　在【文字编辑器】中修改文字

2. 单击按钮，返回图形窗口，AutoCAD 命令行继续提示“选择注释对象或[放弃(U)]”。此时，用户选择尺寸“84”，然后在该尺寸文字前加入直径代码，编辑结果，如图 8-32 右图所示。

三、利用夹点调整标注位置

夹点编辑方式非常适合于移动尺寸线和标注文字，进入这种编辑模式后，一般利用尺寸线两端或标注文字所在处的夹点来调整标注位置。

【案例8-4】 打开教学资源文件“项目 8\素材\8-4.dwg”，如图 8-34 左图所示。调整尺寸标注位置，结果如图 8-34 右图所示。

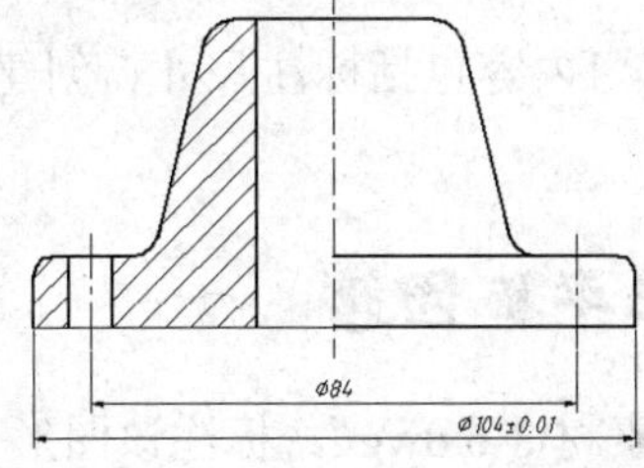

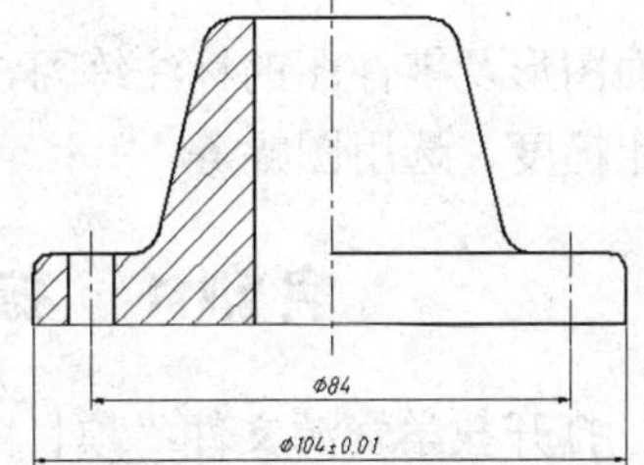

图8-34　调整标注位置

【步骤解析】

1. 选择尺寸“104”，并激活文本所在处的夹点，AutoCAD 自动进入拉伸编辑模式。
2. 向下移动鼠标指针调整文本的位置，结果如图 8-34 右图所示。

调整尺寸标注位置的最佳方法是采用夹点编辑方式，当激活夹点后就可以移动文本或尺寸线到适当的位置。若还不能满足要求，则可以用 EXPLODE 命令将尺寸标注分解为单个对象，然后调整它们，以达到满意的效果。

四、更新标注

用户如果发现某个尺寸标注的外观不正确，先通过尺寸样式的覆盖方式调整样式，然后利用按钮去更新尺寸标注。在使用此命令时，用户可以连续地对多个尺寸进行编辑。

【案例8-5】 打开教学资源文件“项目 8\素材\8-5.dwg”，如图 8-35 左图所示。利用更新标注使半径及角度尺寸的文本水平放置，结果如图 8-35 右图所示。

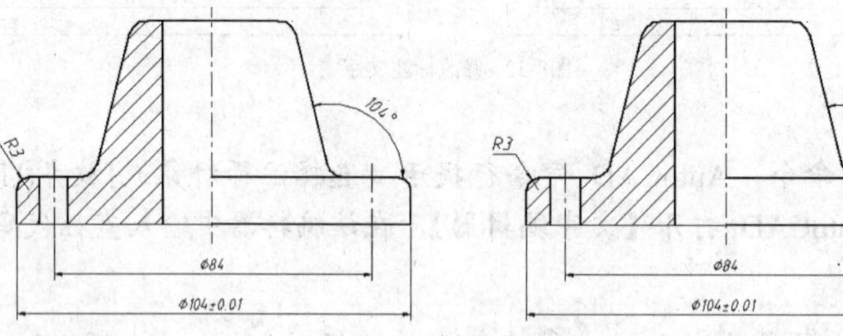

图8-35 更新标注

【步骤解析】

1. 单击按钮，弹出【标注样式管理器】对话框。
2. 再单击替代(O)...按钮，弹出【替代当前样式】对话框。
3. 单击【文字】选项卡，在【文字对齐】分组框中选择【水平】单选项。
4. 返回 AutoCAD 主窗口，单击按钮，AutoCAD 命令行提示如下。

```
选择对象：找到 1 个                    //选择角度尺寸
选择对象：找到 1 个，总计 2 个          //选择半径尺寸
选择对象：                            //按 Enter 键结束
```

结果如图 8-35 右图所示。

实训

以下提供平面图形及零件图的标注练习，练习内容包括标注尺寸、创建尺寸公差和形位公差、标注表面粗糙度、选用图幅等。

实训 1 标注平面图形

【案例8-6】 打开教学资源文件“项目 8\素材\8-6.dwg”，标注该图形，结果如图 8-36 所示。

【步骤解析】

1. 建立一个名为“标注层”的图层，设置图层颜色为绿色，线型为 Continuous，并使其成为当前层。
2. 创建新文字样式，样式名为“标注文字”。与该样式相连的字体文件是“gbeitc.shx”和“gbcbig.shx”。
3. 创建一个尺寸样式，名称为“国标标注”，对该样式作以下设置。

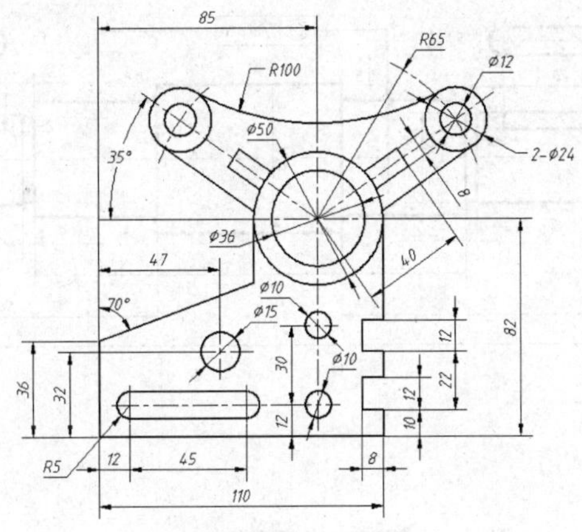

图8-36 标注平面图形

(1) 标注文本连接“标注文字”，文字高度等于 2.5，精度为 0.0，小数点格式是“句点”。

(2) 标注文本与尺寸线间的距离是 0.8。

(3) 箭头大小为 2。

(4) 尺寸界线超出尺寸线长度等于 2。

(5) 尺寸线起始点与标注对象端点间的距离为 0。

(6) 标注基线尺寸时，平行尺寸线间的距离为 6。

(7) 标注总体比例因子为 2。

(8) 使“国标标注”成为当前样式。

4. 打开对象捕捉，设置捕捉类型为“端点”、“交点”。标注尺寸，结果如图 8-36 所示。

【案例8-7】 打开教学资源文件“项目 8\素材\8-7.dwg”，标注该图形，结果如图 8-37 所示。

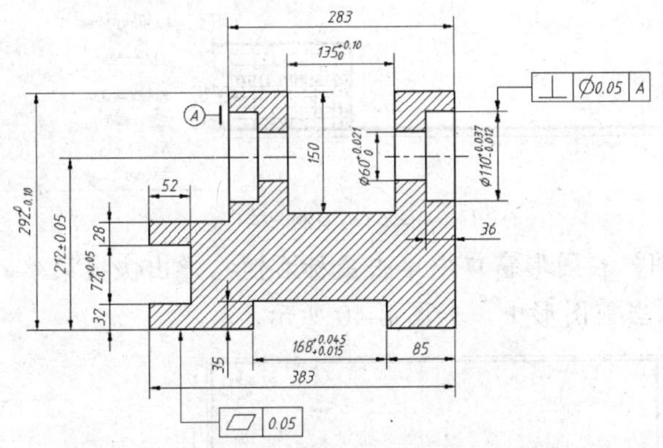

图8-37 标注尺寸及形位公差

实训 2 插入图框、标注零件尺寸及表面粗糙度

【案例8-8】 打开教学资源文件“项目 8\素材\8-8.dwg”，标注传动轴零件图，标注结果如图 8-38 所示。零件图图幅选用 A3 幅面，绘图比例为 2:1，标注字高为 3.5，字体为“gbeitc.shx”，标注总体比例因子为 0.5。这个练习的目的是使读者掌握零件图尺寸标注的步骤和技巧。

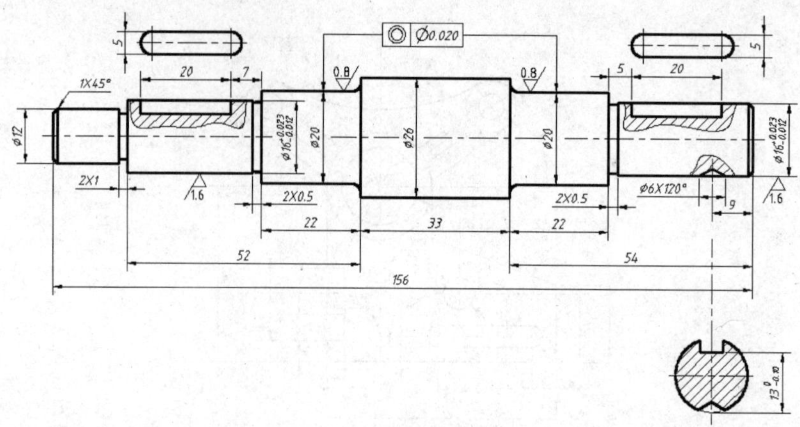

图8-38 标注零件尺寸

【步骤解析】

1. 打开包含标准图框及表面粗糙度符号的图形文件“A3.dwg”，如图 8-39 所示。在图形窗口中单击鼠标右键，弹出快捷菜单，选择【带基点复制】选项，然后指定 A3 图框的右下角为基点，再选择该图框及表面粗糙度符号。

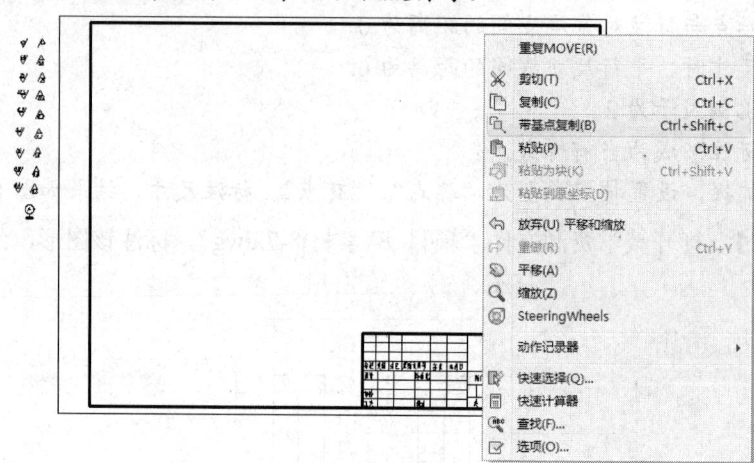

图8-39 复制图框

2. 切换到当前零件图，在图形窗口中单击鼠标右键，弹出快捷菜单，选择【粘贴】选项，把 A3 图框复制到当前图形中，如图 8-40 所示。

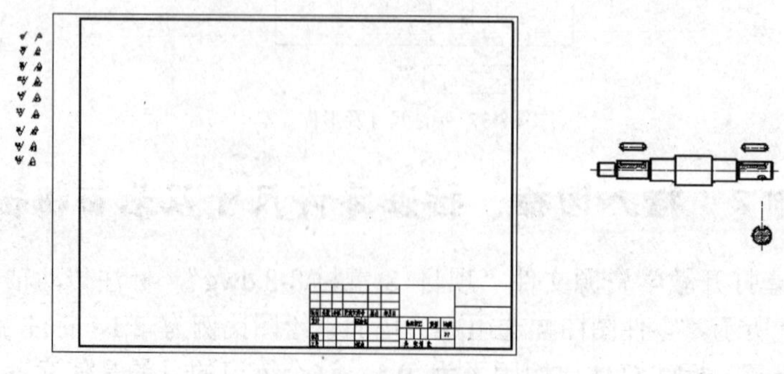

图8-40 插入图框

3. 用 SCALE 命令把 A3 图框和表面粗糙度符号缩小 50%。
4. 创建新文字样式，样式名为“标注文字”。与该样式相连的字体文件是“gbeitc.shx”和“gbcbig.shx”。
5. 创建一个尺寸样式，名称为“国标标注”，对该样式作以下设置。

(1) 标注文本连接“标注文字”，文字高度等于 2.5，精度为 0.0，小数点格式是“句点”。
(2) 标注文本与尺寸线间的距离为 0.8。
(3) 箭头大小为 2。
(4) 尺寸界线超出尺寸线长度等于 2。
(5) 尺寸线起始点与标注对象端点间的距离为 0。
(6) 标注基线尺寸时，平行尺寸线间的距离为 6。
(7) 标注总体比例因子为 0.5（绘图比例的倒数）。
(8) 使“国标标注”成为当前样式。

6. 用 MOVE 命令将视图放入图框内，创建尺寸，再用 COPY 及 ROTATE 命令，标注表面粗糙度，结果如图 8-38 所示。

项目小结

本项目主要内容总结如下。

- 创建标注样式。标注样式决定了尺寸标注的外观，当尺寸外观看起来不合适时，可通过调整标注样式进行修正。
- 在 AutoCAD 中可以标注出多种类型的尺寸，如长度型、平行型、直径型、半径型等，此外，还能方便地标注尺寸公差及形位公差。
- 用 DDEDIT 命令修改标注文字内容，利用夹点编辑方式调整标注位置。

思考与练习

一、思考题

1. 标注样式的作用是什么？
2. 创建基线形式标注时，如何控制尺寸线间的距离？
3. 标注样式的覆盖方式有何作用？
4. 标注尺寸前一般应做哪些工作？
5. 如何设定标注全局比例因子？它的作用是什么？
6. 如何建立标注样式簇？它的作用是什么？
7. 怎样修改标注文字内容及调整标注数字的位置？

二、操作题

1. 打开教学资源文件“项目 8\素材\习题 8-1.dwg”，标注该图形，结果如图 8-41 所示。

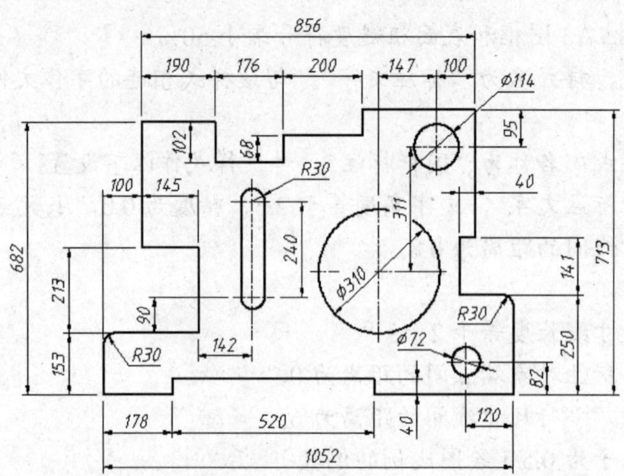

图8-41 尺寸标注练习

2. 打开教学资源文件“项目 8\素材\习题 8-2.dwg”，标注法兰盘零件图，结果如图 8-42 所示。零件图图幅选用 A3 幅面，绘图比例为 1:2，标注字高为 3.5，字体为“gbeitc.shx”，标注总体比例因子为 2。

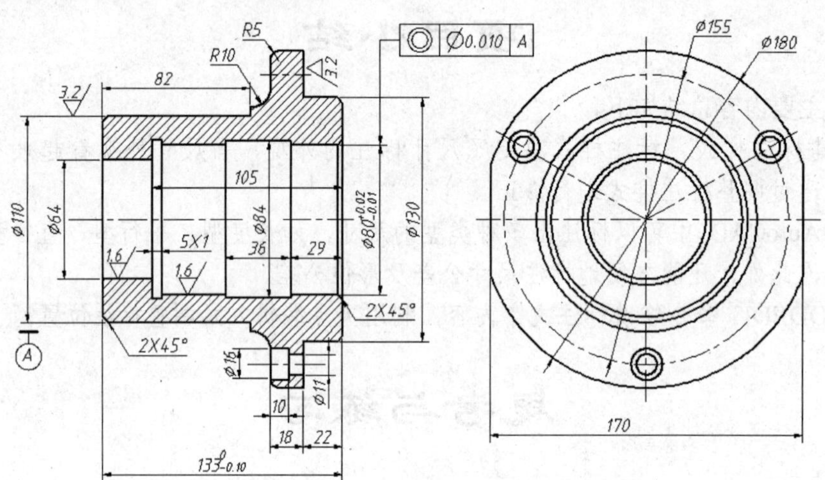

图8-42 标注零件尺寸

项 目 九

绘制零件图

本项目的任务是绘制轴类、盘盖类、叉架类及箱体类零件。

学习目标

- 用 AutoCAD 绘制机械图的一般步骤。
- 在零件图中插入图框及布图。
- 标注零件图尺寸及表面粗糙度代号。
- 绘制轴类、盘盖类、叉架类及箱体类零件的方法及技巧。

任务一 画轴类零件图

【案例9-1】 绘制传动轴零件图，如图 9-1 所示。图例的相关说明如下。

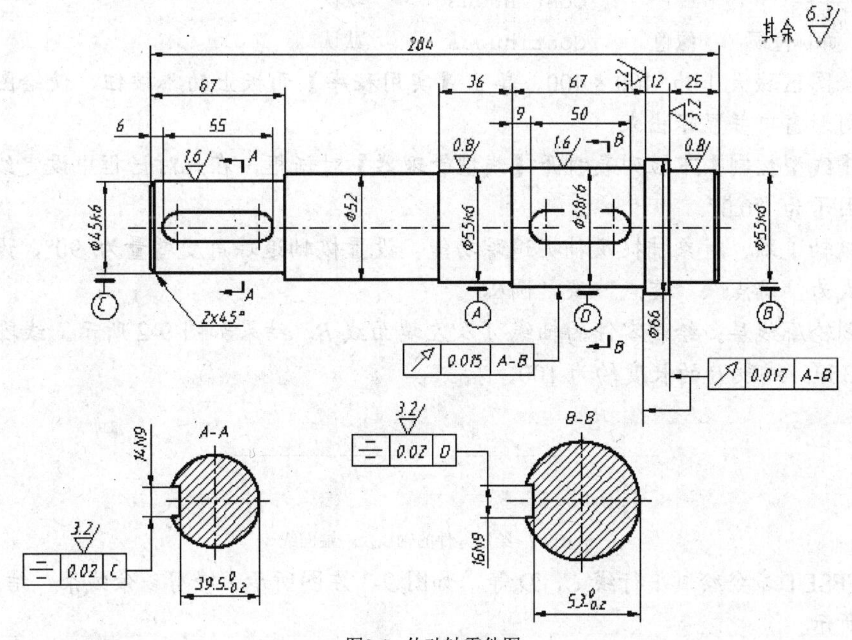

图9-1 传动轴零件图

一、材料

45 号钢。

二、技术要求

(1) 调质处理 190~230HB。

(2) 未注圆角半径 *R*1.5。

(3) 线性尺寸未注公差按 GB1804-m。

三、形位公差

图中形位公差的说明，如表 9-1 所示。

表 9-1　　形位公差

形位公差	说明
↗ | 0.015 | A-B	圆柱面对公共基准轴线的径向跳动公差为 0.015
↗ | 0.017 | A-B	轴肩对公共基准轴线的端面跳动公差为 0.017
⌯ | 0.02 | D	键槽对称面对基准轴线的对称度公差为 0.02

【步骤解析】

1. 创建以下图层。

名称	颜色	线型	线宽
轮廓线层	白色	Continuous	0.5
中心线层	红色	CENTER	默认
剖面线层	绿色	Continuous	默认
文字层	绿色	Continuous	默认
尺寸标注层	绿色	Continuous	默认

2. 设定绘图区域大小为 400×400，单击【实用程序】面板上的按钮，使绘图区域充满整个图形窗口并显示出来。
3. 通过【线型控制】下拉列表打开【线型管理器】对话框，在此对话框中设定线型的全局比例因子为“0.3”。
4. 打开极轴追踪、对象捕捉及捕捉追踪功能。设置极轴追踪角度增量为 90°，设定对象捕捉方式为“端点”、“交点”及“圆心”。
5. 切换到轮廓线层。绘制零件的轴线 *A* 及左端面线 *B*，结果如图 9-2 所示。线段 *A* 的长度约为 350，线段 *B* 的长度约为 100。

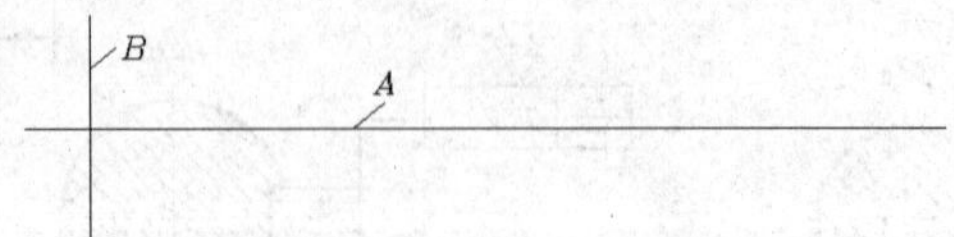

图9-2　绘制零件的轴线及左端面线

6. 用 OFFSET 命令绘制平行线 *C*、*D* 等，如图 9-3 左图所示。修剪多余线条，结果如图 9-3 右图所示。

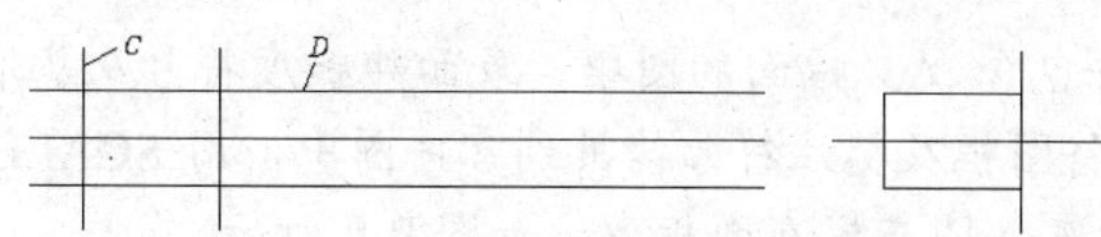

图9-3 绘制平行线并修剪多余线条

7. 用 OFFSET 及 TRIM 命令，绘制图形 *E*，结果如图 9-4 所示。

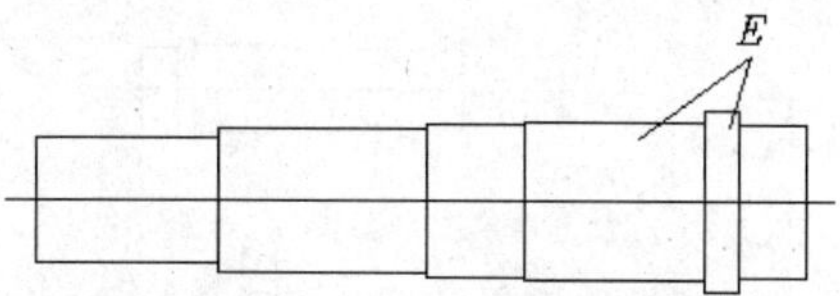

图9-4 绘制图形 *E*

8. 绘制圆的定位线、圆及切线，如图 9-5 左图所示。修剪多余线条，结果如图 9-5 右图所示。

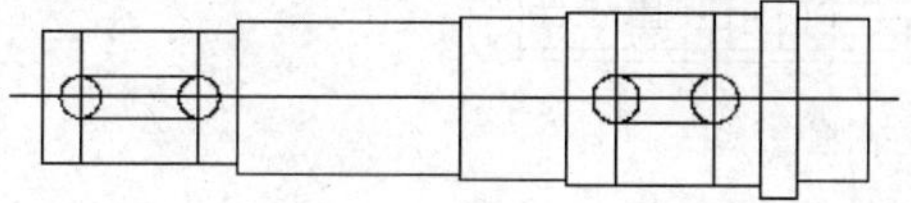

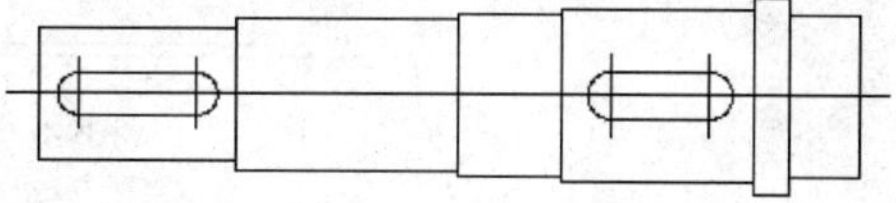

图9-5 绘制圆及切线等

9. 绘制圆的定位线、圆及平行线等，如图 9-6 左图所示。修剪多余线条，结果如图 9-6 右图所示。

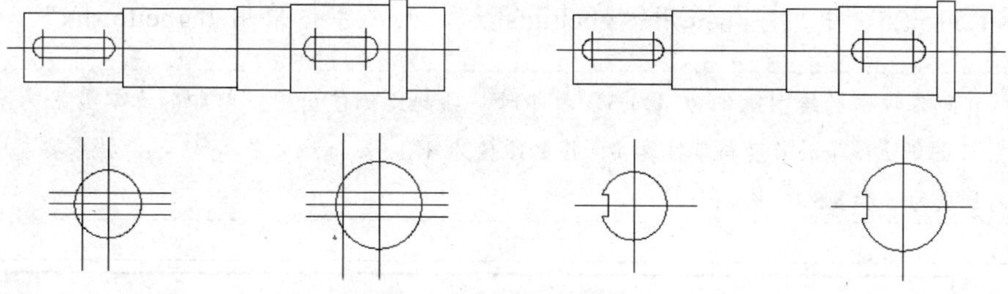

图9-6 绘制圆及平行线等

10. 主要完成以下绘图任务。

(1) 倒圆角及倒角。

(2) 填充剖面图案。

(3) 用 LENGTHEN 命令，调整定位线的长度。

(4) 将轴线、定位线等修改到中心线层上。

结果如图 9-7 所示。

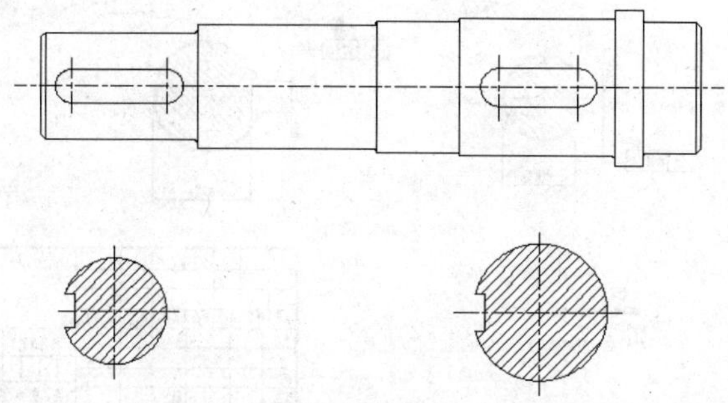

图9-7 填充剖面图案并修饰图形

11. 打开文件“A3.dwg”，该文件包含 A3 幅面的图框、表面粗糙度符号及基准代号。利用 Windows 的复制和粘贴功能将图框及标注符号拷贝到零件图中，用 SCALE 命令缩放它们，缩放比例为 1.5，然后把零件图布置在图框中，如图 9-8 所示。

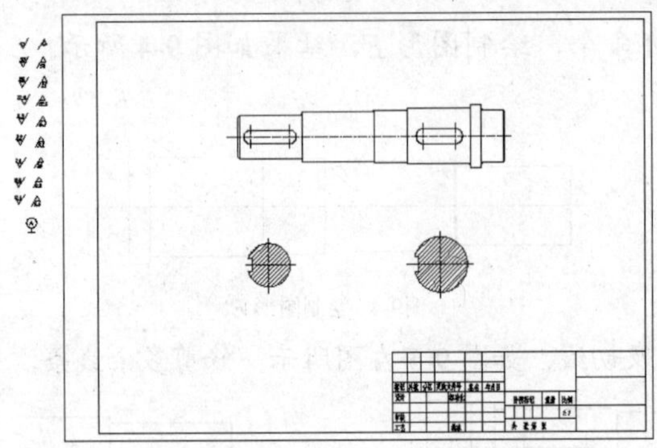

图9-8 把零件图布置在图框中

12. 切换到尺寸标注层，标注尺寸及表面粗糙度，如图 9-9 所示。本图仅为了示意工程图标注后的真实结果。尺寸文字字高为 3.5，标注总体比例因子为 1.5。
13. 切换到文字层，书写技术要求。“技术要求”字高为 5 × 1.5=7.5，其余文字字高为 3.5 × 1.5=5.25，中文字体采用“gbcbig.shx”，西文字体采用“gbeitc.shx”。

提示

此零件图的绘图比例为 1:1.5，打印时将按此比例值出图。打印的真实效果为图纸幅面 A3，图纸上线条的长度与零件真实长度的比值为 1:1.5，标注文本高度 3.5，技术要求中的文字高分别为 5 和 3.5。

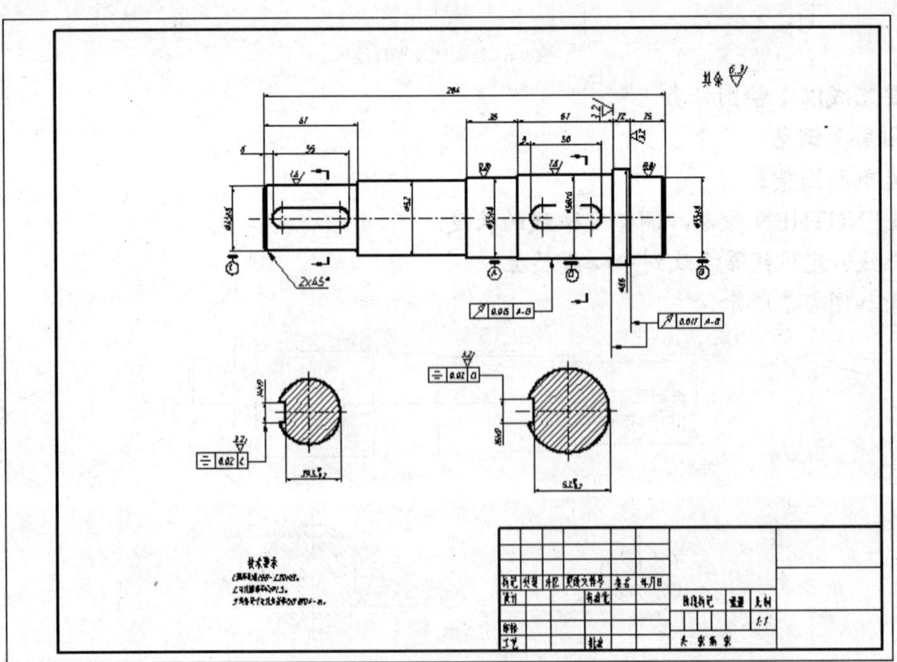

图9-9 标注尺寸、书写文字

任务二 画盘盖类零件图

【案例9-2】 绘制固定圈零件图，如图 9-10 所示。图例的相关说明如下。

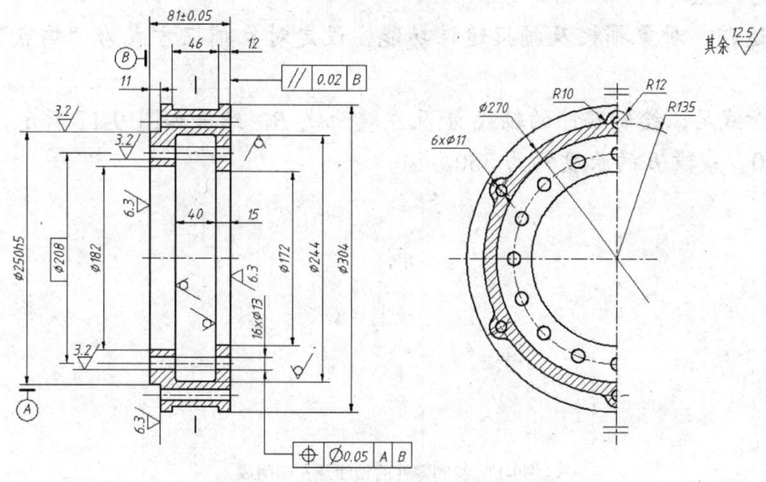

图9-10 固定圈零件图

一、材料

HT200。

二、技术要求

(1) 铸件不得有砂眼、气孔及夹渣等缺陷。

(2) 加工前进行时效处理。

(3) 未注铸造圆角半径 *R*3~5。

三、形位公差

形位公差的说明，如表 9-2 所示。

表 9-2　　　形位公差

形位公差	说明
⊕ Ø0.05 A B	孔的轴线对基准 *A*、*B* 和理想尺寸 *ϕ*208 所确定的理想位置的公差为 0.05
// 0.02 B	零件右端面对基准面 *B* 的平行度公差为 0.02

【步骤解析】

1. 创建以下图层。

名称	颜色	线型	线宽
轮廓线层	白色	Continuous	0.5
中心线层	红色	CENTER	默认
剖面线层	绿色	Continuous	默认
文字层	绿色	Continuous	默认
尺寸标注层	绿色	Continuous	默认

2. 设定绘图区域大小为 500×500，单击【实用程序】面板上的按钮，使绘图区域充满整个图形窗口并显示出来。
3. 通过【线型控制】下拉列表打开【线型管理器】对话框，在此对话框中设定线型的全局比例因子为“0.5”
4. 打开极轴追踪、对象捕捉及捕捉追踪功能。设定对象捕捉方式为“端点”、“交点”和“圆心”。
5. 切换到轮廓线层。绘制零件的轴线 *A* 及左端面线 *B*，结果如图 9-11 所示。线段 *A* 的长度约为 100，线段 *B* 的长度约为 350。

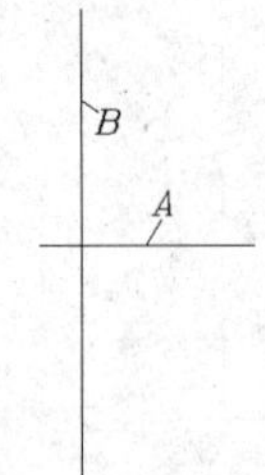

图9-11 绘制零件的轴线及左端面线

6. 用 OFFSET 命令，绘制平行线 *C*、*D* 等，如图 9-12 左图所示。修剪多余线条，结果如图 9-12 右图所示。

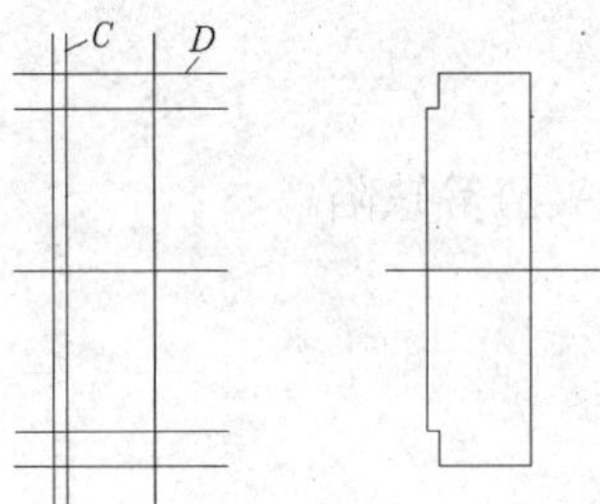

图9-12 绘制平行线并修剪多余线条

7. 绘制平行线，如图 9-13 左图所示。镜像对象，然后修剪多余线条，结果如图 9-13 右图所示。

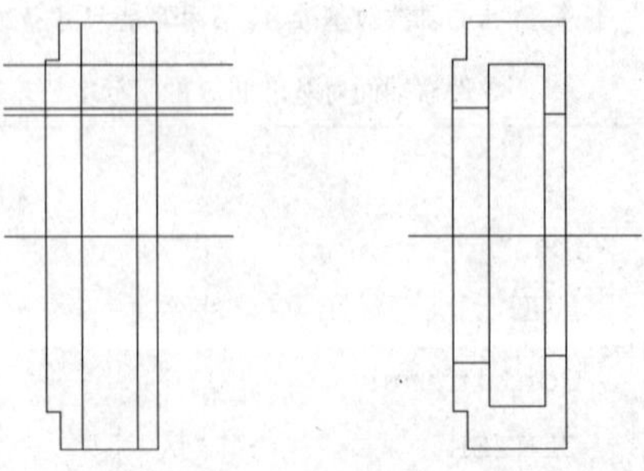

图9-13 绘制平行线并镜像对象等

8. 绘制左视图定位线、水平投影线及圆，结果如图 9-14 所示。

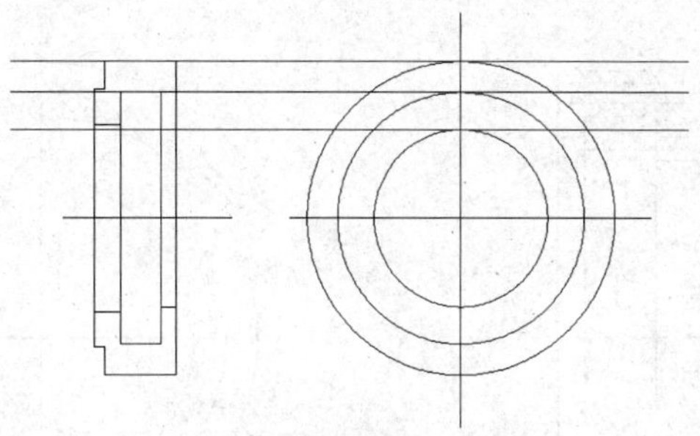

图9-14 绘制水平投影线及圆等

9. 绘制圆，如图 9-15 左图所示。阵列对象，然后修剪多余线条，结果如图 9-15 右图所示。

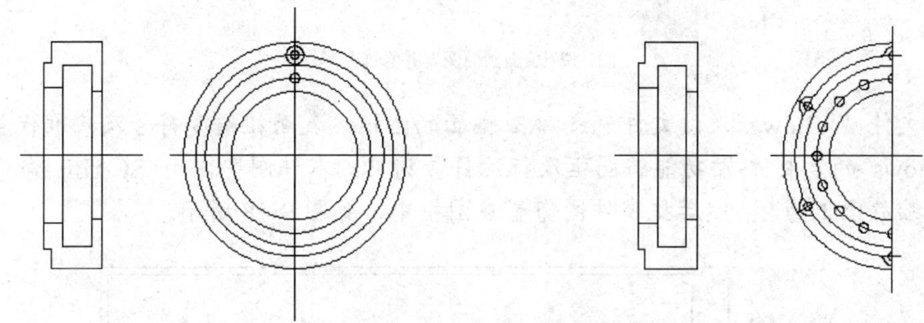

图9-15 绘制圆并阵列对象等

10. 绘制水平投影线及平行线等，如图 9-16 左图所示。修剪多余线条，然后镜像对象，结果如图 9-16 右图所示。

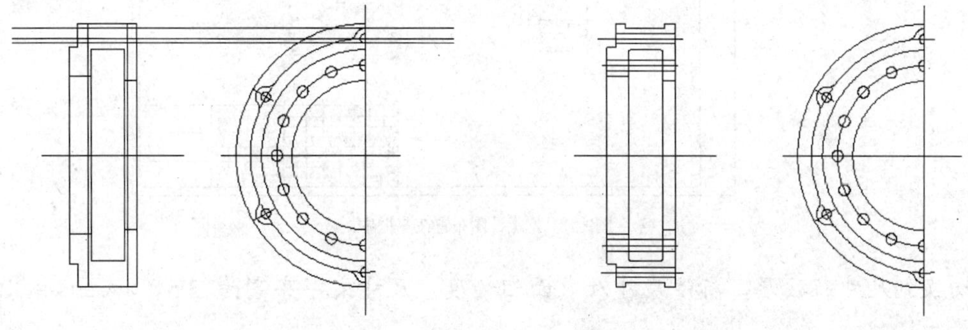

图9-16 绘制水平投影线及平行线等

11. 主要完成以下绘图任务。

(1) 倒圆角。

(2) 填充剖面图案。

(3) 用 LENGTHEN 命令，调整定位线的长度。

(4) 将轴线、定位线等修改到中心线层上。

结果如图 9-17 所示。

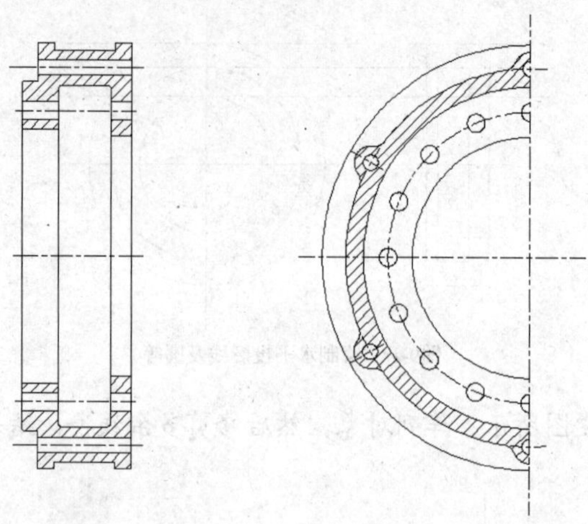

图9-17 填充剖面图案并修饰图形

12. 打开文件“A3.dwg”，该文件包含 A3 幅面的图框、表面粗糙度符号及基准代号。利用 Windows 的复制/粘贴功能将图框及标注符号拷贝到零件图中，用 SCALE 命令缩放它们，缩放比例为 2，然后把零件图布置在图框中，如图 9-18 所示。

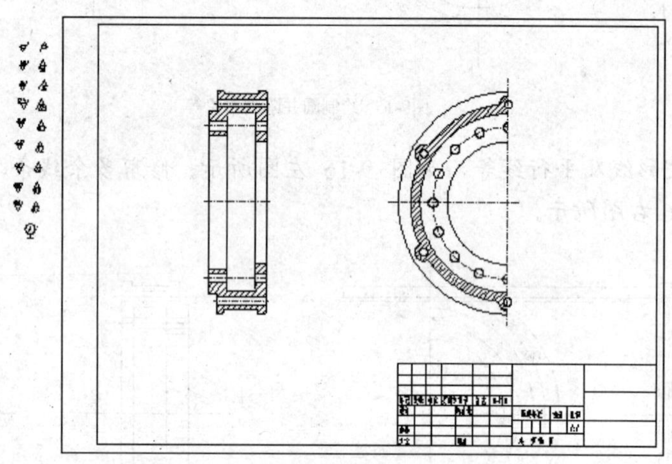

图9-18 把零件图布置在图框中

13. 切换到尺寸标注层，标注尺寸及表面粗糙度。尺寸文字字高为 3.5，标注总体比例因子为 2。

14. 切换到文字层，书写技术要求。“技术要求”字高为 5 × 2=10，其余文字字高为 3.5 × 2=7，中文字体采用“gbcbig.shx”，西文字体采用“gbeitc.shx”。

任务三 画叉架类零件

【案例9-3】 绘制扇形曲柄零件图，如图 9-19 所示。图幅选用 A3，绘图比例为 1∶1.5，尺寸文字字高为 3.5，技术要求中的文字字高分别为 5 和 3.5，中文字体采用“gbcbig.shx”，西文字体采用“gbeitc.shx”。

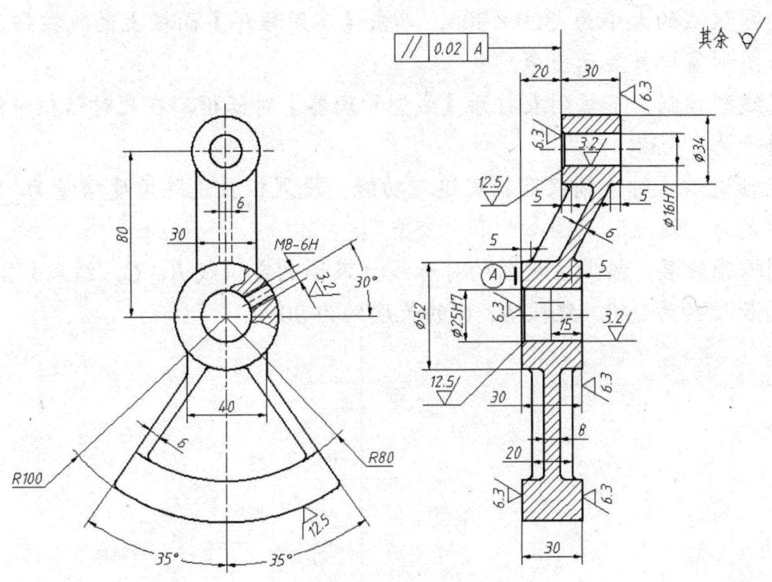

图9-19 扇形曲柄零件图

图例的相关说明如下。

一、材料

HT200。

二、技术要求

(1) 未注铸造圆角为 R2~3。

(2) 未注倒角为 1.5×45°。

(3) 铸件不能有气孔、砂眼及夹渣等缺陷。

(4) 机加工前进行时效处理。

三、形位公差

形位公差的说明，如表 9-3 所示。

表 9-3 形位公差

形位公差	说明
// 0.02 A	被测平面相对于基准平面的平行度公差为 0.02

【步骤解析】

1. 创建以下图层。

名称	颜色	线型	线宽
轮廓线层	白色	Continuous	0.50
中心线层	红色	CENTER	默认
剖面线层	绿色	Continuous	默认
文字层	绿色	Continuous	默认
尺寸标注层	绿色	Continuous	默认

2. 设定绘图区域的大小为 300×300。单击【实用程序】面板上的按钮，使绘图区域充满整个图形窗口并显示出来。
3. 通过【线型控制】下拉列表打开【线型管理器】对话框，在此对话框中设定线型的全局比例因子为“0.3”。
4. 打开极轴追踪、对象捕捉及捕捉追踪功能。设置极轴追踪角度增量为“90”，设定对象捕捉方式为“端点”、“圆心”和“交点”。
5. 切换到轮廓线层。绘制主视图的对称线 *A* 及圆的定位线 *B*、*C*，结果如图 9-20 所示。线段 *A* 的长度约为 240，线段 *B*、*C* 的长度约为 90。

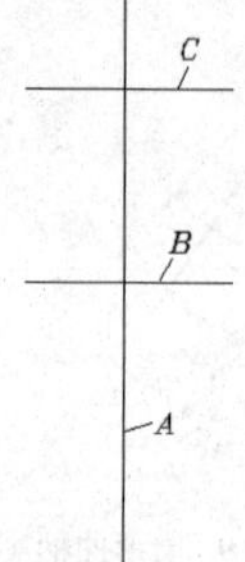

图9-20 绘制主视图的对称线及圆的定位线

6. 绘制圆及平行线，如图 9-21 左图所示。修剪多余线条，结果如图 9-21 右图所示。

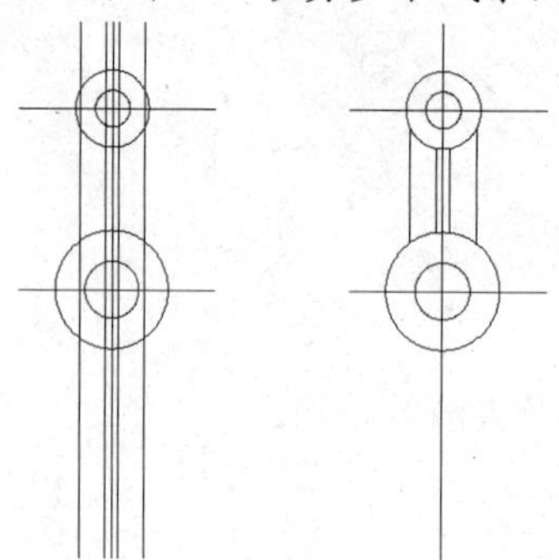

图9-21 绘制圆及平行线等并修剪多余线条

7. 绘制圆、平行线及斜线，如图 9-22 左图所示。修剪多余线条，然后镜像对象，结果如图 9-22 右图所示。

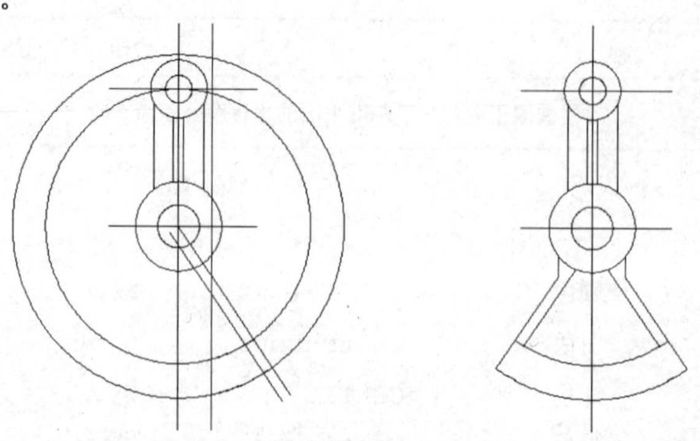

图9-22 绘制圆、斜线及镜像对象等

8. 绘制水平投影线及平行线，如图 9-23 左图所示。修剪多余线条，结果如图 9-23 右图所示。

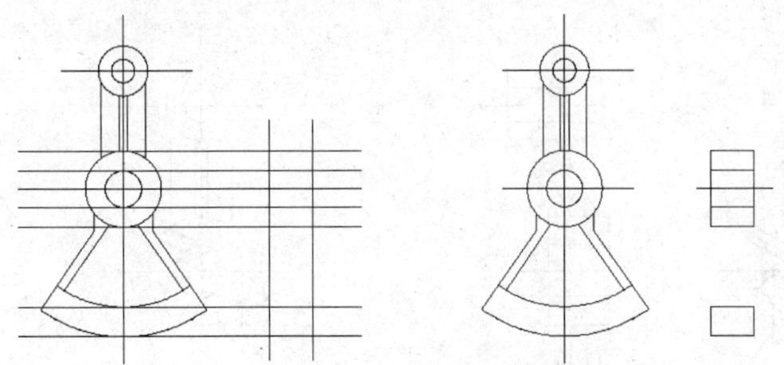

图9-23 绘制水平投影线及平行线等并修剪多余线条

9. 绘制平行线，如图 9-24 左图所示。修剪多余线条，结果如图 9-24 右图所示。

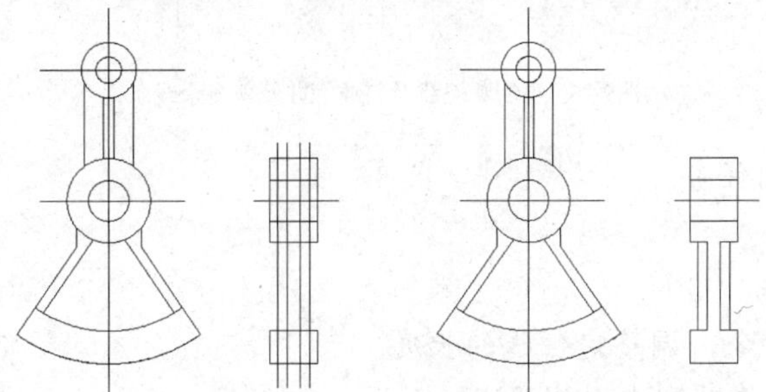

图9-24 绘制平行线并修剪多余线条

10. 绘制水平投影线及平行线等，如图 9-25 左图所示。修剪多余线条，结果如图 9-25 右图所示。

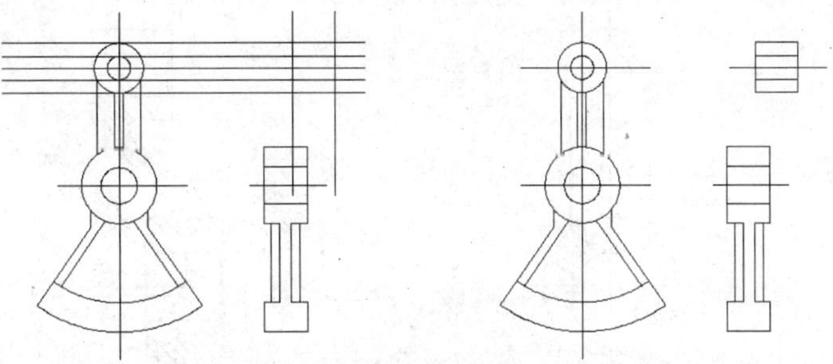

图9-25 绘制水平投影线及平行线等并修剪多余线条

11. 绘制斜线，如图 9-26 左图所示。修剪多余线条，结果如图 9-26 右图所示。

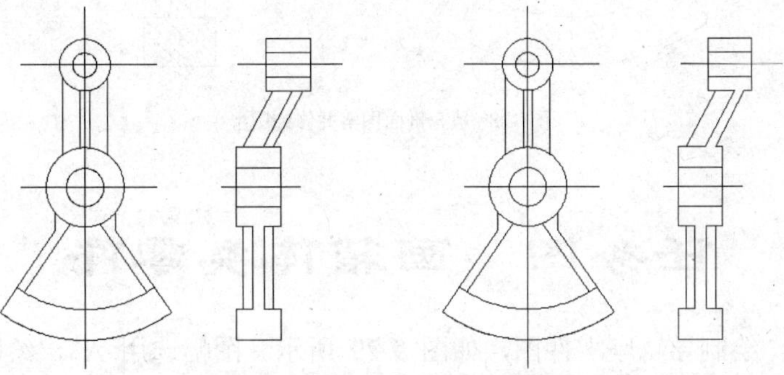

图9-26 绘制斜线并修剪多余线条

12. 绘制断裂线及斜线，如图 9-27 左图所示。修剪多余线条，结果如图 9-27 右图所示。

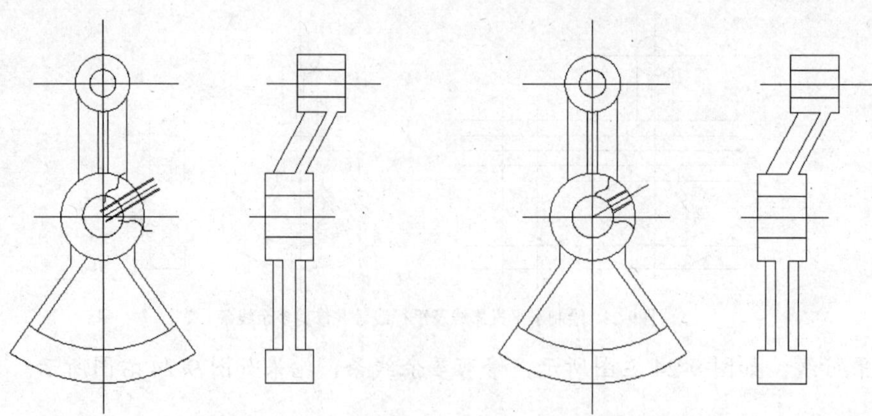

图9-27 绘制断裂线及斜线等并修剪多余线条

13. 主要完成以下绘图任务。

(1) 倒圆角及倒角。

(2) 填充剖面图案。

(3) 用 LENGTHEN 命令，调整定位线的长度。

(4) 将轴线、定位线等修改到中心线层上。

结果如图 9-28 所示。

14. 插入图框、标注尺寸并书写文字。

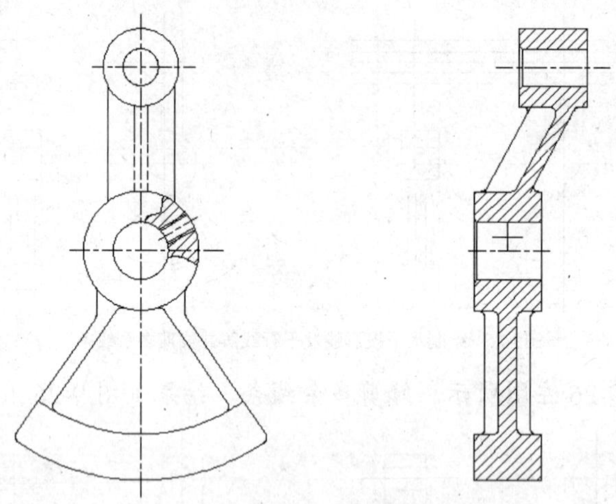

图9-28 填充剖面图案并修饰图形

任务四 画箱体类零件

【案例9-4】 绘制导轨座零件图，如图 9-29 所示。图幅选用 A3，绘图比例为 1:1.5，尺寸文字字高为 3.5，技术要求中的文字字高分别为 5 和 3.5，中文字体采用“gbcbig.shx”，西文字体采用“gbeitc.shx”。

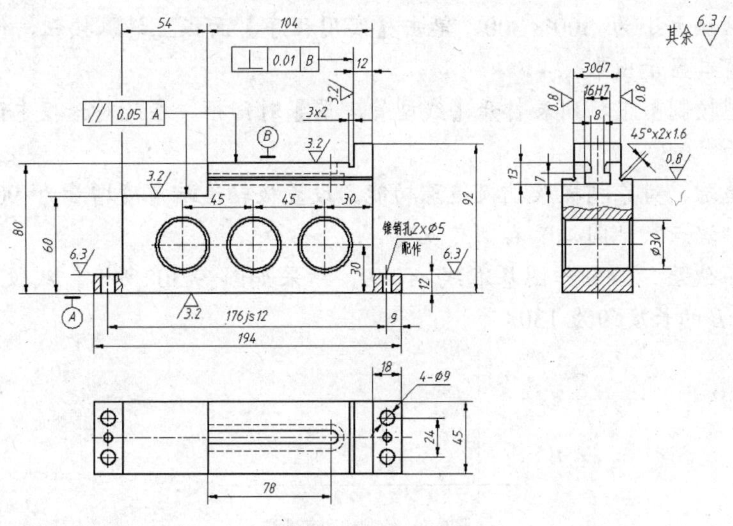

图9-29　导轨座零件图

图例的相关说明如下。

一、材料

20Cr。

二、技术要求

(1) 表面渗碳 0.8~1.2，淬火硬度 58~62HRC。

(2) 未注倒角 2×45°。

(3) 线性尺寸未注公差按 GB1804-m。

(4) 未注形位公差按 GB1184-H。

三、形位公差

图中形位公差的说明，如表 9-4 所示。

表 9-4　　形位公差

形位公差	说明
// 0.05 A	被测表面对基准面的平行度公差为 0.05
⊥ 0.01 B	被测表面对基准面的垂直度公差为 0.01

【步骤解析】

1. 创建以下图层。

名称	颜色	线型	线宽
轮廓线层	白色	Continuous	0.50
中心线层	红色	Center	默认
虚线层	黄色	Dashed	默认
剖面线层	绿色	Continuous	默认
文字层	绿色	Continuous	默认
尺寸标注层	绿色	Continuous	默认

2. 设定绘图区域大小为 300×300，单击【实用程序】面板上的按钮，使绘图区域充满整个图形窗口显示出来。
3. 通过【线型控制】下拉列表打开【线型管理器】对话框，在此对话框中设定线型的全局比例因子为“0.3”。
4. 打开极轴追踪、对象捕捉及捕捉追踪功能。设置极轴追踪角度增量为 90°，设定对象捕捉方式为“端点”、“圆心”和“交点”。
5. 切换到轮廓线层。绘制作图基准线 *A*、*B*，结果如图 9-30 所示。线段 *A* 的长度约为 230，线段 *B* 的长度约为 130。

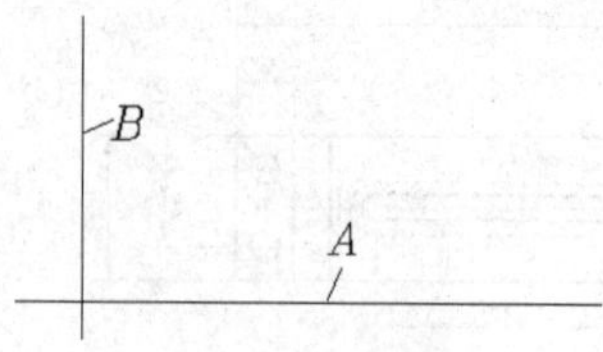

图9-30 绘制作图基准线

6. 绘制平行线，如图 9-31 左图所示。修剪多余线条，结果如图 9-31 右图所示。

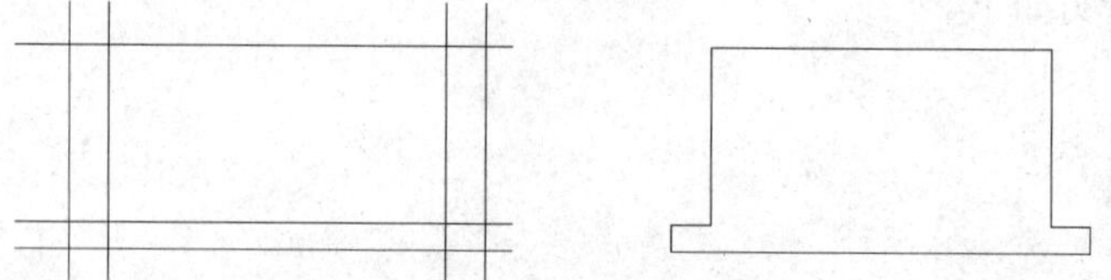

图9-31 绘制平行线并修剪多余线条（1）

7. 绘制平行线，如图 9-32 左图所示。修剪多余线条，结果如图 9-32 右图所示。

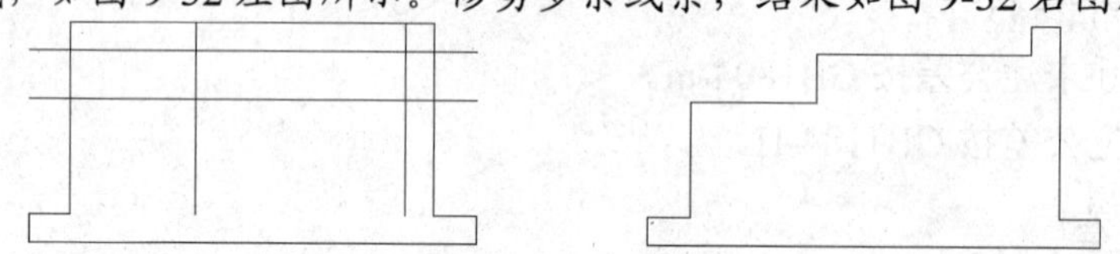

图9-32 绘制平行线并修剪多余线条（2）

8. 绘制圆的定位线及圆，如图 9-33 左图所示。修剪及打断多余线条，结果如图 9-33 右图所示。

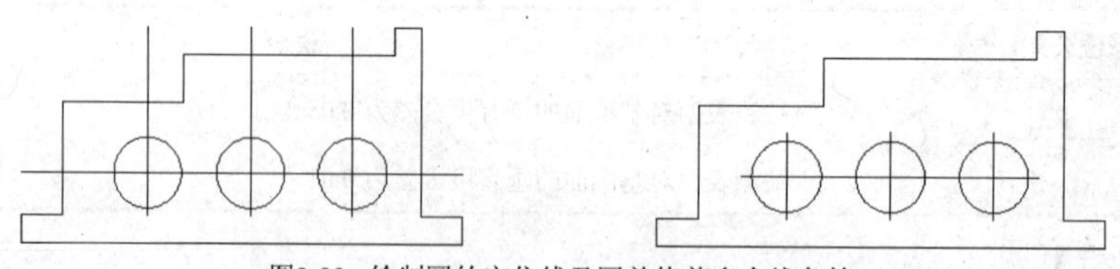

图9-33 绘制圆的定位线及圆并修剪多余线条等

9. 绘制水平投影线及左视图对称线，结果如图 9-34 所示。

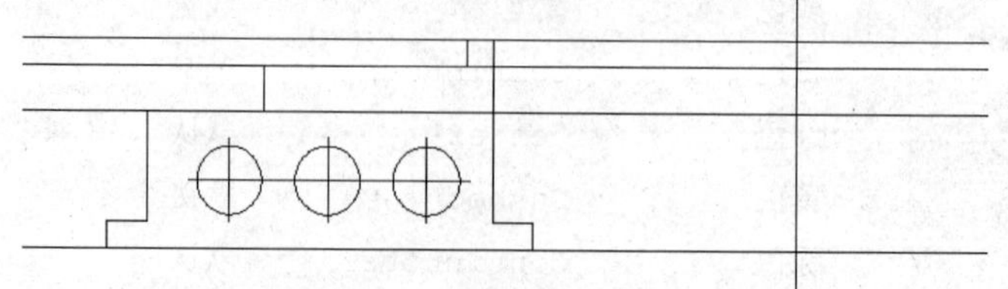

图9-34 绘制水平投影线及左视图对称线

10. 绘制平行线，如图 9-35 左图所示。修剪多余线条，结果如图 9-35 右图所示。

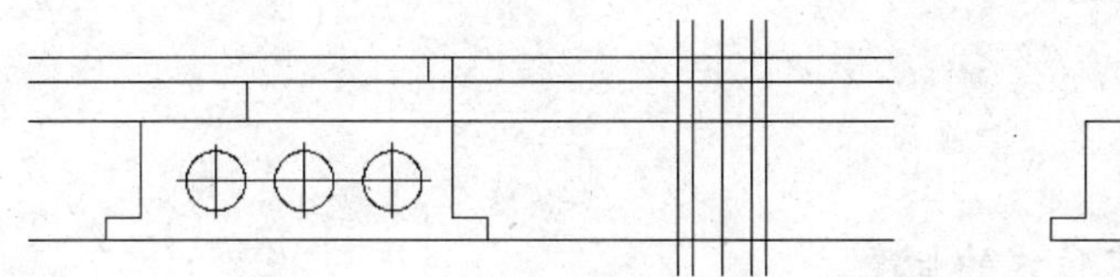

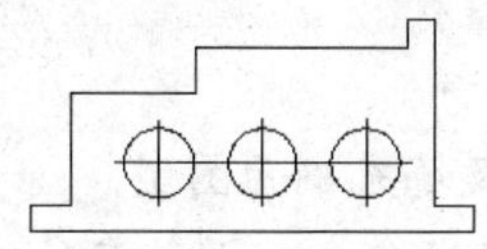

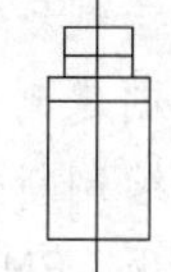

图9-35　绘制平行线并修剪多余线条

11. 绘制水平投影线及平行线，如图 9-36 左图所示。修剪多余线条，结果如图 9-36 右图所示。

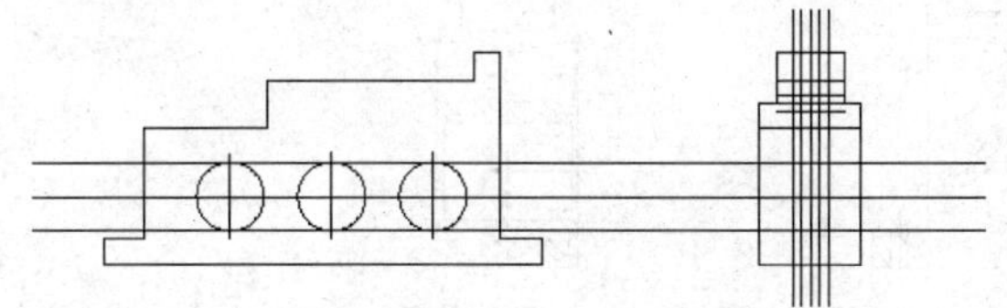

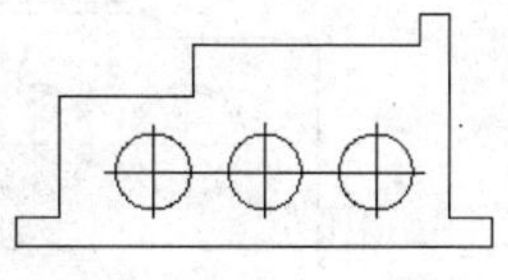

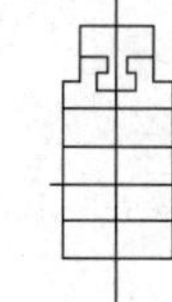

图9-36　绘制水平投影线及平行线并修剪多余线条

12. 绘制竖直投影线及平行线，如图 9-37 左图所示。修剪多余线条，结果如图 9-37 右图所示。

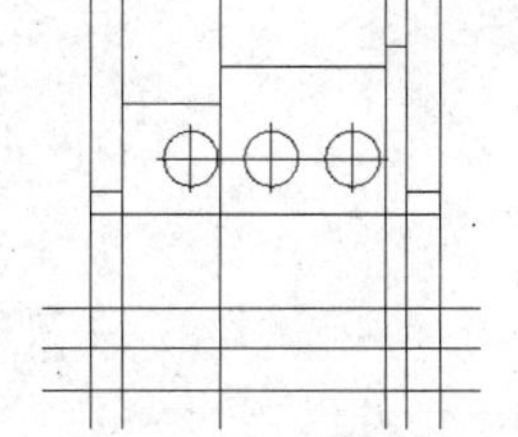

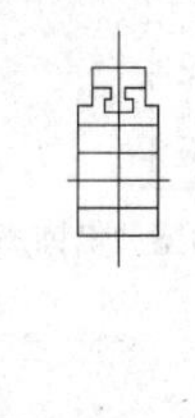

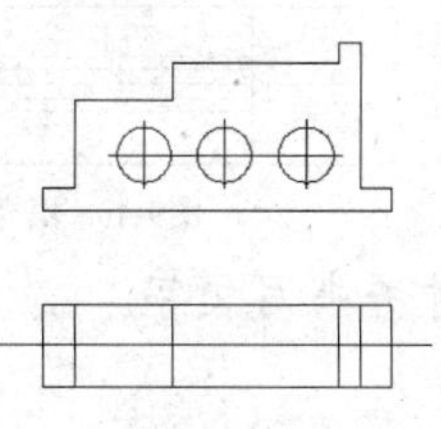

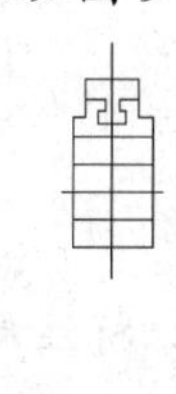

图9-37　绘制竖直投影线及平行线并修剪多余线条

13. 绘制平行线及圆，如图 9-38 左图所示。修剪及打断多余线条，结果如图 9-38 右图所示。

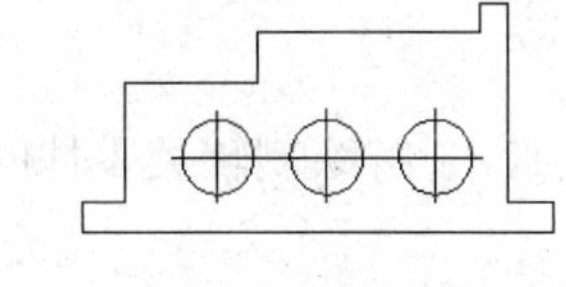

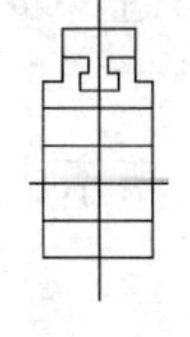

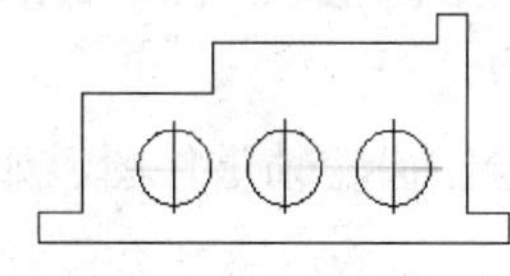

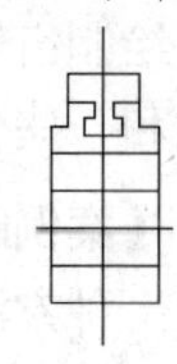

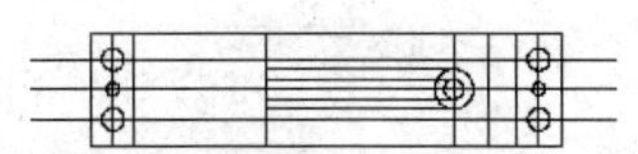

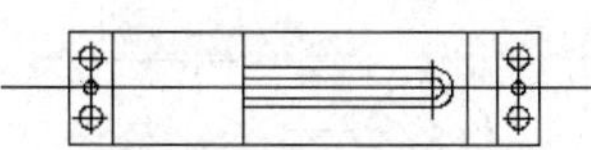

图9-38　绘制平行线及圆并修剪多余线条等

14. 绘制投影线，如图 9-39 左图所示。修剪及打断多余线条，结果如图 9-39 右图所示。

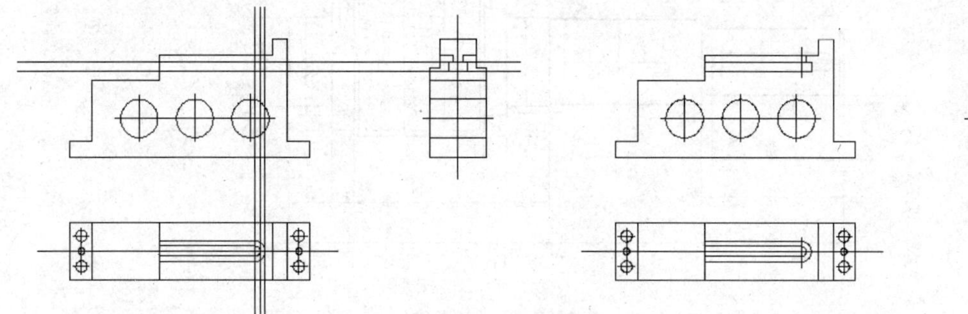

图9-39　绘制投影线并修剪及打断多余线条

15. 主要完成以下绘图任务。

(1) 绘制砂轮越程槽。

(2) 创建倒角。

(3) 绘制断裂线及填充剖面图案。

(4) 用 LENGTHEN 命令，调整定位线的长度。

(5) 将轴线、定位线等修改到中心线层上。

结果如图 9-40 所示。

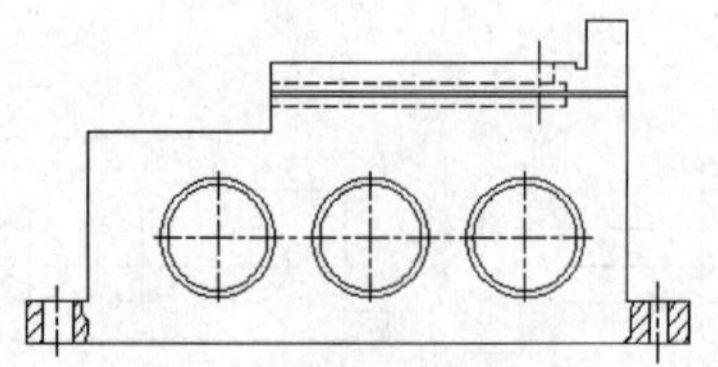

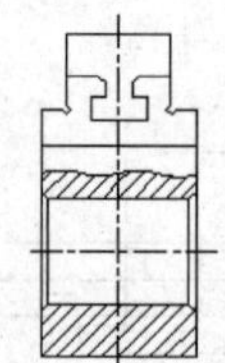

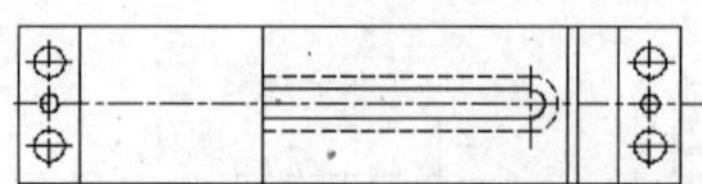

图9-40 填充剖面图案并修饰图形

16. 插入图框、标注尺寸并书写文字。

实训——绘制典型零件

绘制齿轮轴、扇形齿轮零件图，目的是使读者进一步掌握用 AutoCAD 绘制典型零件的方法和一些作图技巧。

【案例9-5】 绘制齿轮轴零件图，如图 9-41 所示。通过练习，了解绘制轴类零件的另一种方法。

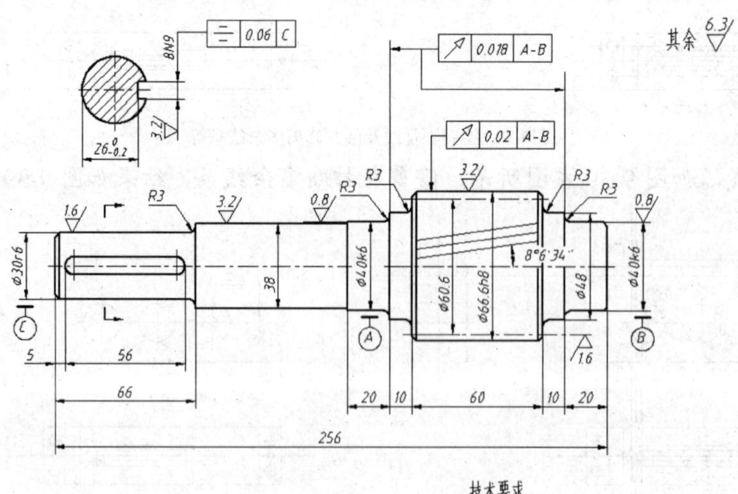

图9-41 齿轮轴零件图

主要作图步骤，如图 9-42 所示。

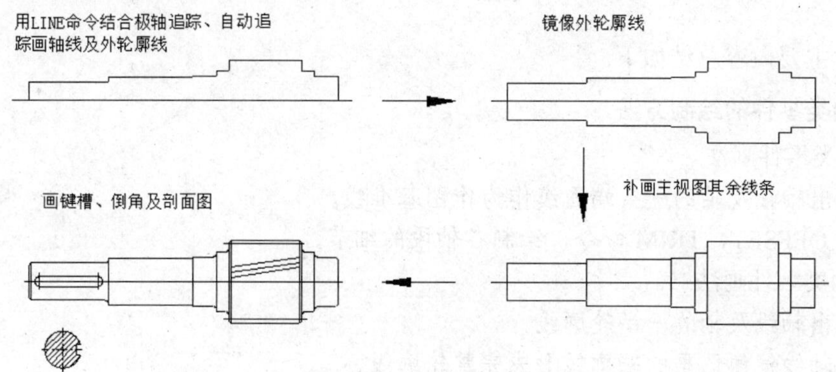

图9-42 作图步骤

【案例9-6】 绘制扇形齿轮零件图，如图 9-43 所示。

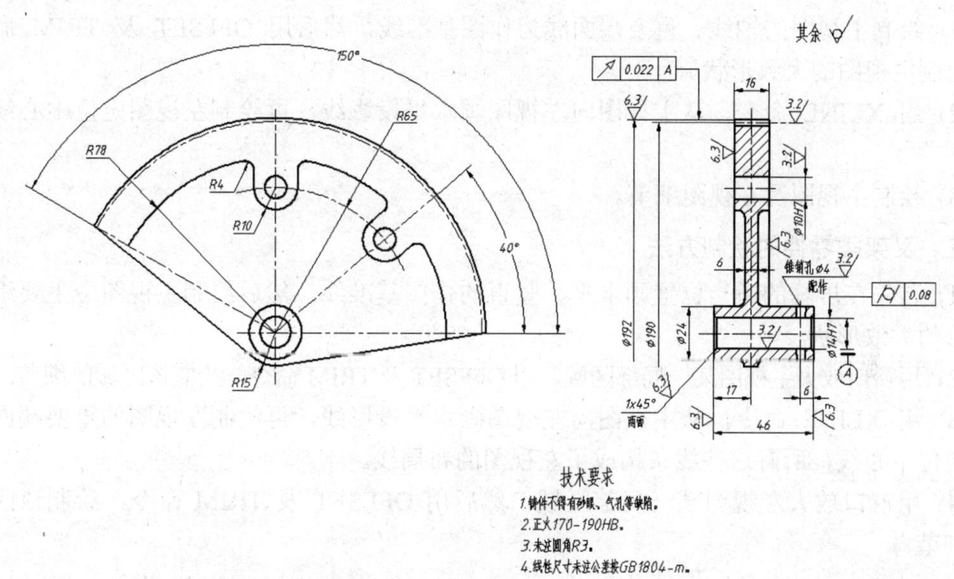

图9-43 扇形齿轮零件图

主要作图步骤，如图 9-44 所示。

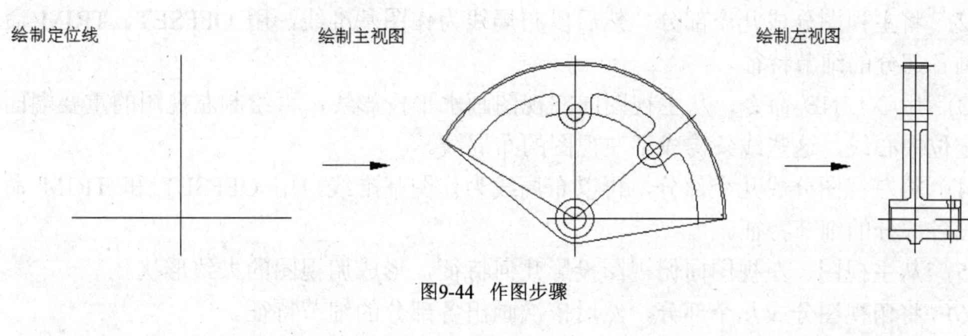

图9-44 作图步骤

项目小结

本项目主要内容总结如下。

一、轴类零件的绘制方法

(1) 轴类零件画法一。

- 画出轴线及轴的一条端面线作为作图基准线。
- 用 OFFSET、TRIM 命令，绘制各轴段的细节。

(2) 轴类零件画法二。

- 画出轴线及轴的一半轮廓线。
- 沿轴线镜像已画的轮廓线形成完整轮廓线。

(3) 绘制轴的剖面图。

(4) 画局部放大图。

二、盘盖类零件的绘制方法

(1) 绘制主视图的轴线、重要端面线为作图基准线，然后用 OFFSET 及 TRIM 命令，绘制主视图的大致形状。

(2) 用 XLINE 命令，从主视图向左视图画水平投影线，再绘制左视图定位中心线及圆。

(3) 绘制主视图及左视图细节。

三、叉架类零件的绘制方法

(1) 首先在屏幕的适当位置画水平、竖直的作图基准线，然后绘制主视图中主要组成部分的大致形状。

(2) 用窗口放大主视图某一局部区域，用 OFFSET 及 TRIM 命令，绘制该区域的细节。

(3) 用 XLINE 命令，从主视图向左视图画水平投影线，再绘制左视图的重要端面线及定位中心线，所有这些线条构成了左视图的布局线。

(4) 用窗口放大左视图某一局部区域，然后用 OFFSET 及 TRIM 命令，绘制该区域的细节。

四、箱体类零件的绘制方法

(1) 由主视图入手，用 LINE、OFFSET 和 TRIM 命令，画主视图的重要轴线、端面线等，这些线条形成了主视图的主要布局线。

(2) 将主视图分成几个部分，然后以布局线为作图基准线，用 OFFSET、TRIM 命令，画各部分的细节特征。

(3) 用 XLINE 命令，从主视图向左视图画水平投影线，再绘制左视图的重要端面线及定位中心线，这些线条构成了左视图的布局线。

(4) 将左视图分成几个部分，再以布局线为作图基准线，用 OFFSET 和 TRIM 命令，画各部分的细节特征。

(5) 从主视图、左视图向俯视图投影几何特征，形成俯视图的大致形状。

(6) 将俯视图分成几个部分，然后依次画出各部分的细节特征。

思考与练习

1. 绘制矩形花键套零件图，如图 9-45 所示。

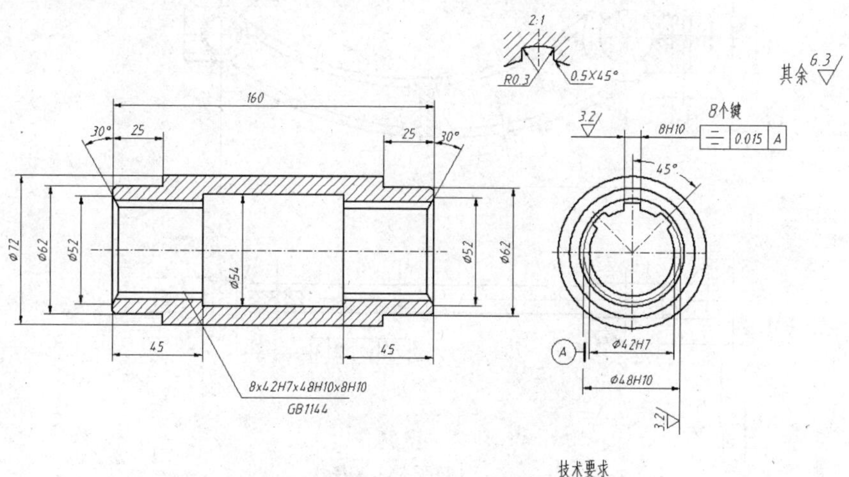

图9-45 矩形花键套零件图

2. 绘制定位盘零件图，如图 9-46 所示。

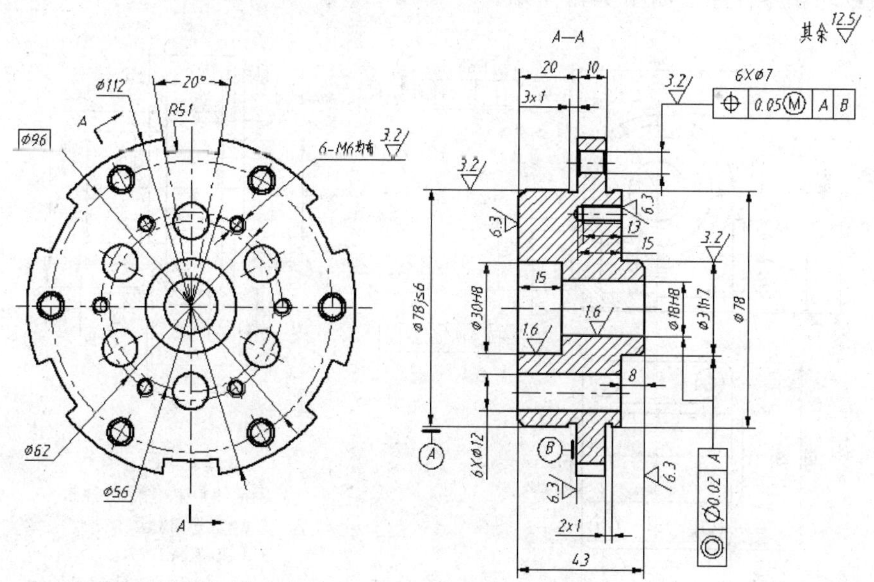

技术要求

1. 高频淬火59-64HRC。
2. 未注倒角2x45°。
3. 线性尺寸未注公差按GB1804-f。
4. 未注形位公差按GB1184-80，查表按B级。

图9-46 调整架零件图

3. 绘制弧形连杆零件图，如图 9-47 所示。

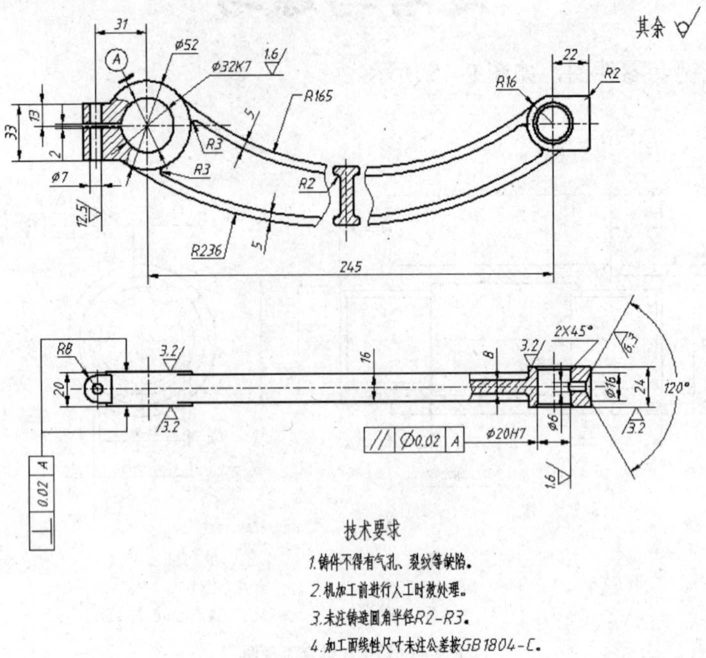

图9-47 弧形连杆零件图

4. 绘制蜗轮箱零件图，如图 9-48 所示。

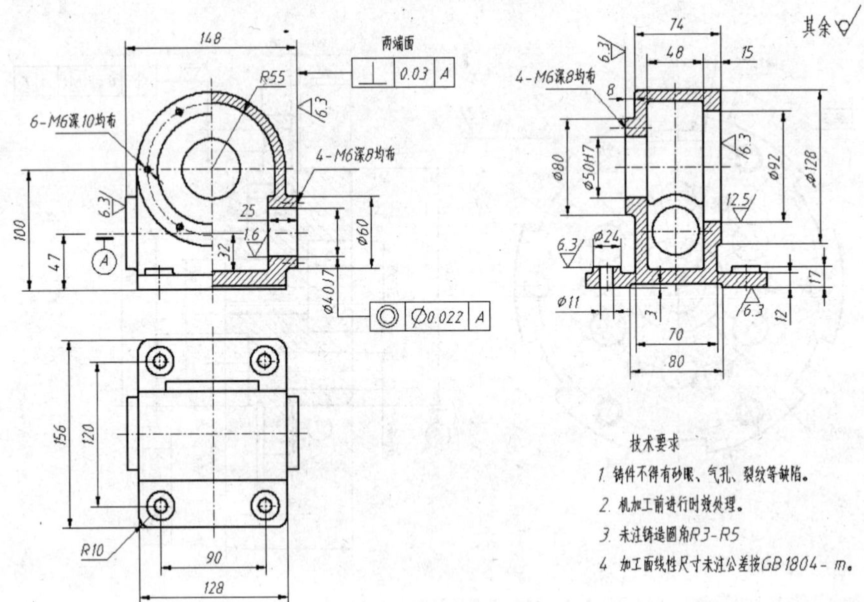

图9-48 蜗轮箱零件图

项 目 十

绘制装配图

本项目的任务是绘制图 10-1 所示的球阀装配图。首先插入零件图及标准件，然后标注零件序号并填写明细表。

【案例10-1】 绘制如图 10-1 所示的球阀装配图。

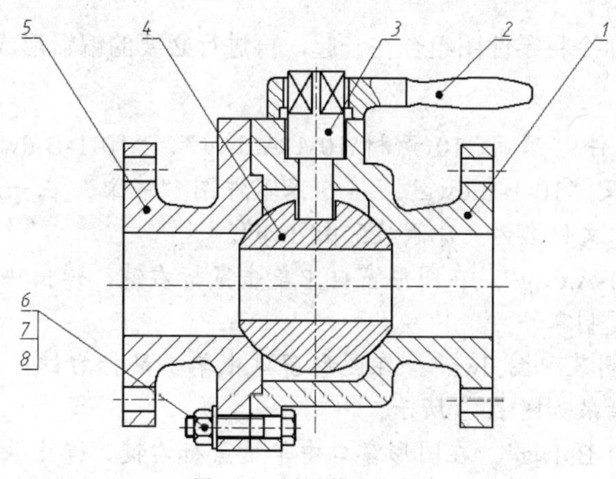

图10-1 画直线构成的图形

学习目标

- 由零件图组合装配图。
- 给装配图中的零件编号。
- 编写零件明细表。
- 根据装配图拆画零件图。
- 检验零件间装配尺寸的正确性。

任务 由零件图组合装配图

将零件及标准件组合成装配图，如图 10-2 所示，然后给装配图中的零件编号，编写零件明细表。

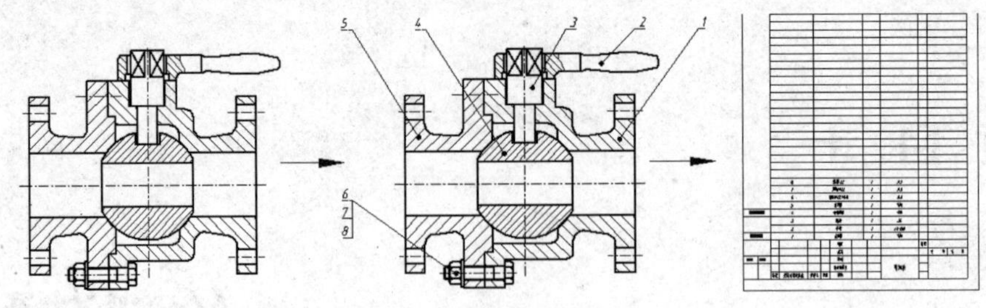

图10-2 绘图过程

一、利用复制及粘贴功能插入零件图及标准件

若已绘制了机器或部件的所有零件图，当需要一张完整的装配图时，可以考虑利用零件图来拼画装配图，这样能避免重复劳动，提高工作效率。拼画装配图的方法如下。

(1) 创建一个新文件。

(2) 打开所需的零件图，关闭尺寸所在的图层，利用复制及粘贴功能将零件图复制到新文件中。

(3) 利用MOVE命令将零件图组合在一起，再进行必要的编辑形成装配图。

【步骤解析】

1. 打开教学资源文件“项目10\素材\10-1-A.dwg”、“10-1-B.dwg”、“10-1-C.dwg”、“10-1-D.dwg”及“10-1-E.dwg”。将5张零件图“装配”在一起形成装配图。
2. 创建新图形文件，文件名为“球阀装配图.dwg”。
3. 切换到图形“10-1-A.dwg”。在图形窗口中单击鼠标右键，弹出快捷菜单，选择【带基点复制】选项，复制零件。
4. 切换到图形“球阀装配图.dwg”。在图形窗口中单击鼠标右键，弹出快捷菜单，选择【粘贴】选项，结果如图10-3所示。
5. 切换到图形“10-1-B.dwg”。在图形窗口中单击鼠标右键，弹出快捷菜单，选择【带基点复制】选项，以主视图左上角点为基点复制零件。
6. 切换到图形“球阀装配图.dwg”。在图形窗口中单击鼠标右键，弹出快捷菜单，选择【粘贴】选项，指定A点为插入点。删除多余线条，结果如图10-4所示。

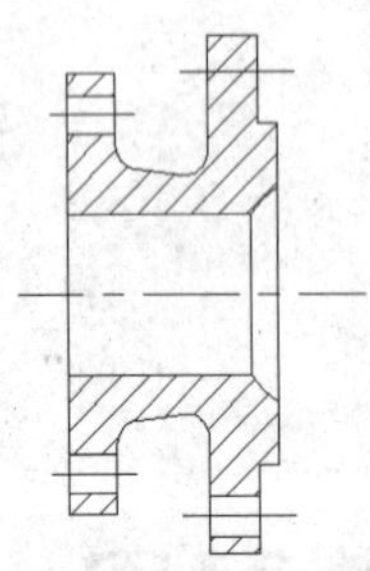
图10-3 装配“10-1-A”零件

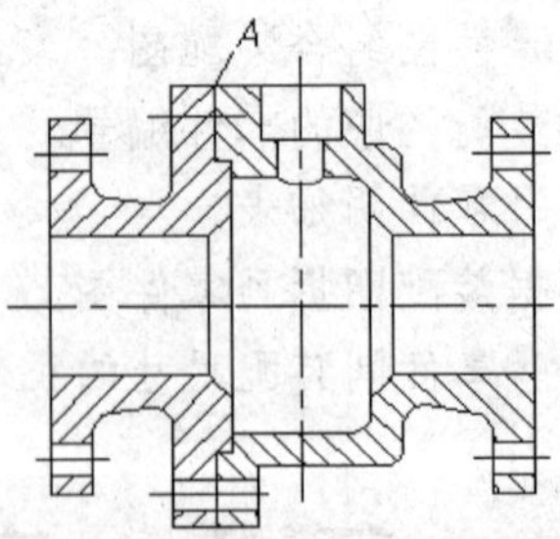

图10-4 装配“10-1-B”零件

7. 用与上述类似的方法将零件图“10-1-C.dwg”、“10-1-D.dwg”与“10-1-E.dwg”插入装配图中，每插入一个零件后都要作适当的编辑，不要把所有的零件都插入后再修改，这样由于图线太多，修改将变得很困难，结果如图10-5所示。

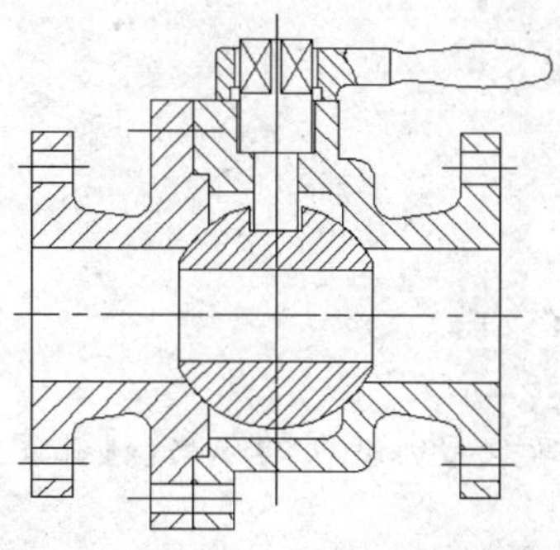

图10-5 装配“10-1-C”、“10-1-D”与“10-1-E”零件

8. 打开教学资源文件“项目 10\素材\标准件.dwg”，将该文件中的 M12 螺栓、螺母、垫圈等标准件复制到“球阀装配图.dwg”中，如图 10-6 左图所示。用 STRETCH 命令，将螺栓拉长，然后用 ROTATE 和 MOVE 命令，将这些标准件装配到正确的位置，结果如图 10-6 右图所示。

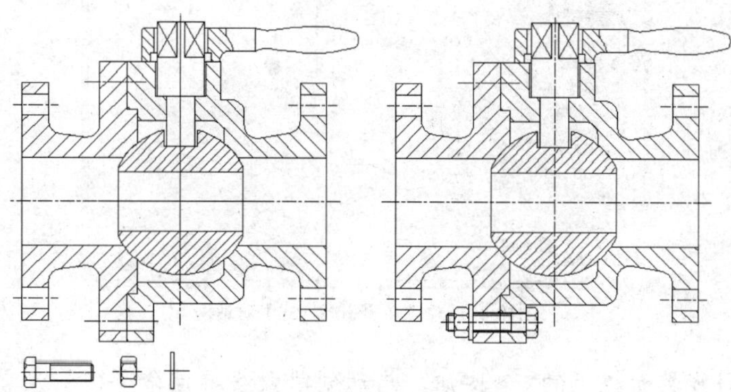

图10-6 装配标准件

二、标注零件序号

使用 MLEADER 命令可以很方便地创建带下画线或带圆圈形式的零件序号，如图 10-7 所示。生成序号后，用户可以通过夹点编辑方式，调整引线或序号数字的位置。

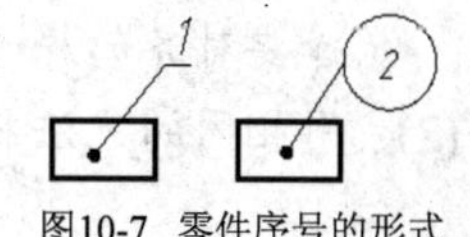

图10-7 零件序号的形式

【步骤解析】

1. 单击【多重引线】面板上的按钮，弹出【多重引线样式管理器】对话框，再单击 修改(M)... 按钮，弹出【修改多重引线样式】对话框，如图 10-8 所示。在该对话框中完成以下设置。

- 【引线格式】选项卡

- 【引线结构】选项卡

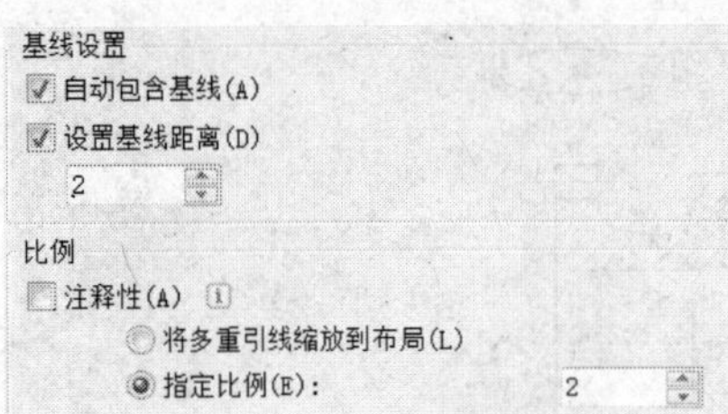

文本框中的数值 2 表示下画线与引线间的距离，【指定比例】栏中的数值等于绘图比例的倒数。

- 【内容】选项卡

设置选项如图 10-8 所示。其中【基线间隙】文本框中的数值表示下画线的长度。

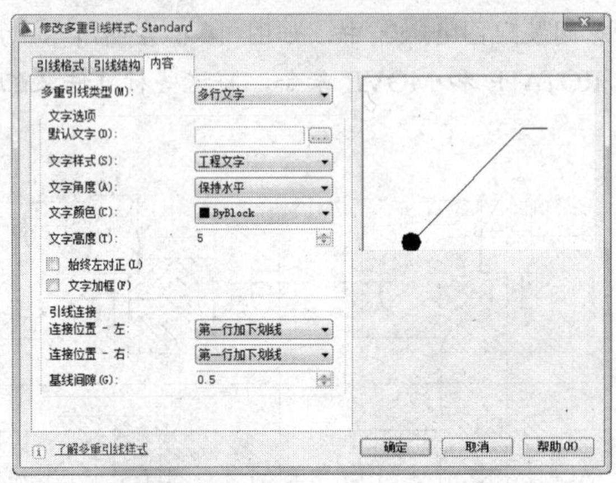

图10-8 【修改多重引线样式】对话框

2. 单击【多重引线】面板上的按钮，启动创建引线标注命令，标注零件序号，结果如图 10-9 所示。
3. 对齐零件序号。

(1) 单击【多重引线】面板上的按钮，选择零件序号 1、2、4、5，按 Enter 键，然后选择要对齐的序号 3 并指定水平方向为对齐方向，结果如图 10-10 所示。

(2) 用相同的方法将序号 6、7 及 8 与序号 5 在竖直方向上对齐，结果如图 10-10 所示。

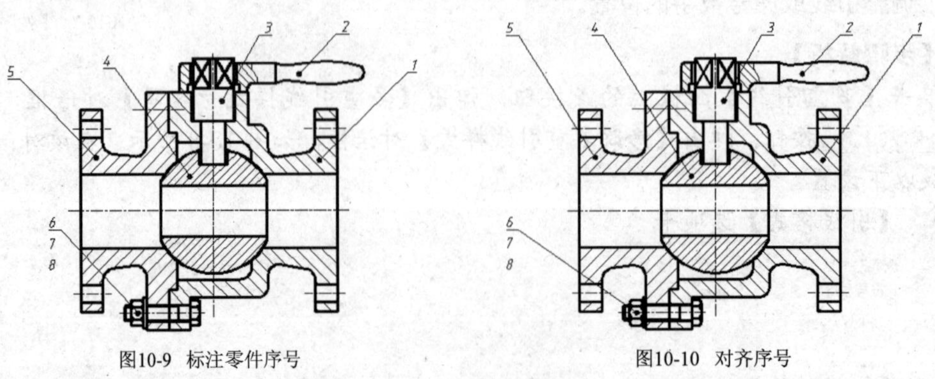

图10-9 标注零件序号

图10-10 对齐序号

4. 用 LINE 命令，给序号 7、8 添加引线，结果如图 10-11 所示。

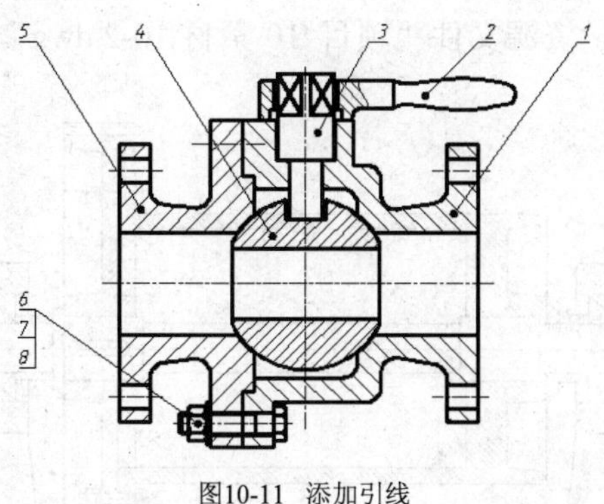

图10-11 添加引线

三、编写零件明细表

用户可以事先创建空白表格对象并保存在一个文件中，当要编写零件明细表时，打开该文件，然后填写表格对象。

【步骤解析】

打开教学资源文件“项目 10\素材\明细表.dwg”，该文件包含一个零件明细表。此表是表格对象，通过双击其中一个单元就可以填写文字，填写结果，如图 10-12 所示。

	8	垫圈 12	1	A3		
	7	螺母M12	1	A3		
	6	螺栓M12X50	1	A3		
	5	左阀体	1	青铜		
旧底图总号	4	球形阀瓣	1	黄铜		
	3	阀杆	1	35		
	2	手柄	1	Ht150		
底图总号	1	右阀体	1	青铜		

						制定			标记	
						缩写				共 页 第 页
签名	日期					校对		明细表		
						标准化检查				
		标记	更改内容或依据	更改人	日期	审核				

图10-12 编写零件明细表

知识拓展

以下介绍根据装配图拆画零件图，检验零件间装配尺寸的正确性。

一、根据装配图拆画零件图

绘制了精确的机器或部件的装配图后，就可以利用 AutoCAD 的复制及粘贴功能，从该图拆画零件图，具体过程如下。

- 将结构图中某个零件的主要轮廓复制到剪贴板上。
- 通过样板文件创建一个新文件，然后将剪贴板上的零件图粘贴到当前文件中。
- 在已有零件图的基础上进行详细的结构设计，要求精确地进行绘制，以便以后利用零件图检验装配尺寸的正确性。

【案例10-2】 打开教学资源文件“项目 10\素材\10-2.dwg”，如图 10-13 所示。由部件结构图拆画零件图。

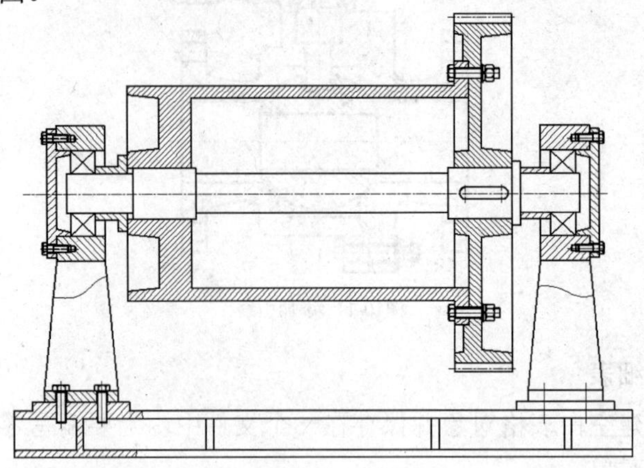

图10-13 部件结构图

【步骤解析】

1. 创建新图形文件，文件名为“筒体.dwg”。
2. 切换到文件“10-2.dwg”。在图形窗口中单击鼠标右键，弹出快捷菜单，选择【带基点复制】选项，然后选择筒体零件并指定复制的基点为 *A* 点，如图 10-14 所示。

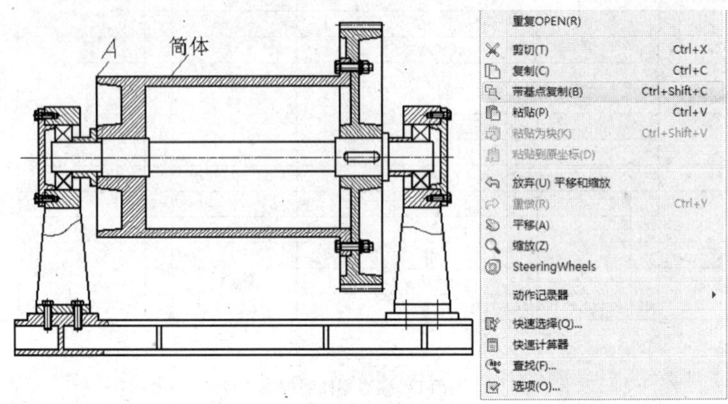

图10-14 复制零件

3. 切换到文件“筒体.dwg”。在图形窗口中单击鼠标右键，弹出快捷菜单，选择【粘贴】选项，结果如图 10-15 所示。

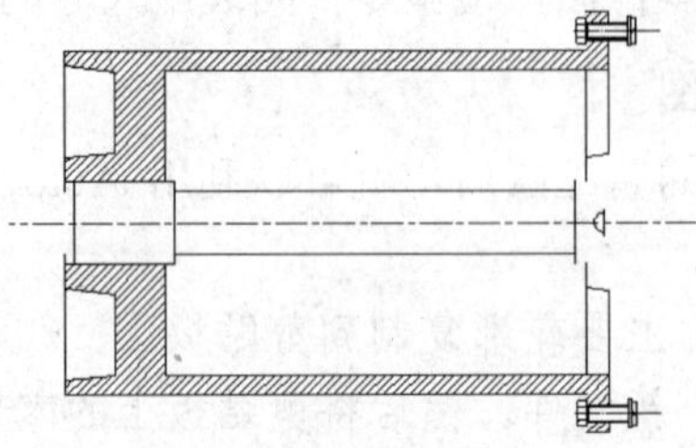

图10-15 插入零件

4. 对筒体零件进行必要的编辑，结果如图 10-16 所示。

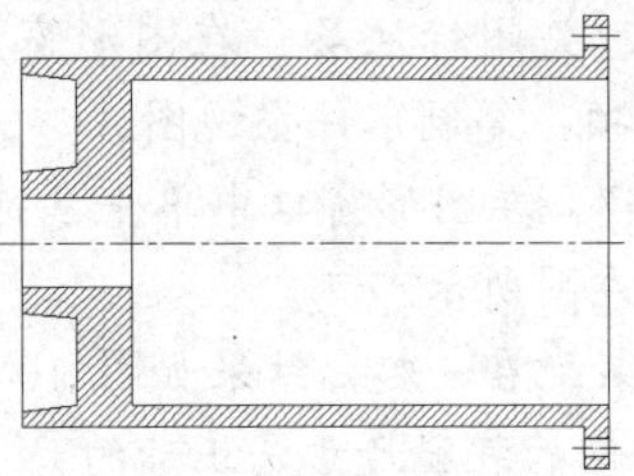

图10-16 编辑零件

二、检验零件间装配尺寸的正确性

复杂机器设备常常包含成百上千个零件，这些零件要正确地装配在一起，就必须保证所有零件配合尺寸的正确性，否则，就会产生干涉。若技术人员一张张图纸去核对零件的配合尺寸，则工作量非常大，且容易出错。怎样才能更有效地检查配合尺寸的正确性呢？可以先通过 AutoCAD 的复制及粘贴功能将零件图“装配”在一起，然后通过查看“装配”后的图样就能迅速判定配合尺寸是否正确。

【案例10-3】 打开教学资源文件“项目 10\素材\10-3-A.dwg”、“10-3-B.dwg”、“10-3-C.dwg”。将它们装配在一起，以检验配合尺寸的正确性。

【步骤解析】

1. 创建新图形文件，文件名为“装配检验.dwg”。
2. 切换到图形“10-3-A.dwg”，关闭标注层，如图 10-17 所示。在图形窗口中单击鼠标右键，弹出快捷菜单，选择【带基点复制】选项，复制零件主视图。

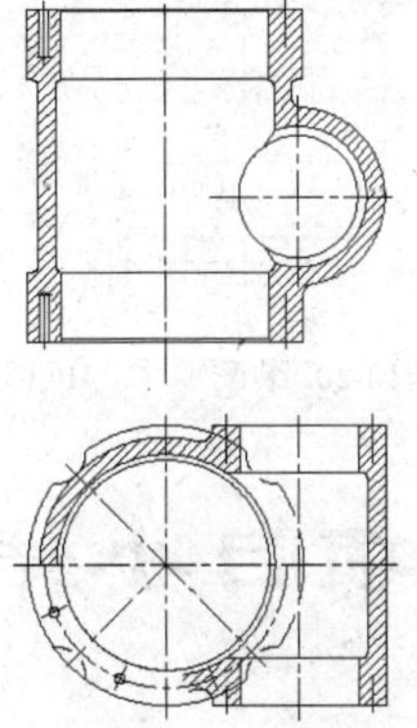

图10-17 关闭标注层并复制零件主视图

3. 切换到图形“装配检验.dwg”。在图形窗口中单击鼠标右键，弹出快捷菜单，选择【粘贴】选项，结果如图 10-18 所示。

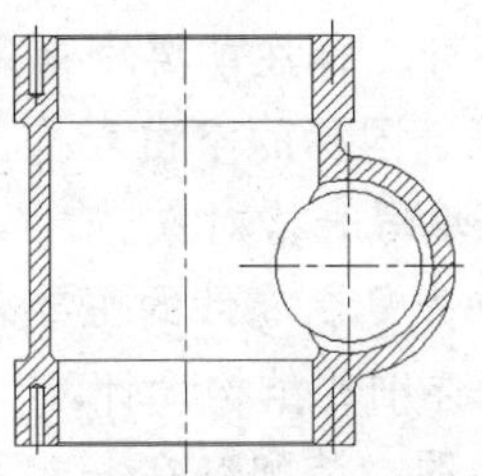

图10-18 插入零件

4. 切换到图形“10-3-B.dwg”，关闭标注层。在图形窗口中单击鼠标右键，弹出快捷菜单，选择【带基点复制】选项，复制零件主视图。
5. 切换到图形“装配检验.dwg”。在图形窗口中单击鼠标右键，弹出快捷菜单，选择【粘贴】选项，结果如图 10-19 左图所示。
6. 用 MOVE 命令将两个零件装配在一起，结果如图 10-19 右图所示。由图可以看出，两零件正确地配合在一起，它们的装配尺寸是正确的。

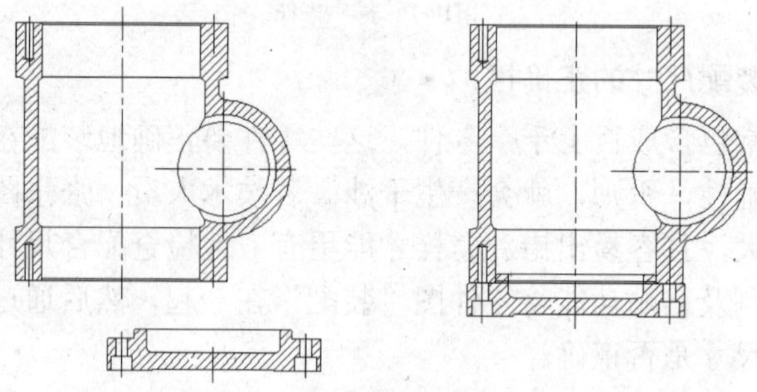

图10-19 装配零件“10-3-B”

7. 用上述同样的方法将零件“10-3-C”与“10-3-A”也装配在一起，结果如图 10-20 所示。

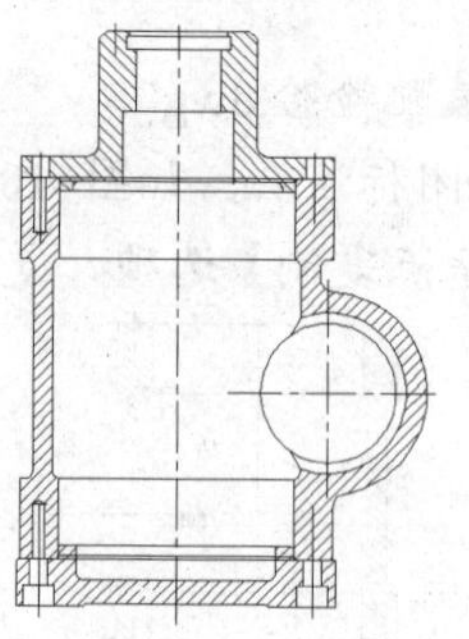

图10-20 装配零件“10-3-C”

项目小结

本项目主要内容总结如下。

- 由零件图组合装配图。利用复制功能将已有的零件图及标准件，粘贴到新的图形文件中，然后利用 MOVE 命令，将零件图组合在一起，再进行必要的编辑以形成装配图。
- 用多重引线命令标注零件序号，标注前要设置多重引线样式。
- 编写零件明细表。先创建符合国标的空白表格，当要编写零件明细表时，打开空白表格文件，双击单元格填写表格对象。
- 根据装配图拆画零件图。首先复制零件的主要轮廓，然后将零件图粘贴到新的图形文件中，再对零件进行详细的结构设计。
- 利用复制及粘贴功能将零件图“装配”在一起，通过查看“装配”后的图样判定零件间装配尺寸是否正确。

思考与练习

1. 打开教学资源文件“项目 10\素材\10-4-A.dwg”、“10-4-B.dwg”、“10-4-C.dwg”、“10-4-D.dwg”、“10-4-E.dwg”。将它们装配在一起并进行必要的编辑以形成装配图，然后插入 M12 的螺栓，标注零件序号，如图 10-21 所示。

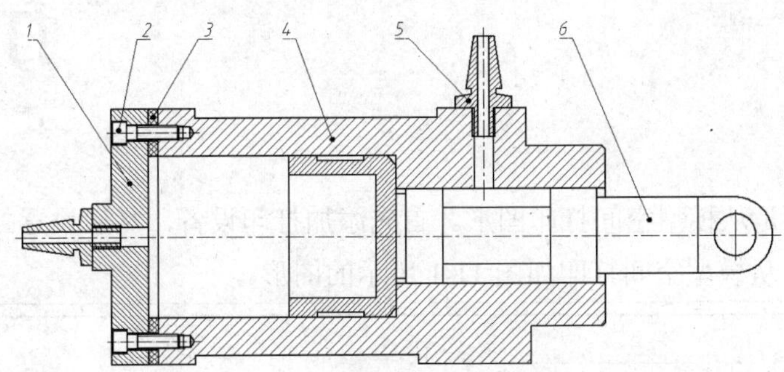

图10-21 由零件图组合装配图

2. 打开教学资源文件“项目 10\素材\10-5.dwg”，如图 10-22 所示。由此装配图拆画零件图。

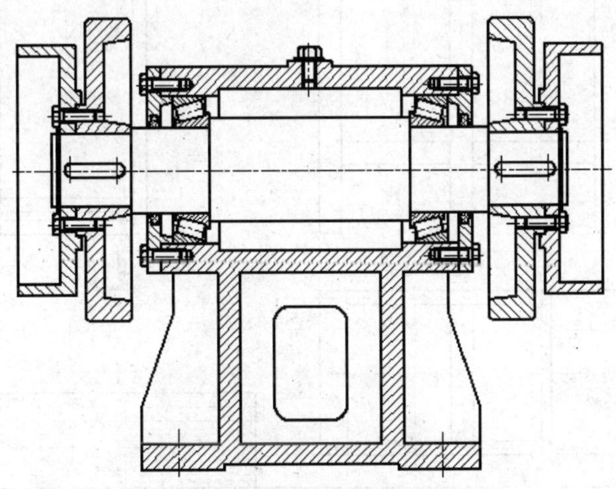

图10-22 由装配图拆画零件图

项 目 十 一

打印图形

本项目的任务是从模型空间打印图形。首先添加打印设备，然后设置打印参数。

【案例11-1】 从模型空间打印如图 11-1 所示的图形。

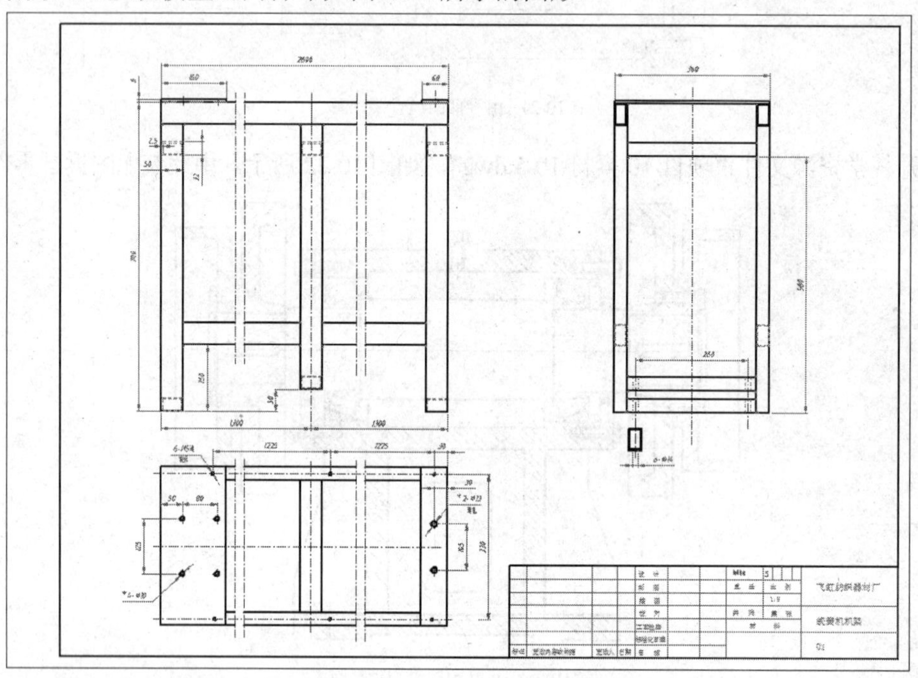

图11-1 打印图形

学习目标

- 输出图形的完整过程。
- 添加打印设备。
- 选择打印设备，对当前打印设备的设置进行简单修改。
- 选择图纸幅面、设定打印区域。
- 调整打印方向和位置、设定打印比例。
- 打印样式基本概念。
- 将小幅面图纸组合成大幅面图纸进行打印。

任务一　添加打印设备

利用 AutoCAD 提供的“添加绘图仪向导”，配置一台绘图仪。

【步骤解析】

1. 打开教学资源文件“项目 11\素材\11-1.dwg”，如图 11-1 所示。
2. 选择菜单命令【文件】/【绘图仪管理器】，打开“Plotters”文件夹，该文件夹显示了在 AutoCAD 中已安装的所有绘图仪。再双击“添加绘图仪向导”图标，打开【添加绘图仪】对话框，如图 11-2 所示。
3. 单击 下一步(N) > 按钮，打开【开始】对话框，在此对话框中设置新绘图仪的类型，选择【我的电脑】选项，如图 11-3 所示。

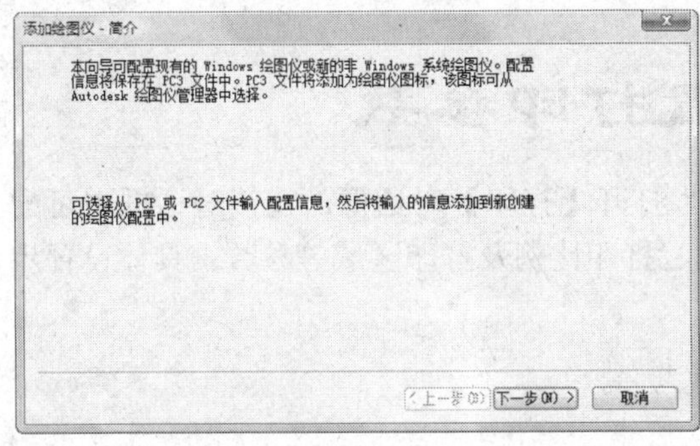

图11-2　【添加绘图仪】对话框

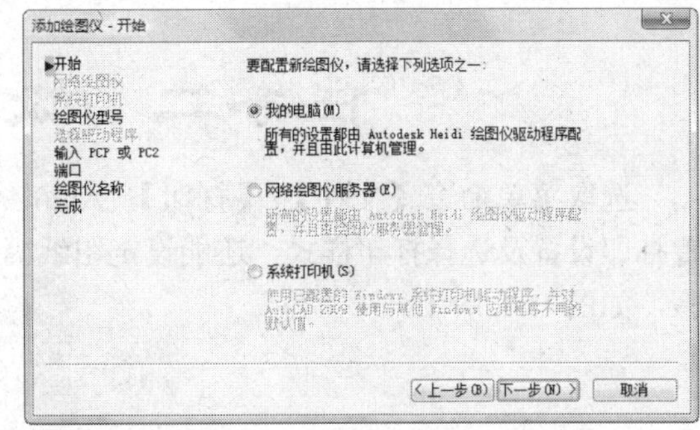

图11-3　【开始】对话框

4. 单击 下一步(N) > 按钮，打开【绘图仪型号】对话框，如图 11-4 所示。在【生产商】列表框中选择绘图仪的制造商“HP”；在【型号】列表框中指定绘图仪的型号“DesignJet 450 C4716A”。
5. 单击 下一步(N) > 按钮，打开【输入 PCP 或 PC2】对话框，如图 11-5 所示。若用户想使用 AutoCAD 早期版本的打印机配置文件（“.pcp”或“.pc2”文件）就单击 输入文件(I)... 按钮，然后输入这些文件。

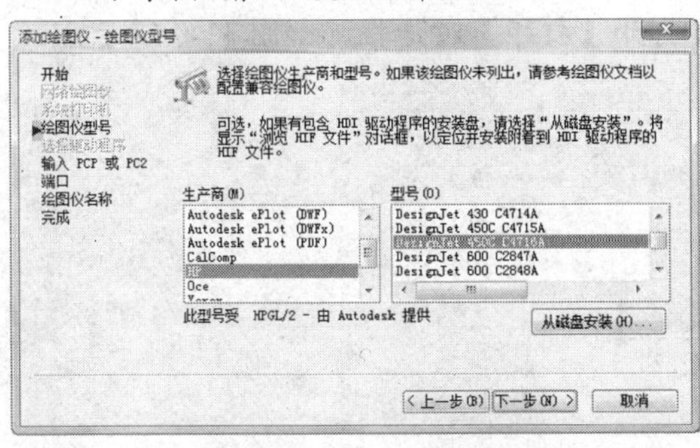

图11-4　【绘图仪型号】对话框

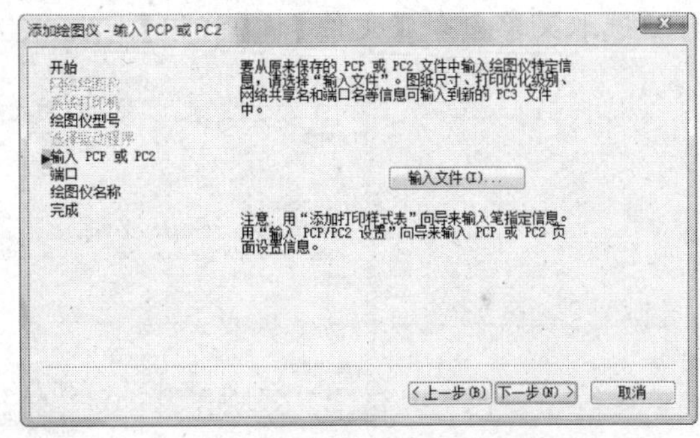

图11-5　【输入 PCP 或 PC2】对话框

提示　AutoCAD 将打印设备、打印介质等信息存储在打印机配置文件中，AutoCAD 2009 的打印机配置文件是“.pc3”类型文件。

6. 单击 下一步(N) > 按钮，打开【端口】对话框，如图 11-6 所示。选择【打印到端口】单选项，然后在列表框中指定输出到绘图仪的端口。

7. 单击下一步(N) >按钮，打开【绘图仪名称】对话框，如图 11-7 所示。在【绘图仪名称】文本框中列出了绘图仪的名称，用户可以在此栏中输入新的名称。

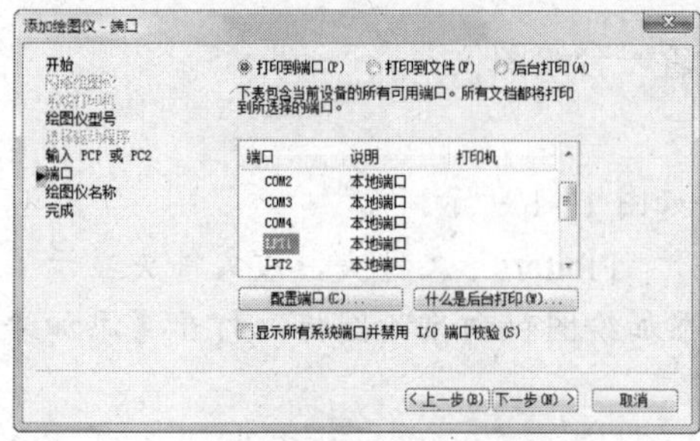

图11-6 【端口】对话框

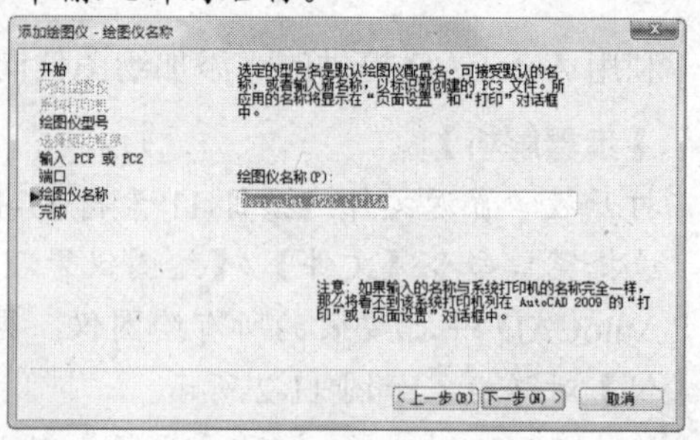

图11-7 【绘图仪名称】对话框

8. 单击下一步(N) >按钮，再单击完成(F)按钮，新添加的绘图仪就出现在“Plotters”文件夹中。

任务二 设置打印参数

选取菜单命令【文件】/【打印】，AutoCAD 打开【打印】对话框，在该对话框中可配置打印设备及选择打印样式，还能设定图纸幅面、打印比例及打印区域等参数。具体设置步骤，如图 11-8 所示。

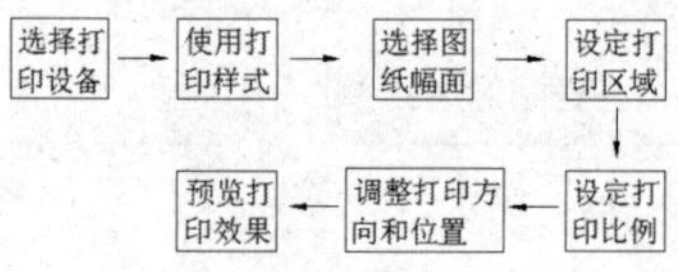

图11-8 设置步骤

一、选择打印设备

用户可以选择 Windows 系统打印机或 AutoCAD 内部打印机（“.pc3”文件）作为输出设备。

【步骤解析】

1. 选取菜单命令【文件】/【打印】，AutoCAD 打开【打印】对话框，如图 11-9 所示。

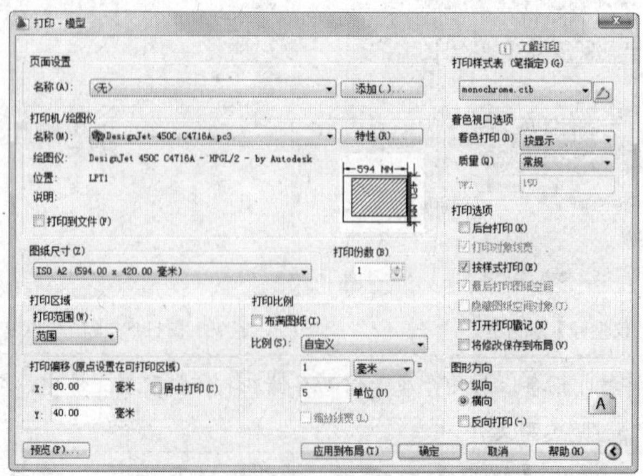

图11-9 【打印-模型】对话框

2. 在【打印机/绘图仪】分组框的【名称】下拉列表中选择输出设备“DesignJet 450C C4716A”。
3. 如果用户想修改当前打印机设置，可单击 特性(R)... 按钮，打开【绘图仪配置编辑器】对话框，如图 11-10 所示。在该对话框中，用户可以重新设定打印机端口及其他输出设置，如打印介质、图形、自定义特性、校准及自定义图纸尺寸等。

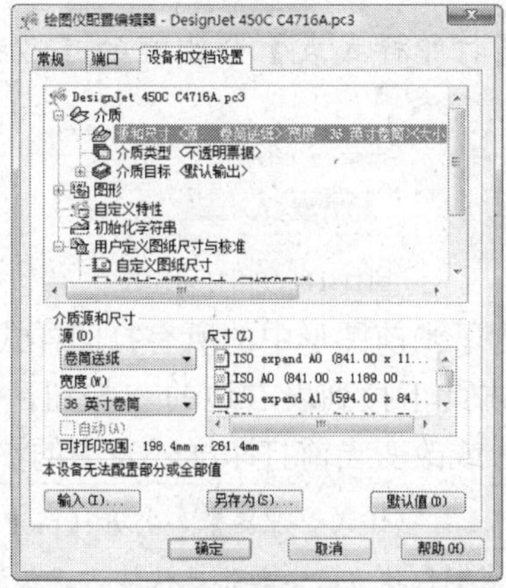

图11-10 【绘图仪配置编辑器】对话框

【知识链接】

【绘图仪配置编辑器】对话框各选项卡的功能。

- 【常规】：该选项卡包含了打印机配置文件（“.pc3”文件）的基本信息，如配置文件名称、驱动程序信息、打印机端口等，用户可以在此选项卡的【说明】列表框中加入其他注释信息。
- 【端口】：通过此选项卡用户可以修改打印机与计算机的连接设置，如选定打印端口、指定打印到文件、后台打印等。

若使用后台打印，则允许用户在打印的同时运行其他应用程序。

- 【设备和文档设置】：在该选项卡中用户可以指定图纸来源、尺寸和类型，并能修改颜色深度、打印分辨率等。

二、使用打印样式

打印样式是对象的一种特性，如同颜色、线型一样，它用于修改打印图形的外观。若为某个对象选择了一种打印样式，则输出图形后，对象的外观由样式决定。AutoCAD 提供了几百种打印样式，并将其组合成一系列打印样式表。

AutoCAD 有以下两种类型的打印样式表。

- 颜色相关打印样式表：颜色相关打印样式表以“.ctb”为文件扩展名保存。该表以对象颜色为基础，共包含 255 种打印样式，每种 ACI 颜色对应一个打印样式，样式名分别为“颜色 1”、“颜色 2”等。用户不能添加或删除颜色相关打印样式，也不能改变它们的名称。若当前图形文件与颜色相关打印样式表相连，则系统自动根据对象的颜色分配打印样式。用户不能选择其他打印样式，但可以对已分配的样式进行修改。

- 命名相关打印样式表：命名相关打印样式表以“.stb”为文件扩展名保存。该表包括一系列已命名的打印样式，用户可以修改打印样式的设置及其名称，还可以添加新的样式。若当前图形文件与命名相关打印样式表相连，则用户可以不考虑对象颜色，直接给对象指定样式表中的任意一种打印样式。

【步骤解析】

在【打印-模型】对话框【打印样式表】分组框的【名称】下拉列表中，选择打印样式，如图 11-11 所示。

图11-11 使用打印样式

在【名称】下拉列表中包含了当前图形中的所有打印样式表，用户可以选择其中之一。用户若要修改打印样式，就单击此下拉列表右边的按钮，打开【打印样式表编辑器】对话框，利用该对话框，可以查看或改变当前打印样式表中的参数。

选取菜单命令【文件】/【打印样式管理器】，打开【plot Styles】窗口，该窗口中包含打印样式文件及创建新打印样式的快捷方式，单击此快捷方式就能创建新打印样式。

AutoCAD 新建的图形不是处于“颜色相关”模式下就是处于“命名相关”模式下，这和创建图形时选择的样板文件有关。若是采用无样板方式新建图形，则可以事先设定新图形的打印样式模式。发出 OPTIONS 命令，系统打开【选项】对话框，进入【打印和发布】选项卡，再单击 打印样式表设置(S)... 按钮，打开【打印样式表设置】对话框，如图 11-12 所示。通过该对话框用户可设置新图形的默认打印样式模式。当用户选择【使用命名打印样式】单选项后，还可以设定图层 0 或图形对象所采用的默认打印样式。

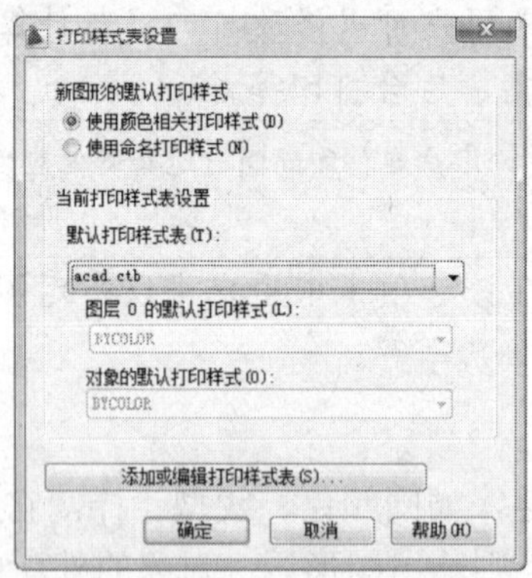

图11-12 【打印样式表设置】对话框

三、选择图纸幅面

用户可以选择标准图纸，也可以自定义图纸。

【步骤解析】

1. 在【打印-模型】对话框【图纸尺寸】下拉列表中，指定图纸大小，如图 11-13 所示。

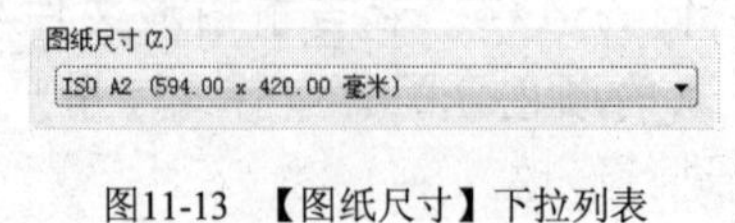

图11-13 【图纸尺寸】下拉列表

【图纸尺寸】下拉列表中包含了选定打印设备可用的标准图纸尺寸。当选择某种幅面图纸时，该列表右上角出现所选图纸及实际打印范围的预览图像（打印范围用阴影表示出来，可以在【打印区域】分组框中设定）。将光标移到图像上面，在光标位置处就显示出精确的图纸尺寸及图纸上可打印区域的尺寸。

2. 如果用户创建自定义图纸，可以在【打印-模型】对话框的【打印机/绘图仪】分组框中，单击 特性(R)... 按钮，打开【绘图仪配置编辑器】对话框，在【设备和文档设置】选项卡中，选择【自定义图纸尺寸】选项，如图 11-14 所示。

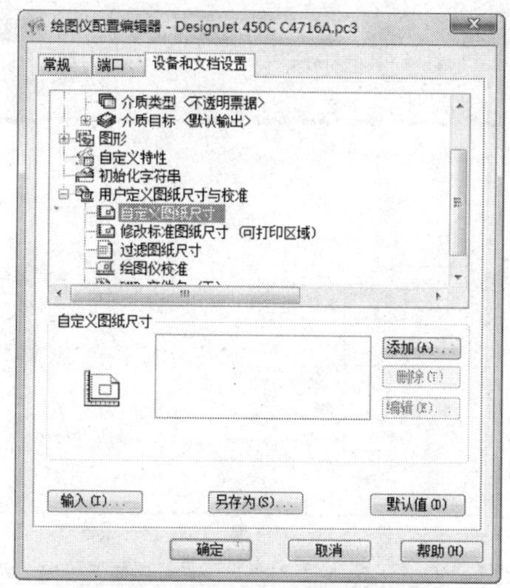

图11-14 【设备和文档设置】选项卡

3. 单击 添加(A)... 按钮，打开【自定义图纸尺寸-开始】对话框，如图 11-15 所示。

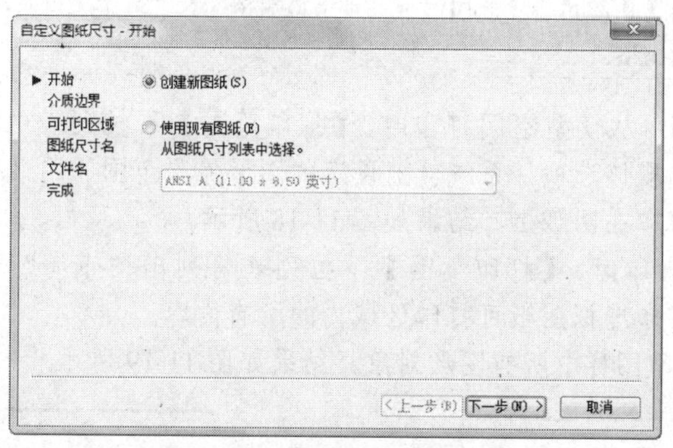

图11-15 【自定义图纸尺寸-开始】对话框

4. 不断单击 下一步(N) > 按钮，并根据 AutoCAD 的提示设置图纸参数，最后单击 完成(F) 按钮结束。

5. 返回【打印-模型】对话框，AutoCAD 将在【图纸尺寸】下拉列表中显示自定义的图纸尺寸。

四、设定打印区域

图形的打印区域由【打印区域】分组框中的选项确定。

【步骤解析】

在【打印-模型】对话框【打印区域】分组框中设置要输出的图形范围，如图 11-16 所示。

图11-16 【打印区域】分组框

【打印范围】下拉列表中包含 4 个选项，用户可以利用图 11-17 所示的图样了解它们的功能。

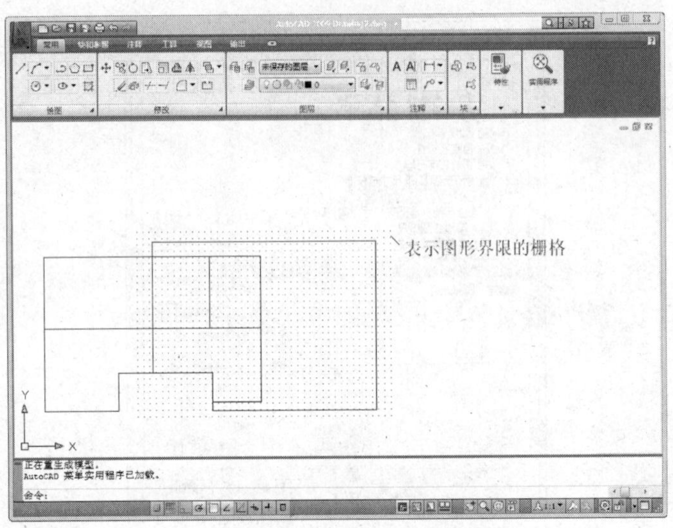

图11-17 设置打印区域

在【草图设置】对话框中关闭选项“自适应栅格”及“显示超出界线的栅格”，才出现如图 11-17 所示的栅格。

- 【图形界限】：从模型空间打印时，【打印范围】下拉列表中将列出“图形界限”选项。选取该选项，系统就把设定的图形界限范围（用 LIMITS 命令设置图形界限）打印在图纸上，结果如图 11-18 所示。
  从图纸空间打印时，【打印范围】下拉列表将列出“布局”选项。选取该选项，系统将打印虚拟图纸可打印区域内的所有内容。
- 【范围】：打印图样中所有图形对象，结果如图 11-19 所示。

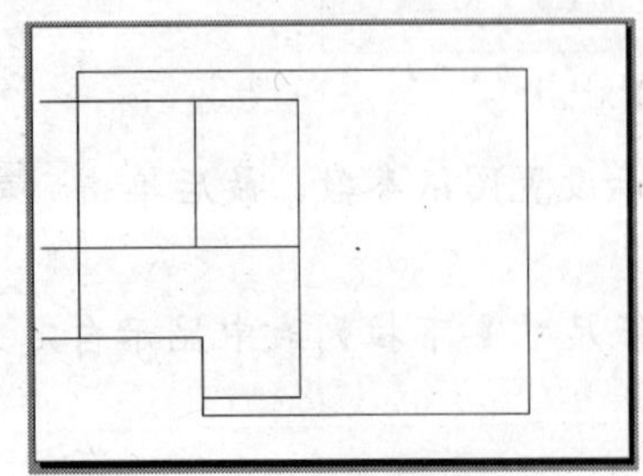

图11-18 【图形界限】选项

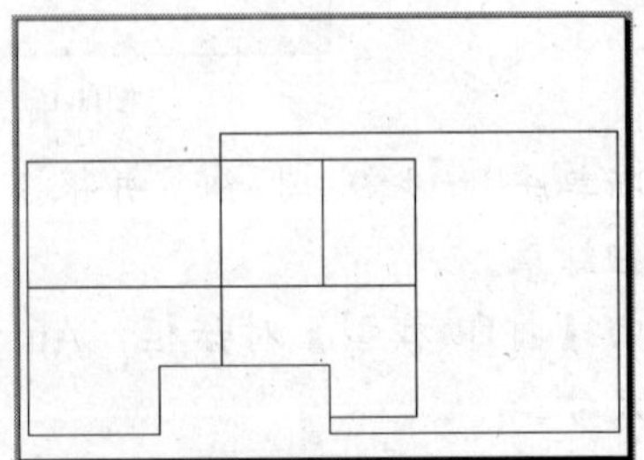

图11-19 【范围】选项

- 【显示】：打印整个图形窗口，打印结果如图 11-20 所示。

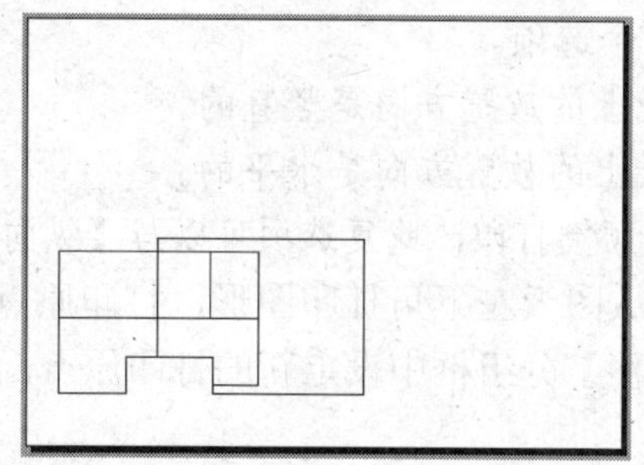

图11-20 【显示】选项

- 【窗口】：打印用户自己设定的区域。选择此选项后，系统提示指定打印区域的两个角点，同时在【打印】对话框中显示 窗口(O)< 按钮，单击此按钮，可以重新设定打印区域。

五、设定打印比例

绘制阶段用户根据实物按 1:1 比例绘图，出图阶段需依据图纸尺寸确定打印比例，该比例是图纸尺寸单位与图形单位的比值。当测量单位是 mm，打印比例设定为 1:2 时，表示图纸上的 1mm 代表两个图形单位。

【步骤解析】

在【打印-模型】对话框【打印比例】分组框中，设置出图比例，如图 11-21 所示。

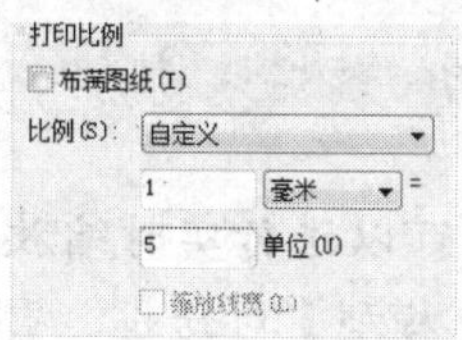

图11-21 【打印比例】分组框

【比例】下拉列表包含了一系列标准缩放比例值，此外，还有【自定义】选项，该选项使用户可以自己指定打印比例。

从模型空间打印时，【打印比例】的默认设置是【布满图纸】，此时，系统将缩放图形以充满所选定的图纸。

六、调整图形打印方向和位置

图形在图纸上的打印方向通过【图形方向】分组框中的选项调整，图形在图纸上的打印位置由【打印偏移】分组框中的选项确定。

【步骤解析】

1. 在【打印-模型】对话框【图形方向】分组框中设置打印方向，如图 11-22 所示。
2. 在【打印-模型】对话框【打印偏移】分组框中设置打印位置，如图 11-23 所示。

图11-22 【图形方向】分组框　　图11-23 【打印偏移】分组框

【图形方向】分组框中包含一个图标，此图标表明图纸的放置方向，图标中的字母代表图形在图纸上的打印方向。

【图形方向】包含以下 3 个选项。

- 【纵向】: 图形在图纸上的放置方向是竖直的。
- 【横向】: 图形在图纸上的放置方向是水平的。
- 【反向打印】: 使图形颠倒打印，此复选项可以与【纵向】、【横向】结合使用。

默认情况下，AutoCAD 从图纸左下角打印图形，打印原点处在图纸左下角位置，坐标是（0,0），用户可在【打印偏移】分组框中设定新的打印原点，这样图形在图纸上将沿 x 轴和 y 轴移动。

该分组框包含以下 3 个选项。

- 【居中打印】: 在图纸正中间打印图形（自动计算 x 和 y 的偏移值）。
- 【X】: 指定打印原点在 x 方向的偏移值。
- 【Y】: 指定打印原点在 y 方向的偏移值。

如果用户不能确定打印机如何确定原点，可以试着改变一下打印原点的位置并预览打印结果，然后根据图形的移动距离推测原点位置。

七、预览打印效果

打印参数设置完成后，用户可以通过打印预览观察图形的打印效果。如果不合适可以重新调整，以免浪费图纸。

【步骤解析】

1. 单击【打印-模型】对话框下面的 预览(P)... 按钮，AutoCAD 显示实际的打印效果，如图 11-24 所示。
2. 预览时，光标变成“Q+”，用户可以进行实时缩放操作。若满意，单击按钮开始打印。否则，按 Esc 键返回【打印-模型】对话框，重新设定打印参数。

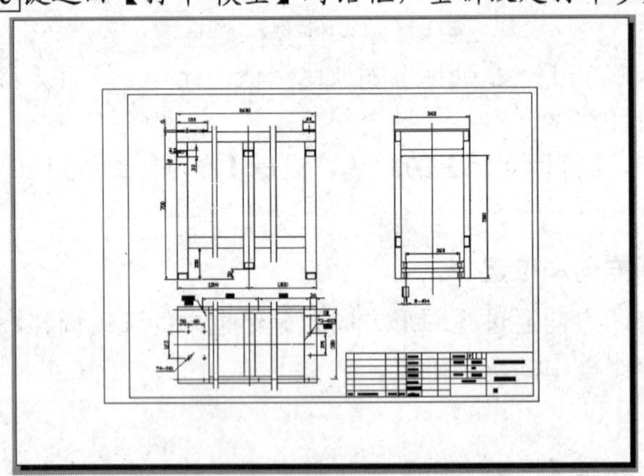

图11-24 预览打印效果

知识拓展

以下介绍将多张图纸布置在一起打印及保存打印设置的方法。

一、将多张图纸布置在一起打印

为了节省图纸，用户常常需要将几个图样布置在一起打印，具体方法如下。

【案例11-2】教学资源文件“项目 11\素材\11-2-A.dwg”和“11-2-B.dwg”都采用 A2 幅面图纸，绘图比例分别为（1:3）、（1:4），现将它们布置在一起输出到 A1 幅面的图纸上。

1. 创建一个新文件。
2. 选择菜单命令【插入】/【DWG 参照】，打开【选择参照文件】对话框，找到图形文件“11-2-A.dwg”。单击 打开(O) 按钮，打开【外部参照】对话框，利用该对话框插入图形文件，插入时的缩放比例为 1:1。
3. 用 SCALE 命令缩放图形，缩放比例为 1:3（图样的绘图比例）。
4. 用与第 2、3 步相同的方法插入文件“11-2-B.dwg”，插入时的缩放比例为 1:1。插入图样后，用 SCALE 命令缩放图形，缩放比例为 1:4。
5. 用 MOVE 命令调整图样位置，让其组成 A1 幅面图纸，如图 11-25 所示。

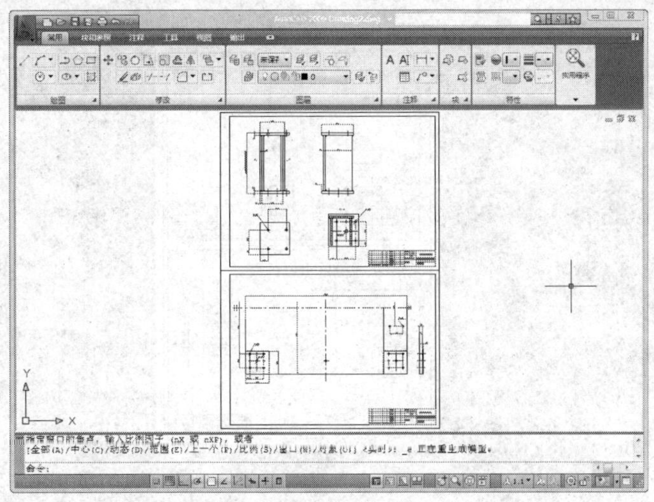

图11-25　将图形组成 A1 幅面

6. 选择菜单命令【文件】/【打印】，打开【打印】对话框，如图 11-26 所示。在该对话框中作以下设置。

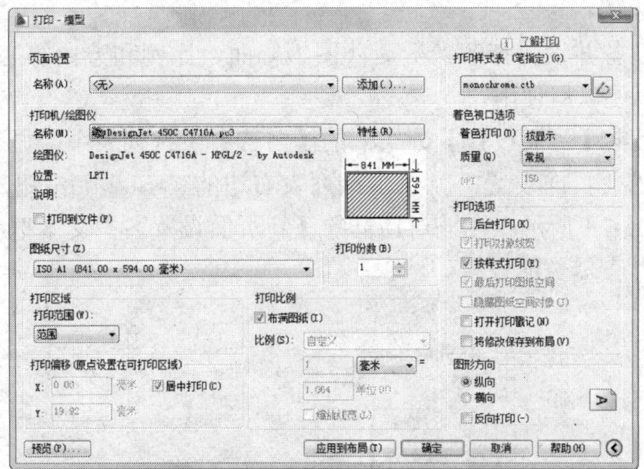

图11-26　【打印】对话框

(1) 在【打印机/绘图仪】分组框的【名称】下拉列表中，选择打印设备“DesignJet 450C C4716A”。

(2) 在【图纸尺寸】下拉列表中选择 A1 幅面图纸。

(3) 在【打印样式表】分组框的下拉列表中选择打印样式“monochrome.ctb”(将所有颜色打印为黑色)。

(4) 在【打印范围】下拉列表中选择“范围”选项。

(5) 在【打印比例】分组框中选择【布满图纸】复选项。

(6) 在【图形方向】分组框中选择【纵向】单选项。

7. 单击预览(P)...按钮，预览打印效果，如图 11-27 所示。若满意，单击按钮开始打印。

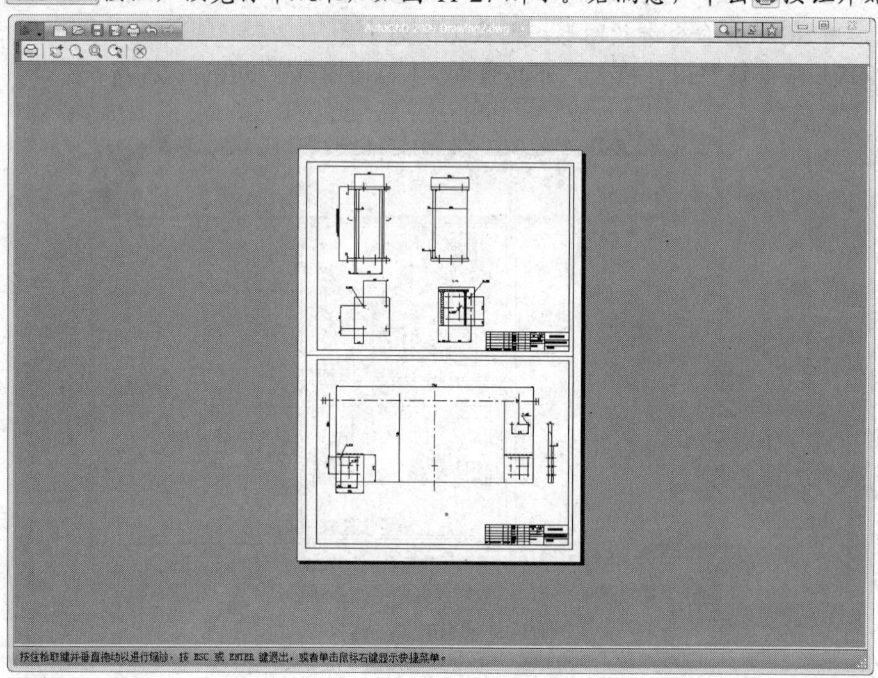

图11-27 预览打印效果

二、保存打印设置

用户选择打印设备并设置打印参数后（图纸幅面、比例和方向等），可以将所有这些保存在页面设置中，以便以后使用。

在【打印】对话框【页面设置】分组框的【名称】下拉列表中，显示了所有已命名的页面设置，若要保存当前页面设置，就单击该列表右边的添加()...按钮，打开【添加页面设置】对话框，如图 11-28 所示。在该对话框的【新页面设置名】文本框中输入页面名称，然后单击确定(O)按钮，存储页面设置。

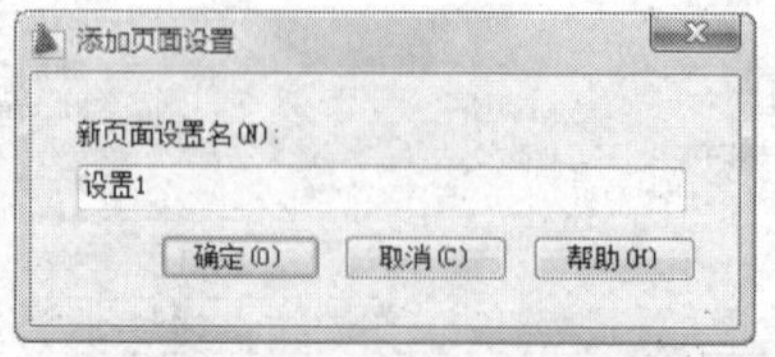

图11-28 【添加页面设置】对话框

用户也可以从其他图形中输入已定义的页面设置。在【页面设置】分组框的【名称】下拉列表中，选择“输入”选项，打开【从文件选择页面设置】对话框，选择并打开所需的图形文件，打开【输入页面设置】对话框，如图 11-29 所示。该对话框显示图形文件中包含的页面设置，选择其中之一，单击 确定(O) 按钮完成。

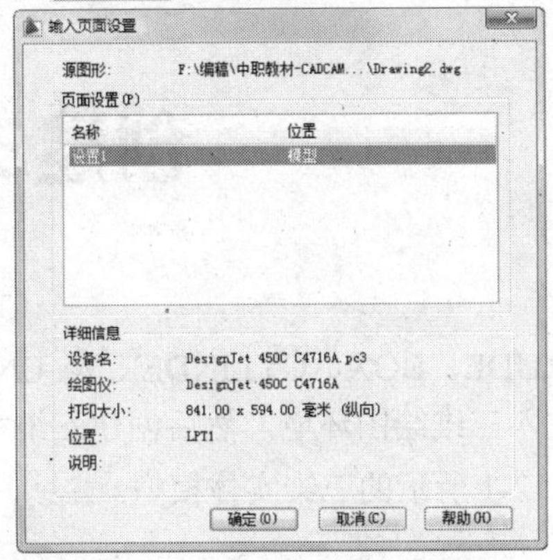

图11-29 【输入页面设置】对话框

项目小结

本项目主要内容总结如下。

(1) 打印图形时，用户一般需作以下设置。

- 选择打印设备，包括 Windows 系统打印机及 AutoCAD 内部打印机。
- 选择打印样式。
- 指定图幅大小、显示单位及图形放置方向。
- 设定打印比例。
- 设置打印范围。用户可以指定图形界限、所有图形对象、某一矩形区域、显示窗口等作为输出区域。
- 调整图形在图纸上的位置。通过修改打印原点可使图形沿 x 轴、y 轴移动。
- 预览打印效果。

(2) 将多张图纸布置在一起打印。首先通过引用【DWG 参照】将多张图纸组织在同一文件中，用 SCALE、MOVE 命令编辑图样，使它们组成标准图纸幅面，然后设置打印参数。

思考与练习

1. 打印图形时，一般应设置哪些打印参数？如何设置？
2. 打印图形的主要过程是什么？
3. 当设置完打印参数后，应如何保存以便再次使用？
4. 从模型空间出图时，怎样将不同绘图比例的图纸放在一起打印？
5. 有哪两种类型的打印样式？它们的作用是什么？

项 目 十 二

创建三维实体模型

本项目的任务是用 EXTRUDE、BOX、CYLINDER 及 UNION 等命令，创建如图 12-1 所示的三维实体模型。首先进入三维绘图环境，然后创建三维实体的各个部分。

【案例12-1】 绘制如图 12-1 所示的三维实体模型。

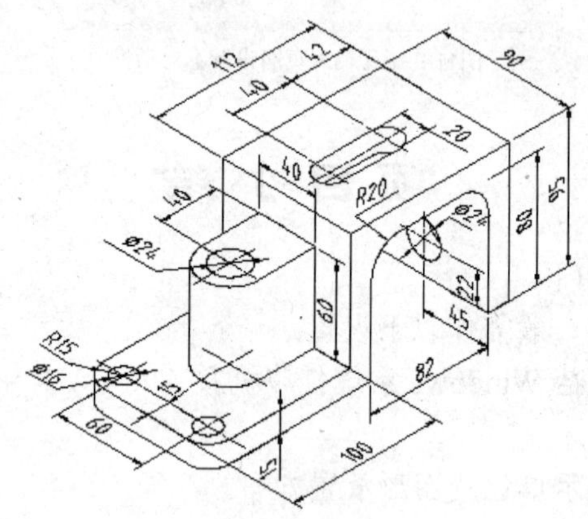

图12-1 创建三维实体模型

学习目标

- 观察三维模型。
- 绘制长方体、圆柱体等基本立体。
- 将二维对象拉伸成三维实体。
- 在三维空间阵列、镜像及旋转对象。
- 拉伸、移动、旋转实体表面。
- 使用用户坐标系。
- 利用布尔运算构建复杂模型。

任务一 进入三维绘图环境

首先进入三维建模工作空间并切换视点，然后将二维对象拉伸成 3D 实体，具体绘图过程，如图 12-2 所示。

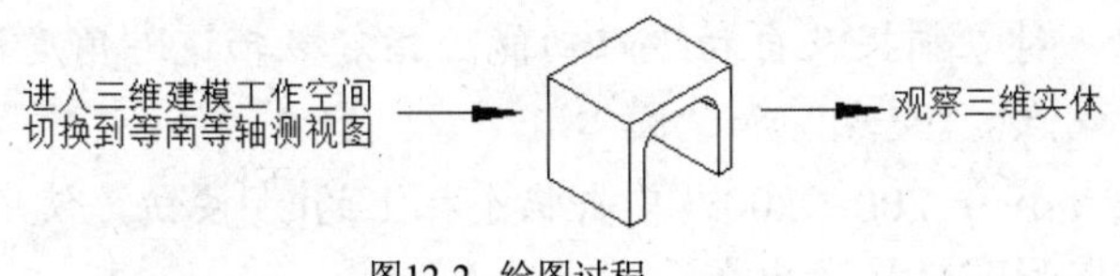

图12-2　绘图过程

一、切换到东南等轴测视图

创建三维模型时可以切换至 AutoCAD 三维工作空间，默认情况下，AutoCAD 使观察点位于三维坐标系的 *z* 轴上，因而屏幕上显示的是 *xy* 坐标面。绘制三维图形时，需改变观察的方向，这样才能看到模型沿 *x*、*y*、*z* 轴的形状。

【步骤解析】

1. 单击状态栏上的按钮，从弹出的快捷菜单中选择【三维建模】选项，或选择菜单命令【工具】/【工作空间】/【三维建模】，进入三维建模工作空间，如图 12-3 所示。默认情况下，三维建模空间包含功能区及【工具选项板】窗口。

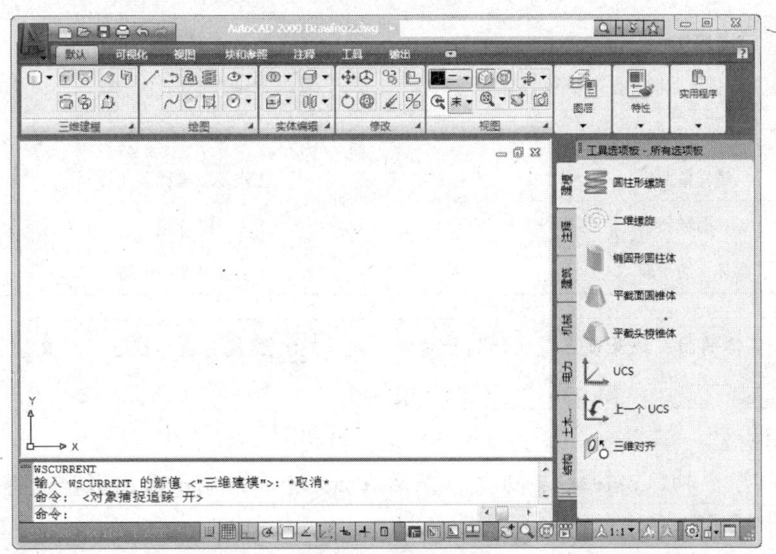

图12-3　三维工作空间

2. 打开【视图】面板上的【视图控制】下拉列表，如图 12-4 所示。选择【东南等轴测】选项，切换到东南等轴测视图。

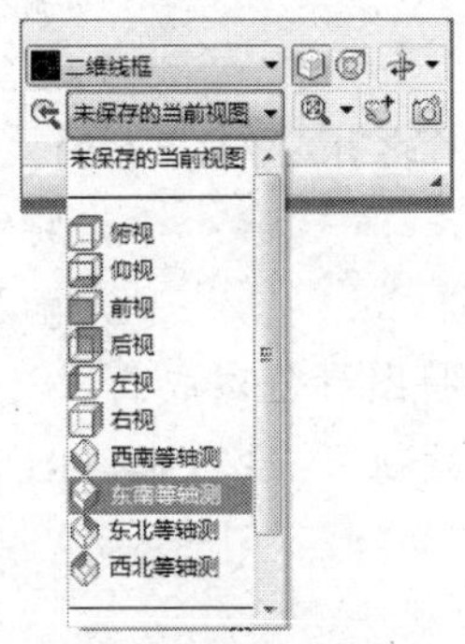

图12-4　【视图控制】下拉列表

3. 打开极轴追踪、对象捕捉及自动追踪功能。指定极轴追踪角度增量为 90°，设定对象捕捉方式为“端点”“交点”和“圆心”。
4. 设定绘图区域大小为 200×200。单击状态栏上的按钮，使用【范围】选项，使绘图区域充满整个图形窗口显示出来。

【视图】面板上的【视图控制】下拉列表提供了 10 种标准视点，用户通过这些视点就能获得 3D 对象的 10 种视图，如前视图、后视图、左视图、东南等轴测图等。

二、将二维对象拉伸成 3D 实体

EXTRUD 命令可以拉伸二维对象生成 3D 实体或曲面，若拉伸闭合对象，则生成实体，否则，生成曲面。操作时，可以指定拉伸高度值及拉伸对象的锥角，还可以沿某一直线或曲线路径进行拉伸。

EXTRUD 命令能拉伸的对象及路径，如表 12-1 所示。

表 12-1　　拉伸对象及路径

拉伸对象	拉伸路径
直线、圆弧、椭圆弧	直线、圆弧、椭圆弧
二维多段线	二维及三维多段线
二维样条曲线	二维及三维样条曲线
面域	螺旋线
实体上的平面	实体及曲面的边

实体的面、边及顶点是实体的子对象，按住 Ctrl 键就能选择这些子对象。

【步骤解析】

1. 将坐标系绕 z 轴、x 轴旋转 90°，然后在 xy 平面绘制平面图形，并将图形创建成面域，如图 12-5 所示。

```
令: ucs                                       //输入新建坐标系命令
指定 UCS 的原点或 [面(F)/命名(NA)/对象(OB)/上一个(P)/视图(V)/世界(W)/X/Y/Z/Z轴(ZA)] <世界>: z   //将坐标系绕 z 轴旋转
指定绕 Z 轴的旋转角度 <90>:                     //输入旋转角度
命令:UCS                                      //重复命令
指定 UCS 的原点或 [面(F)/命名(NA)/对象(OB)/上一个(P)/视图(V)/世界(W)/X/Y/Z/Z轴(ZA)] <世界>: x   //将坐标系绕 x 轴旋转
指定绕 X 轴的旋转角度 <90>:                     //输入旋转角度
```

在 xy 平面内绘制平面图形，再将图形创建成面域，结果如图 12-5 所示。

2. 单击【三维建模】面板上的按钮,，启动 EXTRUDE 命令。

```
命令: _extrude
选择要拉伸的对象: 找到 1 个                       //选择面域
选择要拉伸的对象:                                //按 Enter 键
```

指定拉伸的高度或 [方向(D)/路径(P)/倾斜角(T)] <50.0000>: 90

//输入拉伸高度

结果如图 12-6 所示。

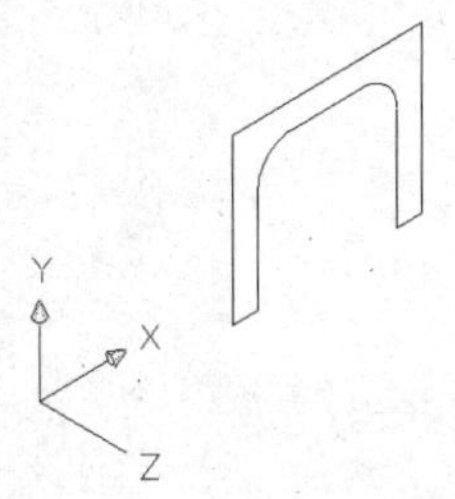

图12-5 绘制平面图形并创建成面域

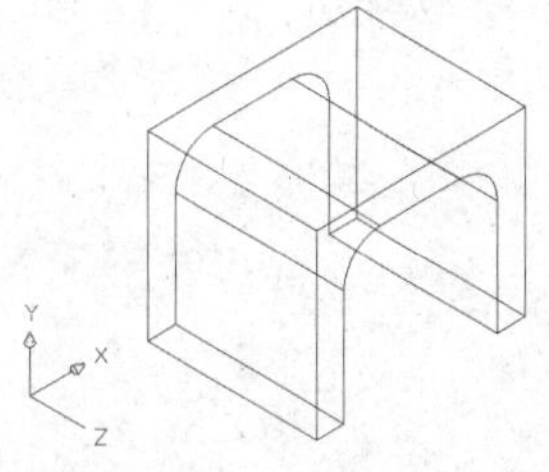

图12-6 拉伸面域

【知识链接】 EXTRUDE 命令的选项如下。

- 指定拉伸的高度：如果输入正的拉伸高度，则使对象沿 z 轴正向拉伸。若输入负值，则 AutoCAD 沿 z 轴负向拉伸。当对象不在坐标系 xy 平面内时，将沿该对象所在平面的法线方向拉伸对象。
- 方向：指定两点，两点的连线表明了拉伸方向和距离。
- 路径：沿指定路径拉伸对象形成实体或曲面。拉伸时，路径被移动到轮廓的形心位置。路径不能与拉伸对象在同一个平面内，也不能具有较大曲率的区域，否则，有可能在拉伸过程中产生自相交情况。
- 倾斜角：当 AutoCAD 命令行提示"指定拉伸的倾斜角度<0>"时，输入正的拉伸倾角表示从基准对象逐渐变细地拉伸，而负角度值则表示从基准对象逐渐变粗地拉伸，如图 12-7 所示。用户要注意拉伸斜角不能太大，若拉伸实体截面在到达拉伸高度前已经变成一个点，那么 AutoCAD 命令行将提示"不能进行拉伸"。

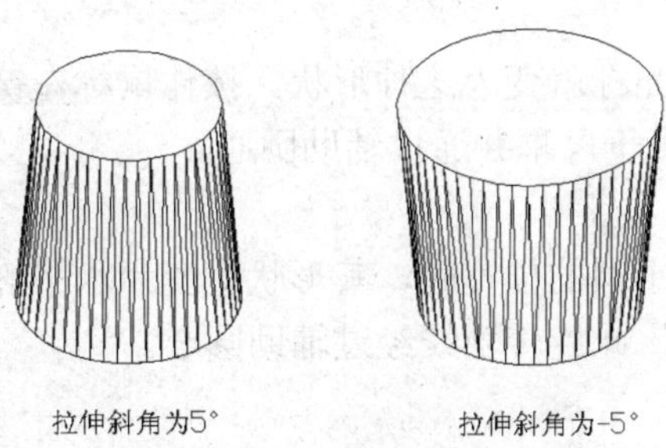

拉伸斜角为5°　　拉伸斜角为-5°

图12-7 设置拉伸倾斜角度

三、观察三维实体

三维建模过程中，常需要从不同方向观察模型。除用标准视点观察模型外，AutoCAD 还提供了多种观察模型的方法，3DFORBIT 命令可以使用户利用单击并拖动鼠标的方法将 3D 模型旋转起来，该命令使三维视图的操作及三维可视化变得十分容易。

【步骤解析】

1. 单击【视图】面板上的按钮，或选取菜单命令【视图】/【动态观察】/【自由动态观察】，启动 3DFORBIT 命令。

2. 启动 3DFORBIT 命令，AutoCAD 围绕待观察的对象形成一个辅助圆，该圆被 4 个小圆分成 4 等分，如图 12-8 所示。辅助圆的圆心是观察目标点，当用户按住鼠标左键并拖动时，待观察的对象（或目标点）静止不动，而视点绕着 3D 对象旋转，显示结果是视图在不断地转动。

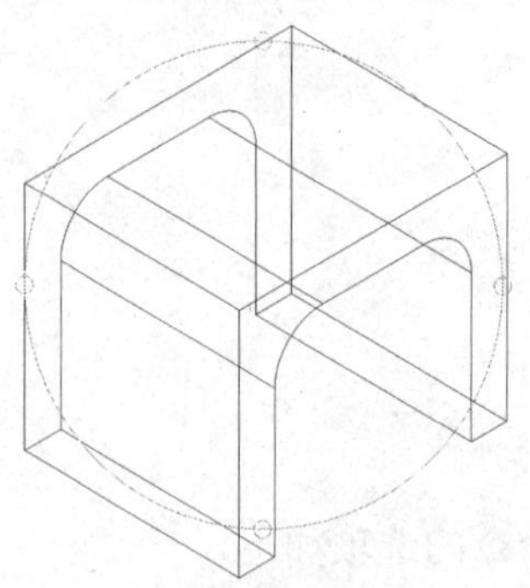

图12-8 三维动态观察

使用 3DFORBIT 命令时，可以选择观察全部的对象或是模型中的一部分对象。当用户想观察整个模型的部分对象时，应先选择这些对象，然后启动 3DFORBIT 命令。此时，仅所选的对象显示在屏幕上。若其没有处在动态观察器的大圆内，就单击鼠标右键，选取【范围缩放】选项。

启动 3DFORBIT 命令，AutoCAD 窗口中就出现一个大圆和 4 个均布的小圆，如图 12-8 所示。当光标移至圆的不同位置时，其形状将发生变化，不同形状的光标表明了当前视图的旋转方向。

(1) 球形光标⊕。

光标位于辅助圆内时，就变为这种形状，此时可以假想一个球体将目标对象包裹起来。单击并拖动光标，就使球体沿光标拖动的方向旋转，因而模型视图也就旋转起来。

(2) 圆形光标⊙。

移动光标到辅助圆外，光标就变为这种形状。按住鼠标左键并将光标沿辅助圆拖动，就使 3D 视图旋转，旋转轴垂直于屏幕并通过辅助圆心。

(3) 水平椭圆形光标⊕。

当把光标移动到左、右小圆的位置时，其形状就变为水平椭圆。单击并拖动鼠标，就使视图绕着一个铅垂轴线转动，此旋转轴线经过辅助圆心。

(4) 竖直椭圆形光标⊖。

将光标移动到上、下两个小圆的位置时，光标就变为该形状。单击并拖动鼠标，将使视图绕着一个水平轴线转动，此旋转轴线经过辅助圆心。

当 3DFORBIT 命令激活时，单击鼠标右键，弹出快捷菜单，如图 12-9 所示。

此菜单中常用选项的功能如下。

- 【其他导航模式】: 对三维视图执行平移、缩放操作。
- 【平行模式】: 激活平行投影模式。
- 【透视模式】: 激活透视投影模式，透视图与眼睛观察到的图像极为接近。
- 【视觉样式】: 提供了以下模型显示方式。
- 【三维隐藏】: 用三维线框表示模型并隐藏不可见线条。

- 【三维线框】：用直线和曲线表示表示模型。
- 【概念】：着色对象，效果缺乏真实感，但可以清晰地显示模型细节。
- 【真实】：对模型表面进行着色，显示已附着于对象的材质。

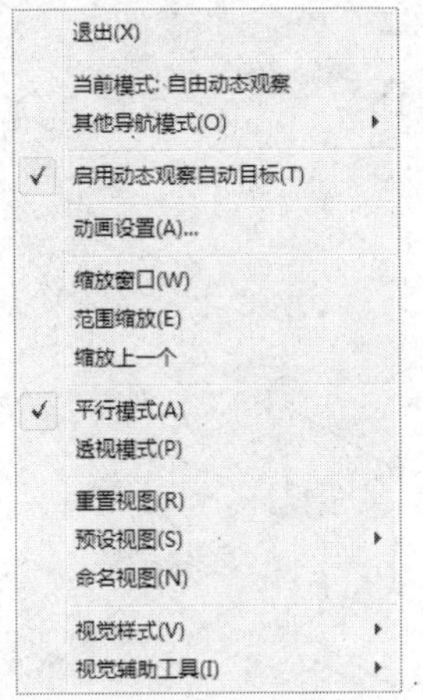

图12-9 快捷菜单

任务二 创建三维实体的各个部分

依次绘制实体的各个部分，最后进行布尔运算，具体绘图过程，如图 12-10 所示。

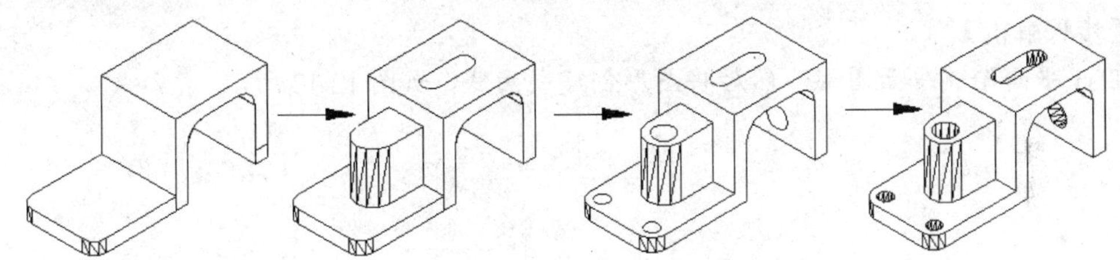

图12-10 绘图过程

一、底板

创建三维实体的主要工具都包含在【三维建模】面板上，利用这些工具可以创建长方体、圆柱体、球体及锥体等基本立体。

【步骤解析】

1. 返回世界坐标系，如图 12-11 左图所示。

   命令：ucs //启动 UCS 命令

   指定 UCS 的原点或 [面(F)/命名(NA)/对象(OB)/上一个(P)/视图(V)/世界(W)/X/Y/Z/Z 轴(ZA)] <世界>: //按 Enter 键返回世界坐标系

2. 绘制底板。单击【三维建模】面板上的按钮，启动 BOX 命令。

   命令：_box

   指定第一个角点或 [中心(C)]: //捕捉端点 *A*，如图 12-11 左图所示

   指定其他角点或 [立方体(C)/长度(L)]: @-90,-100,15//输入另一角点 *B* 的相对坐标

3. 给底板的棱边倒圆角。单击【修改】面板上的按钮，启动圆角命令。

命令：_fillet

选择第一个对象或 [放弃(U)/多段线(P)/半径(R)/修剪(T)/多个(M)]：
//选择棱边 *C*，如图 12-11 左图所示

输入圆角半径 <20.0000>：15　　//输入圆角半径

选择边或 [链(C)/半径(R)]：　　//选择棱边 *D*

选择边或 [链(C)/半径(R)]：　　//按 Enter 键结束

结果如图 12-11 右图所示。

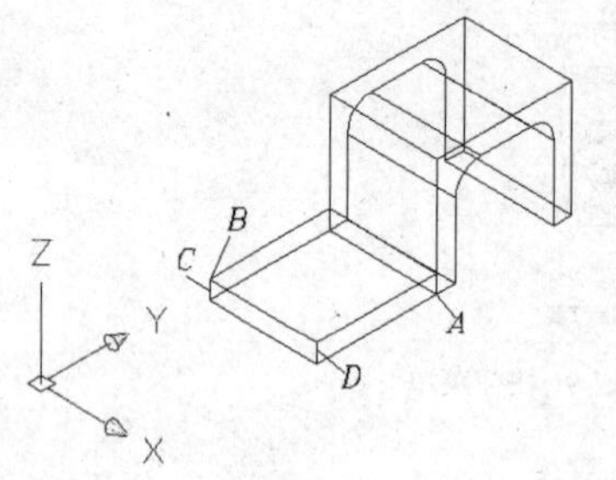

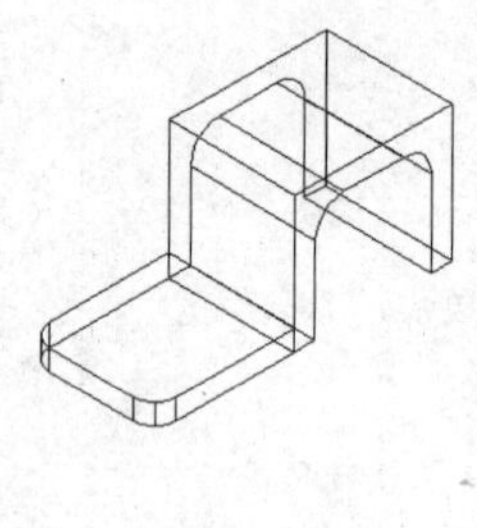

图12-11 绘制底板并倒圆角

二、立板

创建三维实体，然后用 MOVE 命令将它们移动到正确的位置。

【步骤解析】

1. 在 *xy* 平面绘制平面图形，然后将图形创建成面域，如图 12-12 所示。

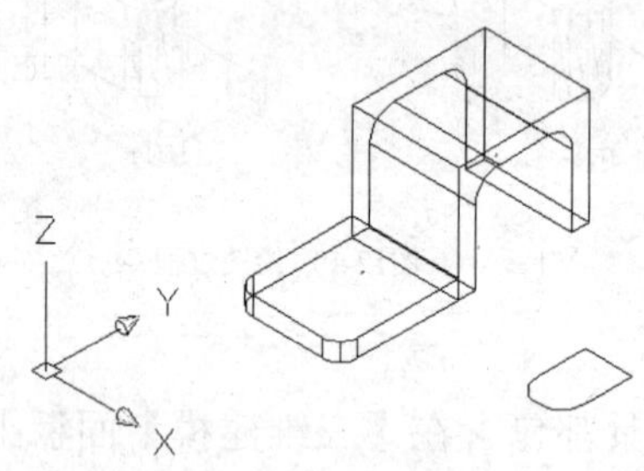

图12-12 绘制平面图形并创建成面域

2. 用 EXTRUDE 命令拉伸面域形成三维实体，如图 12-13 左图所示。
3. 用 MOVE 命令移动三维实体，如图 12-13 所示。

命令：_move

选择对象：找到 1 个　　//选择要移动的对象

选择对象：　　//按 Enter 键

指定基点或 [位移(D)] <位移>：mid 于　　//捕捉中点 *A*，如图 12-13 左图所示

指定第二个点或 <使用第一个点作为位移>：mid 于　　//捕捉中点 *B*

结果如图 12-13 右图所示。

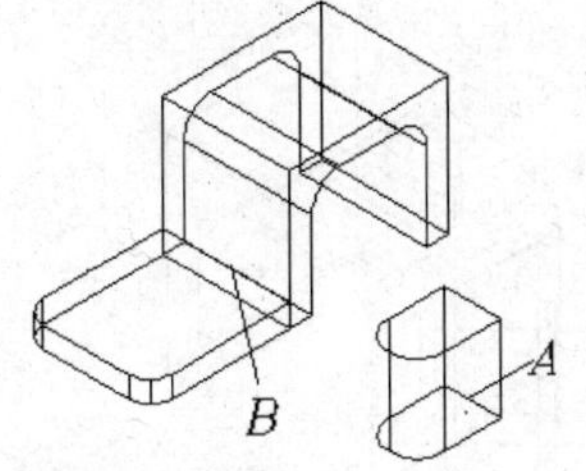

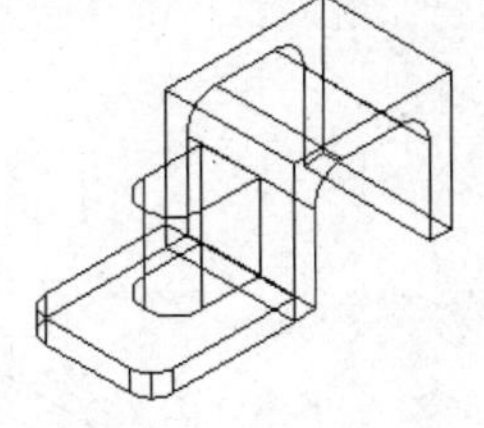

图12-13 移动实体

4. 用相同的方法绘制键槽，并将其移动到正确的位置，如图 12-14 所示。

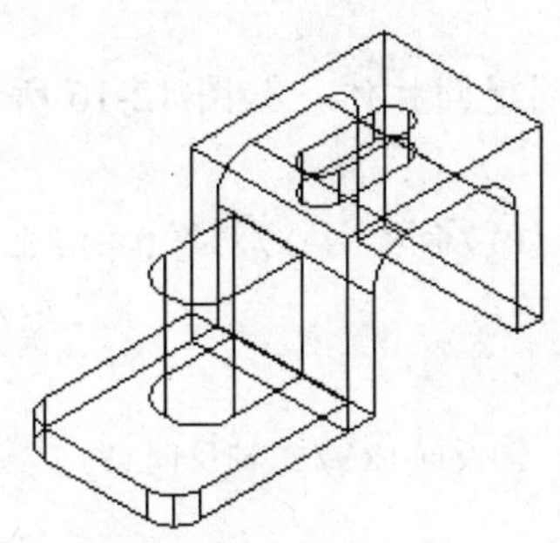

图12-14 绘制键槽

三、圆柱体

用 CYLINDER 命令可以创建三维实心圆柱体。

【步骤解析】

1. 单击【三维建模】面板上的按钮，启动 CYLINDER 命令。

```
命令: _cylinder
指定底面的中心点或 [三点(3P)/两点(2P)/相切、相切、半径(T)/椭圆(E)]:
                                              //捕捉圆心 A，如图 12-15 所示
指定底面半径或 [直径(D)] <80.0000>: 8                   //输入圆柱体半径
指定高度或 [两点(2P)/轴端点(A)] <300.0000>: -15        //输入圆柱体高度
命令:                                                  //重复命令
CYLINDER
指定底面的中心点或 [三点(3P)/两点(2P)/切点、切点、半径(T)/椭圆(E)]: //捕捉圆心 B
指定底面半径或 [直径(D)] <8.0000>:                     //按 Enter 键
指定高度或 [两点(2P)/轴端点(A)] <-15.0000>:            //按 Enter 键
命令:
CYLINDER
指定底面的中心点或 [三点(3P)/两点(2P)/切点、切点、半径(T)/椭圆(E)]: //捕捉圆心 C
指定底面半径或 [直径(D)] <8.0000>: 12                  //输入圆柱体半径
指定高度或 [两点(2P)/轴端点(A)] <-15.0000>: -60        //输入圆柱体高度
```

结果如图 12-15 所示。

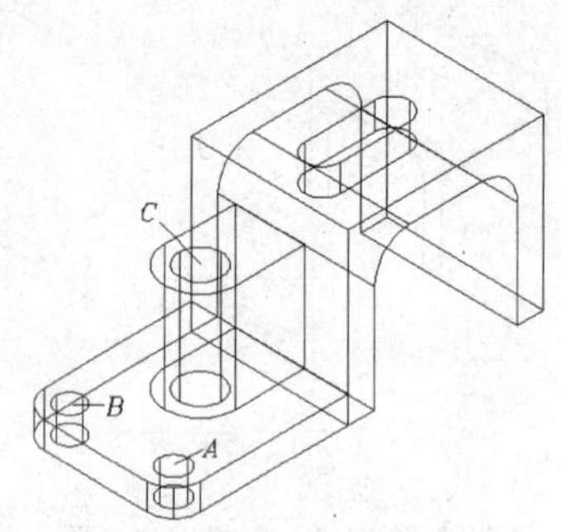

图12-15 创建圆柱体

2. 建立新的用户坐标系，并创建圆柱体，如图 12-16 所示。

```
命令: ucs                                                //输入新建坐标系命令
指定 UCS 的原点或 [面(F)/命名(NA)/对象(OB)/上一个(P)/视图(V)/世界(W)/X/Y/Z/Z
轴(ZA)] <世界>: f                          //根据所选实体的平面建立 UCS 坐标系
选择实体对象的面:                                        //在 D 点附近选择面
输入选项 [下一个(N)/X 轴反向(X)/Y 轴反向(Y)] <接受>:      //按 Enter 键
命令: _cylinder                                          //启动创建圆柱体命令
指定底面的中心点或 [三点(3P)/两点(2P)/切点、切点、半径(T)/椭圆(E)]: 22,45
                                                     //输入圆柱体底面圆心坐标
指定底面半径或 [直径(D)] <12.0000>: 12                   //输入圆柱体半径
指定高度或 [两点(2P)/轴端点(A)] <-60.0000>: -15          //输入圆柱体高度
```

结果如图 12-16 所示。

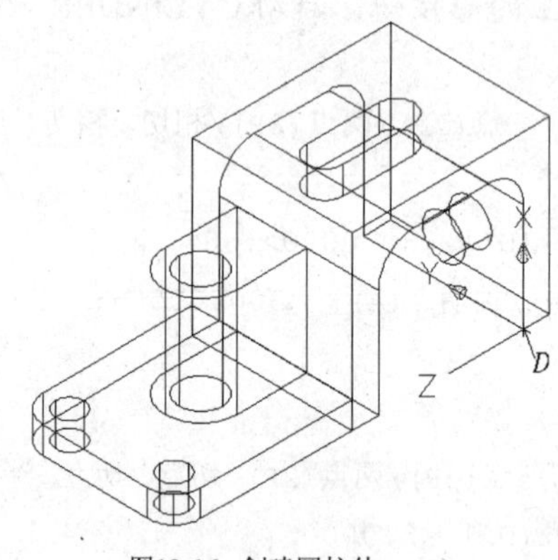

图12-16 创建圆柱体

四、布尔运算

对已经创建的三维实体进行布尔运算就能构建完整的三维模型。

【步骤解析】

1. 用 UNION 命令进行并运算。单击【实体编辑】面板上的 按钮，AutoCAD 命令行提示如下。

```
命令: _union
```

选择对象：找到 3 个　　　　　//选择实体 A、B、C，如图 12-17 左图所示
选择对象：　　　　　　　　　//按 Enter 键结束

结果如图 12-17 右图所示。

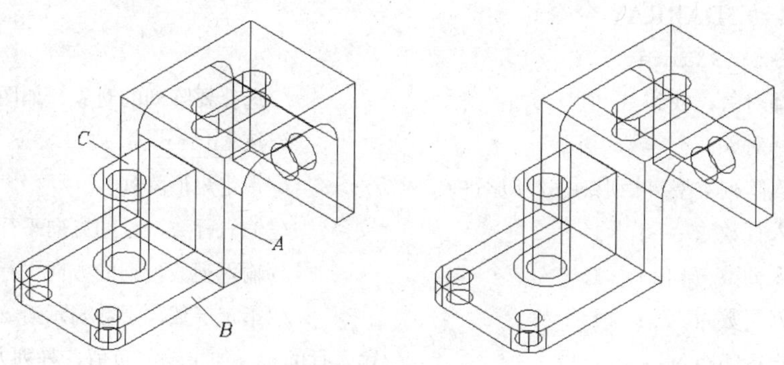

图12-17 并集操作

2. 用 SUBTRACT 命令进行差运算。单击【实体编辑】面板上的按钮，AutoCAD 命令行提示如下。

命令：_subtract 选择要从中减去的实体或面域...
选择对象：找到 1 个　　　　　//选择实体 D，如图 12-18 左图所示
选择对象：　　　　　　　　　//按 Enter 键
选择要减去的实体或面域 ..
选择对象：找到 5 个　　　　　//选择圆柱体及键槽
选择对象：　　　　　　　　　//按 Enter 键结束

启动消隐命令 HIDE，结果如图 12-18 右图所示。

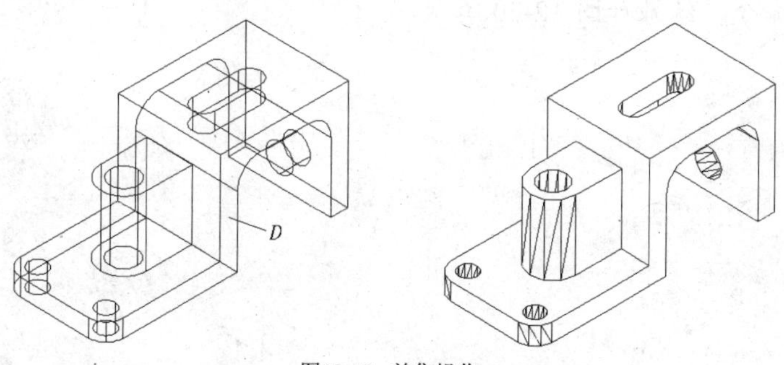

图12-18 差集操作

知识拓展

下面介绍编辑 3D 对象、实心体的面及边，创建用户坐标系，利用布尔运算构建复杂实体模型等。

一、3D 阵列

3DARRAY 命令是二维 ARRAY 命令的 3D 版本。通过这个命令，用户可以在三维空间中创建对象的矩形或环形阵列。

【案例12-2】 练习 3DARRAY 命令的使用。

1. 打开教学资源文件“项目 12\素材\12-2.dwg”，用 3DARRAY 命令创建矩形及环形阵列。
2. 单击【修改】面板上的按钮，或选择菜单命令【修改】/【三维操作】/【三维阵列】，启动 3DARRAY 命令。

```
命令: _3darray
选择对象: 找到 1 个                          //选择要阵列的对象，如图 12-19 所示
选择对象:                                    //按 Enter 键
输入阵列类型 [矩形(R)/环形(P)] <矩形>:       //指定矩形阵列
输入行数 (---) <1>: 2                        //输入行数，行的方向平行于 x 轴
输入列数 (|||) <1>: 3                        //输入列数，列的方向平行于 y 轴
输入层数 (...) <1>: 3                        //指定层数，层数表示沿 z 轴方向的分布数目
指定行间距 (---): 50            //输入行间距，如果输入负值，阵列方向将沿 x 轴反方向
指定列间距 (|||): 80            //输入列间距，如果输入负值，阵列方向将沿 y 轴反方向
指定层间距 (...): 120           //输入层间距，如果输入负值，阵列方向将沿 z 轴反方向
```

启动 HIDE 命令，结果如图 12-19 所示。

如果选择“环形(P)”选项，就能建立环形阵列，AutoCAD 命令行提示如下。

```
输入阵列中的项目数目: 6                      //输入环形阵列的数目
指定要填充的角度 (+=逆时针, -=顺时针) <360>:
                //输入环行阵列的角度值，可以输入正值或负值，角度正方向由右手螺旋法则确定
旋转阵列对象? [是(Y)/否(N)]<是>:             //按 Enter 键，则阵列的同时还旋转对象
指定阵列的中心点:                            //指定旋转轴的第一点 A，如图 12-20 所示
指定旋转轴上的第二点:                        //指定旋转轴的第二点 B
```

启动 HIDE 命令，结果如图 12-20 所示。

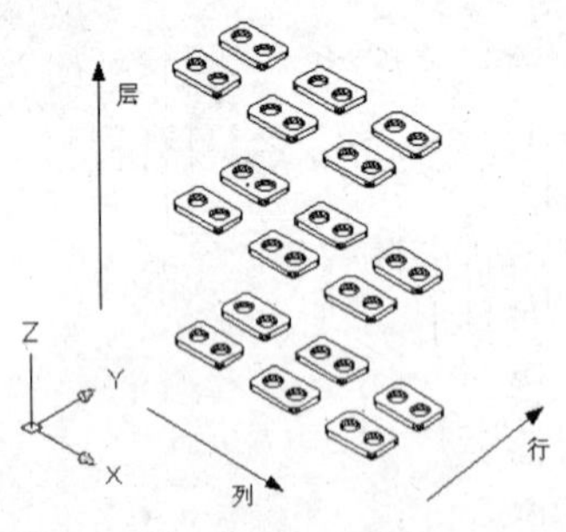

图12-19 矩形阵列

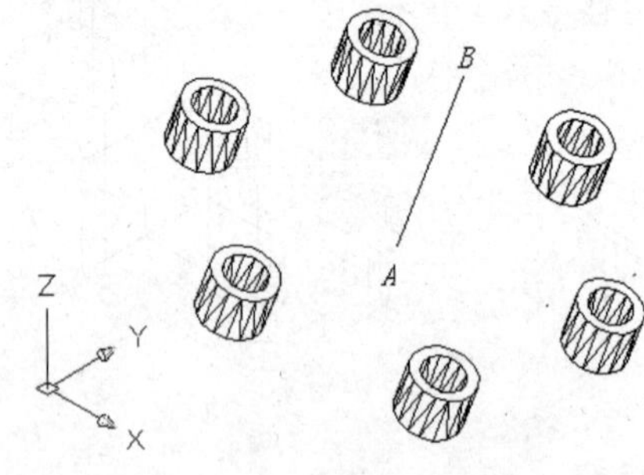

图12-20 环形阵列

旋转轴的正方向是从第一个指定点指向第二个指定点，沿该方向伸出大拇指，则其他 4 个手指的弯曲方向就是旋转角的正方向。

二、3D 镜像

如果镜像线是当前 UCS 平面内的直线，则使用常见的 MIRROR 命令就可以进行 3D 对象的镜像复制。但若想以某个平面作为镜像平面来创建 3D 对象的镜像拷贝，就必须使用 MIRROR3D 命令。如图 12-21 所示，把 A、B、C 点定义的平面作为镜像平面，对实体进行镜像。

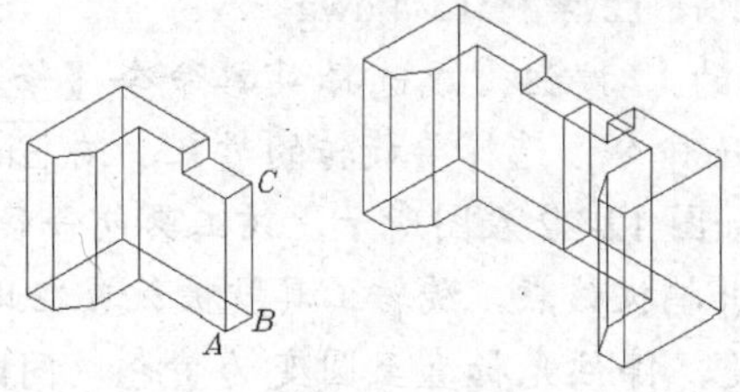

图12-21 3D 镜像

【案例12-3】 练习 MIRROR3D 命令的使用。

1. 打开教学资源文件"项目 12\素材\12-3.dwg"，用 MIRROR3D 命令创建对象的三维镜像。
2. 单击【修改】面板上的按钮，或选择菜单命令【修改】/【三维操作】/【三维镜像】，启动 MIRROR3D 命令。

```
命令: _mirror3d
选择对象: 找到 1 个                                   //选择要镜像的对象
选择对象:                                             //按 Enter 键
指定镜像平面 (三点) 的第一个点或[对象(O)/最近的(L)/Z 轴(Z)/视图(V)/XY 平面
(XY)/YZ 平面(YZ)/ZX 平面(ZX)/三点(3)]<三点>:
                        //利用 3 点指定镜像平面，捕捉第一点 A，如图 12-21 所示
在镜像平面上指定第二点:                               //捕捉第二点 B
在镜像平面上指定第三点:                               //捕捉第三点 C
是否删除源对象? [是(Y)/否(N)] <否>:                   //按 Enter 键不删除源对象
```

结果如图 12-21 所示。

MIRROR3D 命令有以下选项，利用这些选项，用户就可以在三维空间中定义镜像平面。

- 对象(O): 以圆、圆弧、椭圆及 2D 多段线等二维对象所在的平面作为镜像平面。
- 最近的(L): 该选项将上一次使用 MIRROR3D 命令时指定的镜像平面作为当前镜像面。
- Z 轴(Z): 用户在三维空间中指定两个点，镜像平面将垂直于两点的连线，并通过第一个选取点。
- 视图(V): 镜像平面平行于当前视区，并通过用户的拾取点。
- XY 平面(XY)/YZ 平面(YZ)/ZX 平面(ZX): 镜像平面平行于 *xy*、*yz* 或 *zx* 平面，并通过用户的拾取点。
- 三点(3): 利用 3 点指定镜像平面。

三、3D 旋转

使用 ROTATE 命令只能使对象在 *xy* 平面内旋转，即旋转轴只能是 *z* 轴。ROTATE3D 及 3DROTATE 命令是 ROTATE 的 3D 版本，这两个命令能使对象绕 3D 空间中任意轴旋转。此外，ROTATE3D 命令还能旋转实体的表面（按住 Ctrl 键选择实体表面）。下面介绍这两个命令的用法。

【案例12-4】 练习 3DROTATE 命令的使用。

1. 打开教学资源文件“项目 12\素材\12-4.dwg”。
2. 单击【修改】面板上的按钮，或选择菜单命令【修改】/【三维操作】/【三维旋转】，启动 3DROTATE 命令。选择要旋转的对象，按 Enter 键，AutoCAD 显示附着在光标上的旋转工具，如图 12-22 左图所示。该工具包含表示旋转方向的 3 个辅助圆。
3. 移动光标到 *A* 点处，并捕捉该点，旋转工具就被放置在此点，如图 12-22 左图所示。
4. 将光标移动到圆 *B* 处，停住光标直至圆变为黄色，同时出现以圆为回转方向的回转轴，单击鼠标左键确认。回转轴与当前坐标系的坐标轴是平行的，且轴的正方向与坐标轴正向一致。
5. 输入回转角度值“-90”，如图 12-22 右图所示。角度正方向按右手螺旋法则确定，也可以单击一点指定回转起点，然后再单击一点指定回转终点。

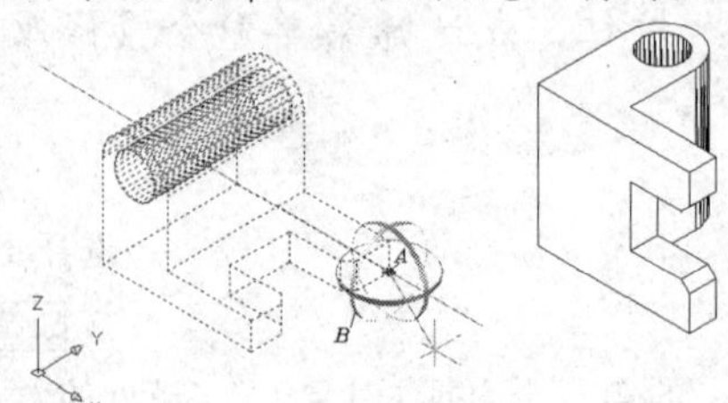

图12-22 旋转对象

ROTATE3D 命令没有提供指示回转方向的辅助工具，但使用此命令时，可通过拾取两点来设置回转轴。在这一点上，3DROTATE 命令没有此命令便利，它只能沿与当前坐标轴平行的方向来设置回转轴。

【案例12-5】 练习 ROTATE3D 命令的使用。

打开教学资源文件“项目 12\素材\12-5.dwg”，用 ROTATE3D 命令旋转 3D 对象。

```
命令: _rotate3d
选择对象: 找到 1 个                      //选择要旋转的对象
选择对象:                                //按 Enter 键
指定轴上的第一个点或定义轴依据[对象(O)/最近的(L)/视图(V)/X 轴(X)/Y 轴(Y)/Z 轴
(Z)/两点(2)]:                             //指定旋转轴上的第一点 A，如图 12-23 所示
指定轴上的第二点:                          //指定旋转轴上的第二点 B
指定旋转角度或 [参照(R)]: 60               //输入旋转的角度值
```

结果如图 12-23 所示。

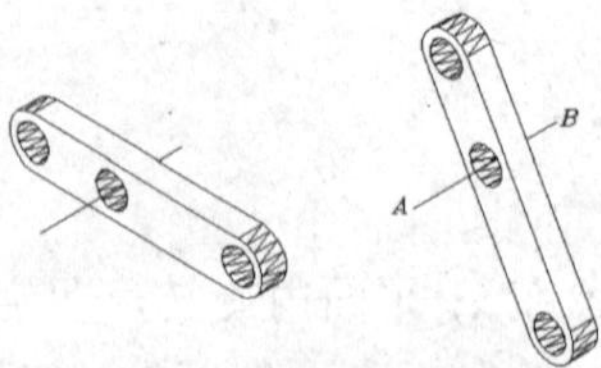

图12-23 旋转对象

ROTATE3D 命令选项如下。

- 对象(O)：AutoCAD 根据选择的对象来设置旋转轴。如果用户选择直线，则该直线就是旋转轴，而且旋转轴的正方向是从选择点开始指向远离选择点的那一

端。若选择了圆或圆弧，则旋转轴通过圆心并与圆或圆弧所在的平面垂直。

- 最近的(L)：该选项将上一次使用 ROTATE3D 命令时定义的轴作为当前旋转轴。
- 视图(V)：旋转轴垂直于当前视区，并通过用户的选取点。
- X 轴(X)：旋转轴平行于 x 轴，并通过用户的选取点。
- Y 轴(Y)：旋转轴平行于 y 轴，并通过用户的选取点。
- Z 轴(Z)：旋转轴平行于 z 轴，并通过用户的选取点。
- 两点(2)：通过指定两点来设置旋转轴。
- 指定旋转角度：输入正的或负的旋转角，角度正方向由右手螺旋法则确定。
- 参照(R)：选择该选项，AutoCAD 命令行将提示"指定参照角 <0>"，输入参考角度值或拾取两点指定参考角度，当 AutoCAD 命令行继续提示"指定新角度"时，再输入新的角度值或拾取另外两点指定新参考角，新角度减去初始参考角就是实际旋转角度。常用"参照(R)"选项将 3D 对象从最初位置旋转到与某一方向对齐的另一位置。

使用 ROTATE3D 命令的"参照(R)"选项时，如果是通过拾取两点来指定参考角度，一般要使 UCS 平面垂直于旋转轴，并且应在 xy 平面或与 xy 平面平行的平面内选择点。

使用 ROTATE3D 命令时，用户应注意确定旋转轴的正方向。当旋转轴平行于坐标轴时，坐标轴的方向就是旋转轴的正方向，若用户通过两点来指定旋转轴，那么轴的正方向是从第一个选取点指向第二个选取点。

四、3D 倒圆角及倒斜角

FILLET、CHAMFER 命令可以对二维对象倒圆角及斜角，它们的用法已在第 2 章中叙述过。对于三维实体，同样可以用这两个命令创建圆角和斜角，但此时的操作方式与二维绘图时略有不同。

【案例12-6】 在 3D 空间使用 FILLET、CHAMFER 命令。

1. 打开教学资源文件"项目 12\素材\12-6.dwg"。
2. 单击【修改】面板上的按钮，启动 FILLET 命令。

```
命令: _fillet
选择第一个对象或 [放弃(U)/多段线(P)/半径(R)/修剪(T)/多个(U)]:
                                                  //选择棱边A，如图 12-24 所示
输入圆角半径 <10.0000>: 15                        //输入圆角半径
选择边或 [链(C)/半径(R)]:                          //选择棱边B
选择边或 [链(C)/半径(R)]:                          //选择棱边C
选择边或 [链(C)/半径(R)]:                          //按Enter键结束
```

3. 单击【修改】面板上的按钮，启动 CHAMFER 命令。

```
命令: _chamfer
选择第一条直线或 [放弃(U)/多段线(P)/距离(D)/角度(A)/修剪(T)/ 方式(M)/多个(U)]:
                                                  //选择棱边E，如图 12-24 所示
基面选择...                                        //平面D高亮显示，该面是倒角基面
```

```
输入曲面选择选项 [下一个(N)/当前(OK)] <当前>:      //按 Enter 键
指定基面的倒角距离 <15.0000>: 10                   //输入基面内的倒角距离
指定其他曲面的倒角距离 <10.0000>: 15               //输入另一平面内的倒角距离
选择边或[环(L)]:                                   //选择棱边 E
选择边或[环(L)]:                                   //选择棱边 F
选择边或[环(L)]:                                   //选择棱边 G
选择边或[环(L)]:                                   //选择棱边 H
选择边或[环(L)]:                                   //按 Enter 键结束
```

结果如图 12-24 所示。

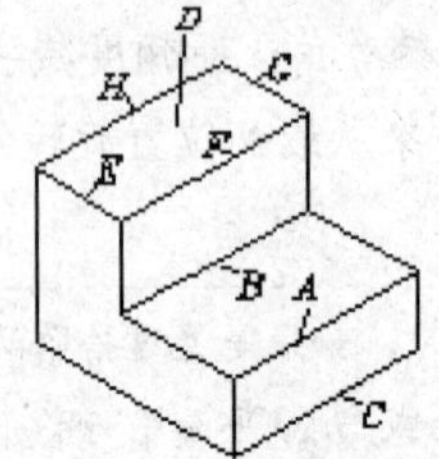

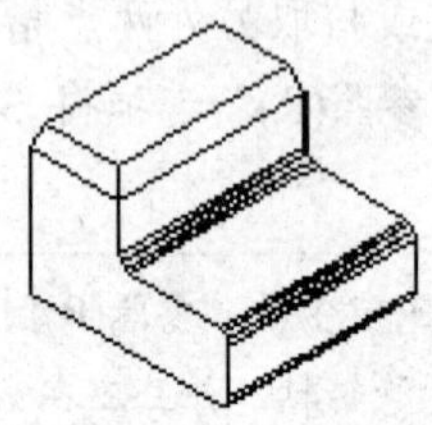

图12-24 3D 倒圆角及倒斜角

五、拉伸面

AutoCAD 可以根据指定的距离拉伸面或将面沿某条路径进行拉伸。拉伸时，如果是输入拉伸距离值，那么还可以输入锥角，这样将使拉伸所形成的实体锥化。图 12-25 所示为将实体表面按指定的距离、锥角及沿路径进行拉伸的结果。

【案例12-7】 拉伸面。

1. 打开教学资源文件“项目 12\素材\12-7.dwg”，利用 SOLIDEDIT 命令拉伸实体表面。
2. 单击【实体编辑】面板上的按钮，AutoCAD 命令行主要提示如下。

```
命令: _solidedit
选择面或 [放弃(U)/删除(R)]: 找到 1 个面           //选择实体表面 A，如图 12-25 所示
选择面或 [放弃(U)/删除(R)/全部(ALL)]:              //按 Enter 键
指定拉伸高度或 [路径(P)]: 50                        //输入拉伸的距离
指定拉伸的倾斜角度 <0>: 5                           //指定拉伸的锥角
```

结果如图 12-25 所示。

常用选项功能如下。

- 指定拉伸高度：输入拉伸距离及锥角来拉伸面。对于每个面，规定其外法线方向是正方向，当输入的拉伸距离是正值时，面将沿其外法线方向拉伸，反之，将向相反方向拉伸。在指定拉伸距离后，AutoCAD 会提示输入锥角，若输入正的锥角值，则将使面向实体内部锥化，反之，将使面向实体外部锥化，如图 12-26 所示。

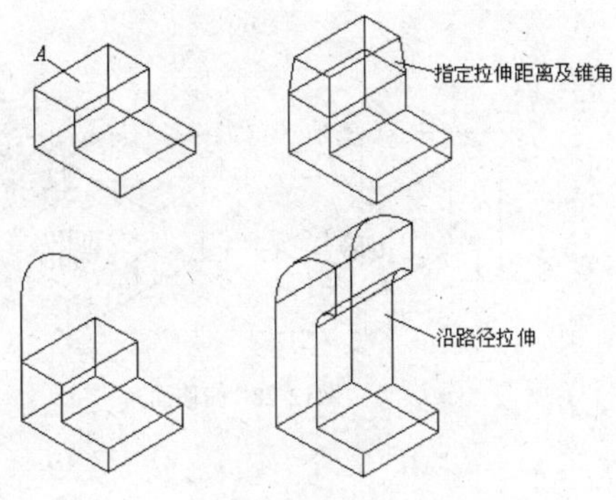

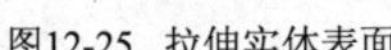

图12-25 拉伸实体表面

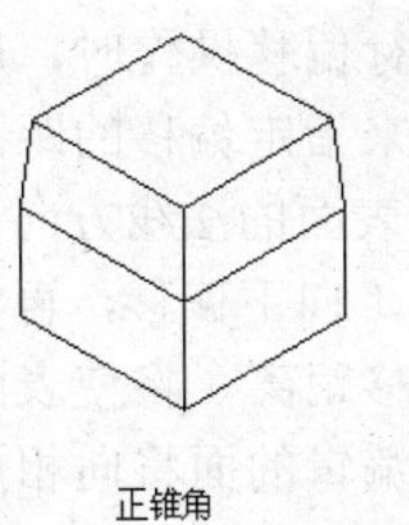

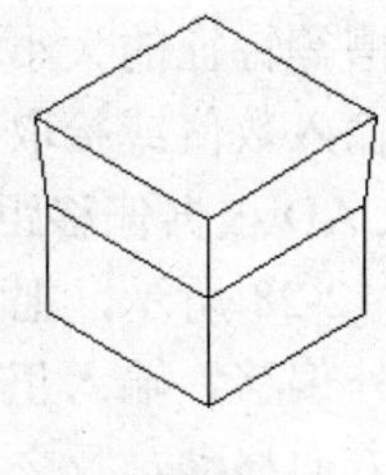

图12-26 拉伸并锥化面

- 路径(P)：沿着一条指定的路径拉伸实体表面。拉伸路径可以是直线、圆弧、多段线、2D 样条线等，作为路径的对象不能与要拉伸的表面共面，也应避免路径曲线的某些局部区域有较高的曲率，否则，可能使新形成的实体在路径曲率较高处出现自相交的情况，从而导致拉伸失败。

提示 可用 PEDIT 命令的"合并(J)"选项将当前坐标系 *xy* 平面内的连续几段线条连接成多段线，这样就可以将其定义为拉伸路径了。

六、移动面

用户可以通过移动面来修改实体尺寸或改变某些特征（如孔、槽等）的位置。如图 12-27 所示，将实体的顶面 *A* 向上移动，并把孔 *B* 移动到新的地方。用户可以通过对象捕捉或输入位移值来精确地调整面的位置，AutoCAD 在移动面的过程中将保持面的法线方向不变。

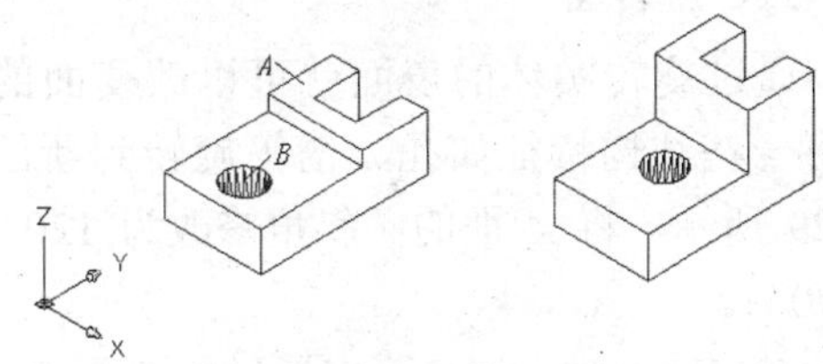

图12-27 移动面

【案例12-8】 移动面。

1. 打开教学资源文件"项目 12\素材\12-8.dwg"，利用 SOLIDEDIT 命令移动实体表面。
2. 单击【实体编辑】面板上的按钮，AutoCAD 命令行主要提示如下。

```
命令: _solidedit
选择面或 [放弃(U)/删除(R)]: 找到 1 个面          //选择孔的表面 B，如图 12-27 左图所示
选择面或 [放弃(U)/删除(R)/全部(ALL)]:             //按 Enter 键
指定基点或位移: 0,70,0                             //输入沿坐标轴移动的距离
指定位移的第二点:                                  //按 Enter 键
```

结果如图 12-27 右图所示。

如果指定了两点，AutoCAD 就根据两点定义的矢量来确定移动的距离和方向。若在提示"指定基点或位移"时，输入一个点的坐标，当提示"指定位移的第二点"时，按 Enter 键，则 AutoCAD 将根据输入的坐标值把选定的面沿着面法线方向移动。

七、偏移面

对于三维实体，可以通过偏移面来改变实体及孔、槽等特征的大小。进行偏移操作时，用户可以直接输入数值或拾取两点来指定偏移的距离，随后AutoCAD根据偏移距离沿表面的法线方向移动面。如图 12-28 所示，把顶面 *A* 向下偏移，再将孔的表面向外偏移。输入正的偏移距离，将使表面向其外法线方向移动，反之，被编辑的面将向相反的方向移动。

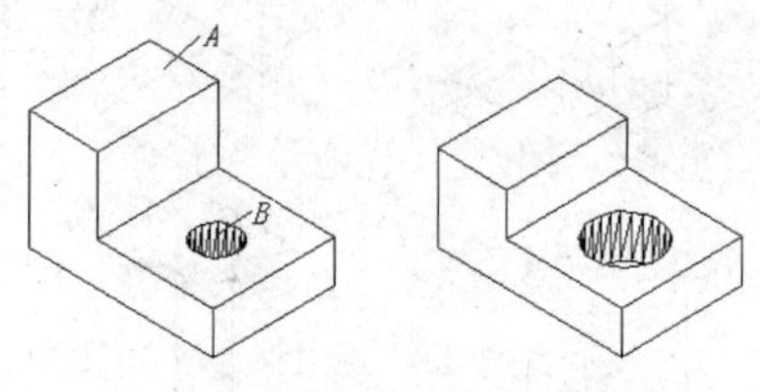

图12-28 偏移面

【案例12-9】 偏移面。

1. 打开教学资源文件“项目 12\素材\12-9.dwg”，利用 SOLIDEDIT 命令偏移实体表面。
2. 单击【实体编辑】面板上的按钮，AutoCAD 命令行主要提示如下。

```
命令: _solidedit
选择面或 [放弃(U)/删除(R)]: 找到 1 个面          //选择圆孔表面 B，如图 12-28 左图所示
选择面或 [放弃(U)/删除(R)/全部(ALL)]:            //按 Enter 键
指定偏移距离: -20                                //输入偏移距离
```

结果如图 12-28 右图所示。

八、旋转面

通过旋转实体的表面就可以改变面的倾斜角度，或将一些结构特征如孔、槽等旋转到新的方位。如图 12-29 所示，将 *A* 面的倾斜角修改为 120°，并把槽旋转 90°。

在旋转面时，用户可以通过拾取两点、选择某条直线或设定旋转轴平行于坐标轴等方法来指定旋转轴，另外，应注意确定旋转轴的正方向。

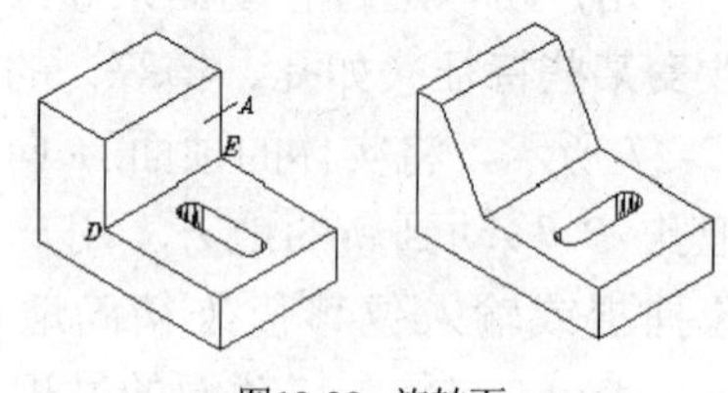

图12-29 旋转面

【案例 12-10】 旋转面。

1. 打开教学资源文件“项目 12\素材\12-10.dwg”，利用 SOLIDEDIT 命令旋转实体表面。
2. 单击【实体编辑】工具栏按钮，AutoCAD 命令行主要提示如下。

```
命令: _solidedit
选择面或 [放弃(U)/删除(R)]: 找到 1 个面   //选择表面 A
选择面或 [放弃(U)/删除(R)/全部(ALL)]:     //按 Enter 键
指定轴点或 [经过对象的轴(A)/视图(V)/X 轴(X)/Y 轴(Y)/Z 轴(Z)] <两点>:
                        //捕捉旋转轴上的第一点 D，如图 12-29 左图所示
在旋转轴上指定第二个点:                   //捕捉旋转轴上的第二点 E
指定旋转角度或 [参照(R)]: -30             //输入旋转角度
```

结果如图 12-29 右图所示。

常用选项功能如下。

- 两点：指定两点来确定旋转轴，轴的正方向是由第一个选择点指向第二个选择点。

- X 轴(X)、Y 轴(Y)、Z 轴(Z)：旋转轴平行于 *x*、*y*、*z* 轴，并通过拾取点。旋转轴的正方向与坐标轴的正方向一致。

九、锥化面

用户可以沿指定的矢量方向使实体表面产生锥度。如图 12-30 所示，选择圆柱表面 *A* 使其沿矢量 *EF* 方向锥化，结果圆柱面变为圆锥面。如果选择实体的某一平面进行锥化操作，则将使该平面倾斜一个角度，如图 12-30 所示。

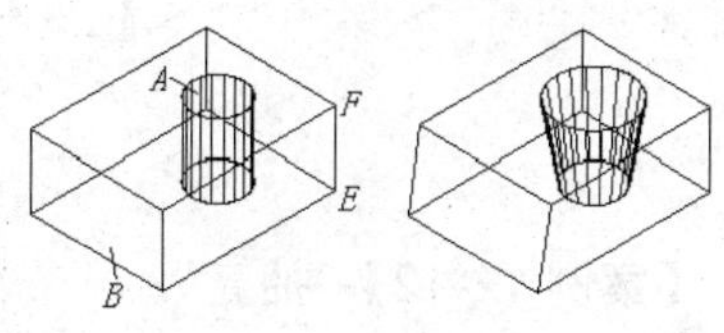

图12-30 锥化面

进行面的锥化操作时，其倾斜方向由锥角的正负号及定义矢量时的基点决定。若输入正的锥度值，则将已定义的矢量绕基点向实体内部倾斜，反之，向实体外部倾斜。矢量的倾斜方式表明了被编辑表面的倾斜方式。

【案例 12-11】 锥化面。

1. 打开教学资源文件“项目 12\素材\12-11.dwg”，利用 SOLIDEDIT 命令拉伸实体表面。
2. 单击【实体编辑】面板上的按钮，AutoCAD 命令行主要提示如下。

```
选择面或 [放弃(U)/删除(R)]: 找到 1 个面          //选择圆柱面 A，如图 12-30 左图所示
选择面或 [放弃(U)/删除(R)/全部(ALL)]: 找到一个面 //选择平面 B
选择面或 [放弃(U)/删除(R)/全部(ALL)]:            //按 Enter 键
指定基点:                                        //捕捉端点 E
指定沿倾斜轴的另一个点:                          //捕捉端点 F
指定倾斜角度: 10                                 //输入倾斜角度
```

结果如图 12-30 右图所示。

十、编辑实心体的棱边

对于实心体模型，可以复制其棱边或改变某一棱边的颜色。

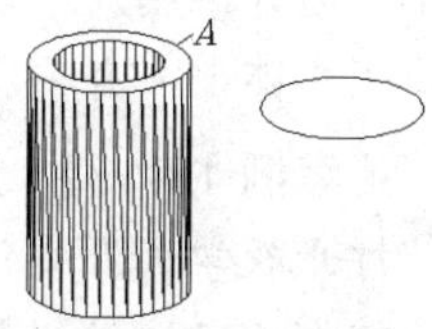

图12-31 复制棱边

- 按钮：把实心体的棱边复制成直线、圆、圆弧及样条线等。如图 12-31 所示，将实体的棱边 *A* 复制成圆，复制棱边时，操作方法与常用的 COPY 命令类似。
- 按钮：利用此按钮用户可以改变棱边的颜色。将棱边改变为特殊的颜色后，就能增强着色效果。

通过复制棱边的功能，用户就能获得实体的结构特征信息，如孔、槽等特征的轮廓线框，然后，可利用这些信息生成新实体。

十一、抽壳

用户可以利用抽壳的方法将一个实心体模型创建成一个空心的薄壳体。在使用抽壳功能时，用户要先指定壳体的厚度，然后 AutoCAD 把现有的实体表面偏移指定的厚度值以形成新的表面，这样，原来的实体就变为一个薄壳体。如果指定正的厚度值，AutoCAD 就在实体内部创建新面，反之，在实体的外部创建新面。另外，在抽壳操作过程中还能将实体的某些面去除，以形成薄壳体的开口，图 12-32 所示为把实体进行抽壳并去除其顶面的结果。

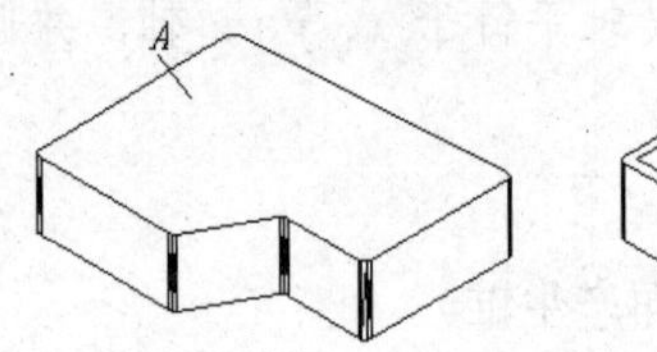

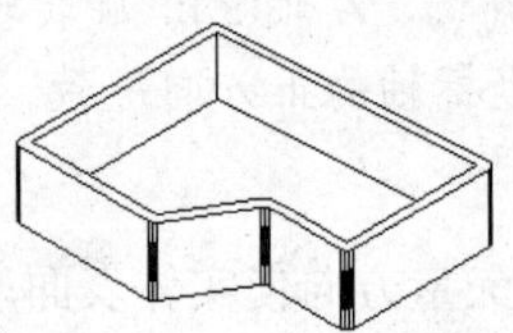

图12-32 抽壳

【案例 12-12】 抽壳。

1. 打开教学资源文件“项目 12\素材\12-12.dwg”，利用 SOLIDEDIT 命令创建一个薄壳体。
2. 单击【实体编辑】面板上的按钮，AutoCAD 命令行主要提示如下。

```
选择三维实体:                                  //选择要抽壳的对象
删除面或 [放弃(U)/添加(A)/全部(ALL)]: 找到 1 个面，已删除 1 个
                                               //选择要删除的表面 A，如图 12-32 左图所示
删除面或 [放弃(U)/添加(A)/全部(ALL)]:          //按 Enter 键
输入抽壳偏移距离: 10                           //输入壳体厚度
```

结果如图 12-32 右图所示。

十二、压印

压印（Imprint）可以把圆、直线、多段线、样条曲线、面域及实心体等对象压印到三维实体上，使其成为实体的一部分。用户必须使被压印的几何对象在实体表面内或与实体表面相交，压印操作才能成功。压印时，AutoCAD 将创建新的表面，该表面以被压印的几何图形及实体的棱边作为边界，用户可以对生成的新面进行拉伸、复制、锥化等操作。如图 12-33 所示，将圆压印在实体上，并将新生成的面向上拉伸。

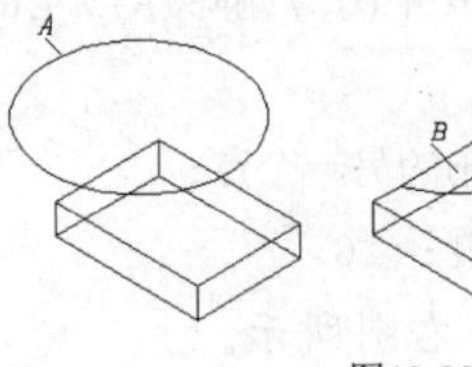

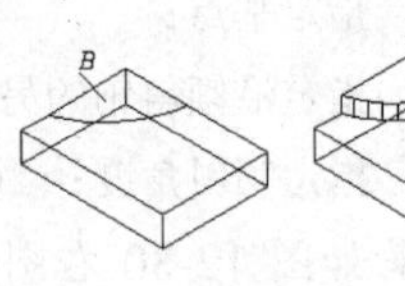

图12-33 压印

【案例 12-13】 压印。

1. 打开教学资源文件“项目 12\素材\12-13.dwg”。
2. 单击【实体编辑】面板上的按钮，AutoCAD 命令行主要提示如下。

```
选择三维实体:                                  //选择实体模型
选择要压印的对象:                              //选择圆 A，如图 12-33 左图所示
是否删除源对象 [是(Y)/否(N)] <N>: y            //删除圆 A
选择要压印的对象:                              //按 Enter 键结束
```

结果如图 12-33 中图所示。

3. 再单击按钮，AutoCAD 命令行主要提示如下。

```
选择面或 [放弃(U)/删除(R)]: 找到 1 个面        //选择表面 B
选择面或 [放弃(U)/删除(R)/全部(ALL)]:          //按 Enter 键
指定拉伸高度或 [路径(P)]: 10                   //输入拉伸高度
指定拉伸的倾斜角度 <0>:                        //按 Enter 键结束
```

结果如图 12-33 右图所示。

十三、与实体显示有关的系统变量

与实体显示有关的系统变量有 3 个，ISOLINES、FACETRES 及 DISPSILH，分别介绍如下。

- ISOLINES：此变量用于设定实体表面网格线的数量，如图 12-34 所示。
- FACETRES：用于设置实体消隐或渲染后的表面网格密度。此变量值的范围为 0.01~10.0，值越大表明网格越密，消隐或渲染后表面越光滑，如图 12-35 所示。
- DISPSILH：用于控制消隐时是否显示出实体表面网格线。若此变量值为 0，则显示网格线，为 1 时，不显示网格线，如图 12-36 所示。

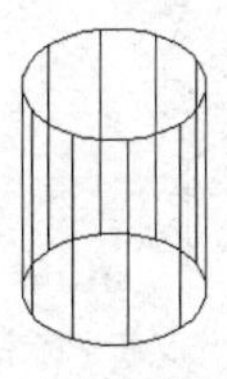

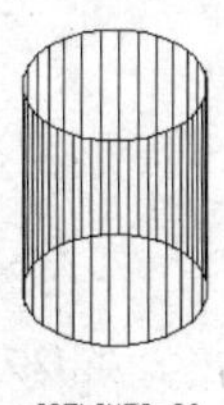

图12-34 ISOLINES 变量

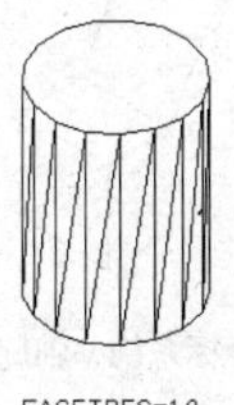

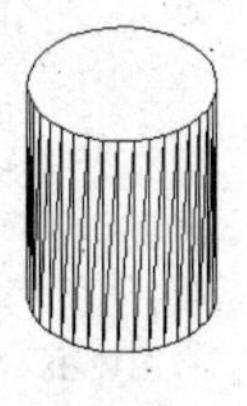

图12-35 FACETRES 变量

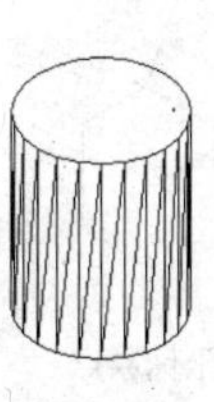

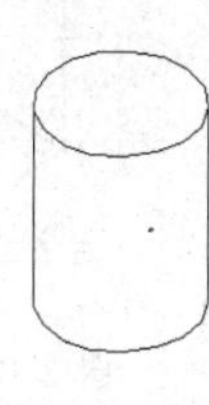

图12-36 DISPSILH 变量

十四、用户坐标系

默认情况下，AutoCAD 坐标系统是世界坐标系，该坐标系是一个固定坐标系。用户也可以在三维空间中建立自己的坐标系（UCS），该坐标系是一个可变动的坐标系，坐标轴正向按右手螺旋法则确定。三维绘图时，UCS 坐标系特别有用，因为我们可以在任意位置、沿任意方向建立 UCS，从而使得三维绘图变得更加容易。

在 AutoCAD 中，多数 2D 命令只能在当前坐标系的 *xy* 平面或与 *xy* 平面平行的平面内执行。若用户想在 3D 空间的某一平面内使用 2D 命令，则应在此平面位置创建新的 UCS。

【案例 12-14】 在三维空间中创建坐标系。

1. 打开教学资源文件“项目 12\素材\12-14.dwg”。
2. 改变坐标原点。键入 UCS 命令，AutoCAD 命令行提示如下。

命令: ucs

指定 UCS 的原点或 [面(F)/命名(NA)/对象(OB)/上一个(P)/视图(V)/世界(W)/X/Y/Z/Z 轴(ZA)] <世界>: //捕捉 A 点

指定 X 轴上的点或 <接受>: //按 Enter 键

结果如图 12-37 所示。

3. 将 UCS 坐标系绕 *x* 轴旋转 90°。

命令:UCS

指定 UCS 的原点或 [面(F)/命名(NA)/对象(OB)/上一个(P)/视图(V)/世界(W)/X/Y/Z/Z 轴(ZA)] <世界>: x //使用“X”选项

指定绕 X 轴的旋转角度 <90>: 90 //输入旋转角度

结果如图 12-38 所示。

4. 利用三点定义新坐标系。

命令:UCS

指定 UCS 的原点或 [面(F)/命名(NA)/对象(OB)/上一个(P)/视图(V)/世界(W)/X/Y/Z/Z轴(ZA)] <世界>: end 于 //捕捉 *B* 点

指定 X 轴上的点或 <接受>: end 于 //捕捉 *C* 点

指定 XY 平面上的点或 <接受>: end 于 //捕捉 *D* 点

结果如图 12-39 所示。

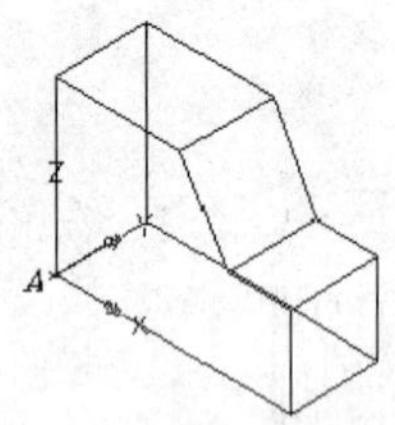

图12-37 改变坐标原点

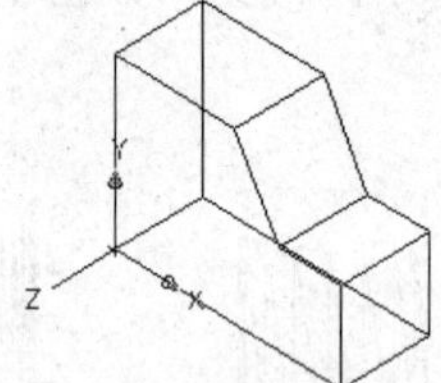

图12-38 将 UCS 坐标系绕 *x* 轴旋转 90°

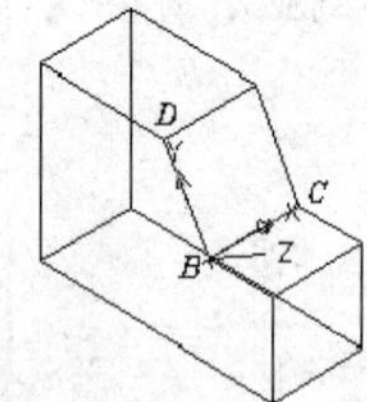

图12-39 利用三点定义新坐标系

除用 UCS 命令改变坐标系外，也可以打开动态 UCS 功能，使 UCS 坐标系的 *xy* 平面在绘图过程中自动与某一平面对齐。按 F6 键或按下状态栏的DUCS按钮，就打开动态 UCS 功能。启动二维或三维绘图命令，将光标移动到要绘图的实体面，该实体面亮显，表明坐标系的 *xy* 平面临时与实体面对齐，绘制的对象将处于此面内。绘图完成后，UCS 坐标系又返回原来的状态。

十五、利用布尔运算构建复杂实体模型

前面已经学习了如何生成基本三维实体及如何由二维对象转换得到三维实体，将这些简单实体放在一起，然后进行布尔运算就能构建复杂的三维模型。

布尔运算包括并集、差集、交集。

(1) 并集操作：UNION 命令将两个或多个实体合并在一起形成新的单一实体，操作对象既可以是相交的，也可以是分离开的。

【案例 12-15】 并集操作。

打开教学资源文件“项目 12\素材\12-15.dwg”，用 UNION 命令进行并运算。单击【实体编辑】面板上的按钮或选择菜单命令【修改】/【实体编辑】/【并集】，AutoCAD 命令行提示如下。

命令: _union

选择对象: 找到 2 个 //选择圆柱体及长方体，如图 12-40 左图所示

选择对象: //按 Enter 键结束

结果如图 12-40 右图所示。

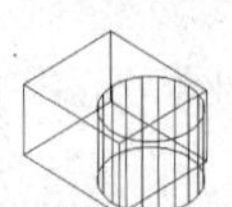
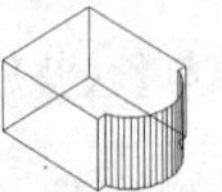
图12-40 并集操作

(2) 差集操作：SUBTRACT 命令将实体构成的一个选择集从另一选择集中减去。操作时，用户首先选择被减对象，构成第一选择集，然后选择要减去的对象，构成第二选择集，操作结果是第一选择集减去第二选择集后生成的新对象。

【案例 12-16】 差集操作。

打开教学资源文件“项目 12\素材\12-16.dwg”，用 SUBTRACT 命令进行差运算。单击【实体编辑】面板上的按钮，或选择菜单命令【修改】/【实体编辑】/【差集】，AutoCAD 命令行提示如下。

```
命令: _subtract 选择要从中减去的实体或面域...
选择对象: 找到 1 个                    //选择长方体，如图 12-41 左图所示
选择对象:                              //按 Enter 键
选择要减去的实体或面域 ..
选择对象: 找到 1 个                    //选择圆柱体
选择对象:                              //按 Enter 键结束
```

结果如图 12-41 右图所示。

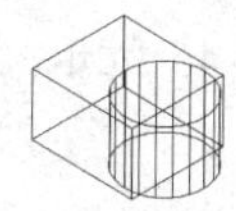
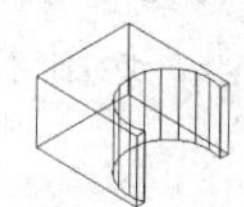

图12-41 差集操作

(3) 交集操作：INTERSECT 命令可创建由两个或多个实体重叠部分构成的新实体。

【案例 12-17】 交集操作。

打开教学资源文件“项目 12\素材\12-17.dwg”，用 INTERSECT 命令进行交运算。单击【实体编辑】面板上的按钮，或选取菜单命令【修改】/【实体编辑】/【交集】，AutoCAD 命令行提示如下。

```
命令: _intersect
选择对象:                              //选择圆柱体和长方体，如图 12-42 左图所示
选择对象:                              //按 Enter 键
```

结果如图 12-42 右图所示。

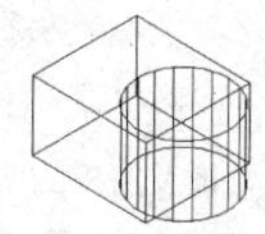
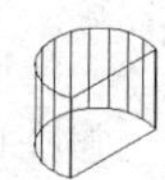

图12-42 交集操作

实训

利用 CYLINER、EXTRUDE、UNION、SUBTRACT 等命令，绘制实体模型。

实训 1 创建支撑架实体模型

【案例 12-18】 绘制如图 12-43 所示的支撑架的实体模型，通过该例子向读者演示三维建模的过程。

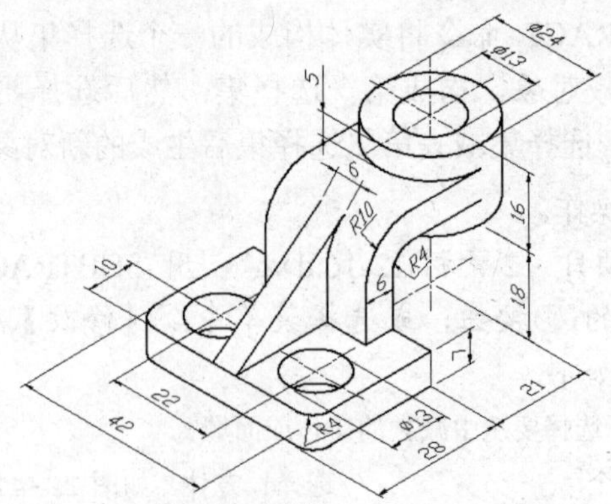

图12-43 支撑架的实体模型

【步骤解析】

1. 创建一个新图形。
2. 打开【视图】面板上的【视图控制】下拉列表，选择【东南等轴测】选项，切换到东南轴测视图，在 *xy* 平面绘制底板的轮廓形状，并将其创建成面域，如图 12-44 所示。
3. 拉伸面域，形成底板的实体模型，如图 12-45 所示。

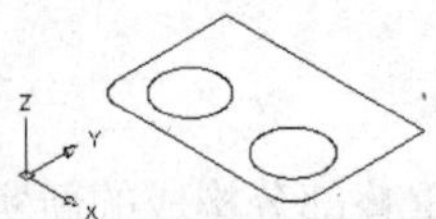

图12-44 绘制底板的轮廓形状并创建面域

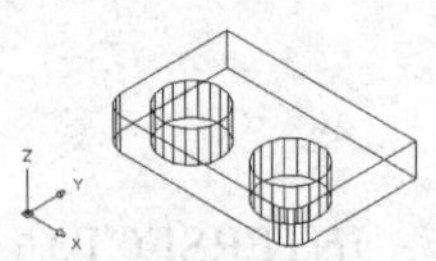

图12-45 形成底板的实体模型

4. 建立新的用户坐标系，在 *xy* 平面内绘制弯板及三角形筋板的二维轮廓，并将其创建成面域，如图 12-46 所示。
5. 拉伸面域 *A*、*B*，形成弯板及筋板的实体模型，如图 12-47 所示。
6. 用 MOVE 命令将弯板及筋板移动到正确的位置，如图 12-48 所示。

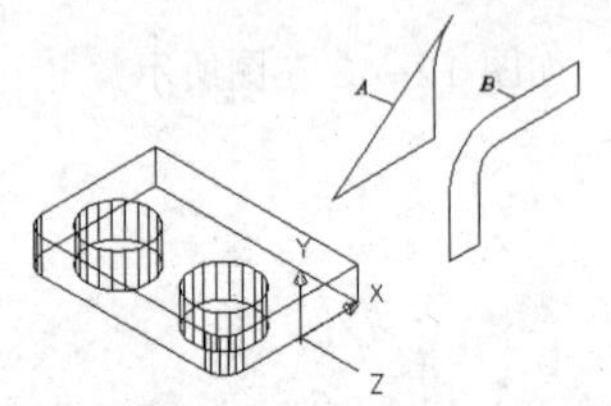

图12-46 绘制弯板及筋板并创建面域

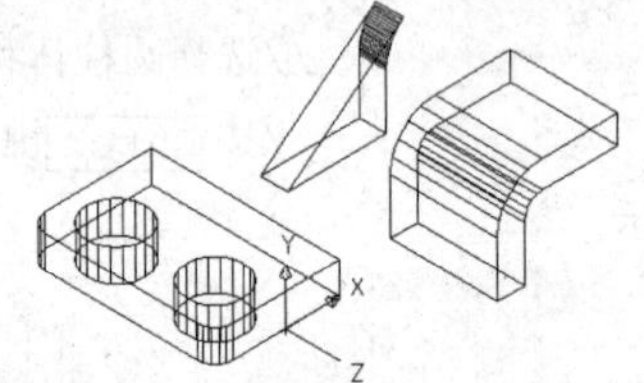

图12-47 形成弯板及筋板的实体模型

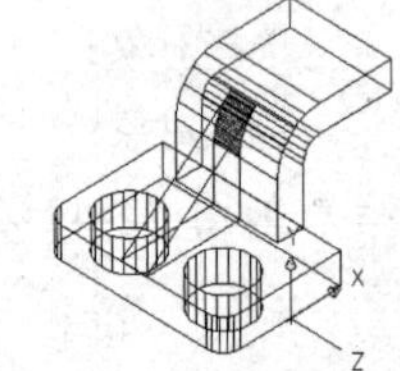

图12-48 移动弯板及筋板

7. 建立新的用户坐标系，如图 12-49 左图所示。再绘制两个圆柱体 *A*、*B*，如图 12-49 右图所示。
8. 合并底板、弯板、筋板及大圆柱体，使其成为单一实体，然后从该实体中去除小圆柱体，结果如图 12-50 所示。

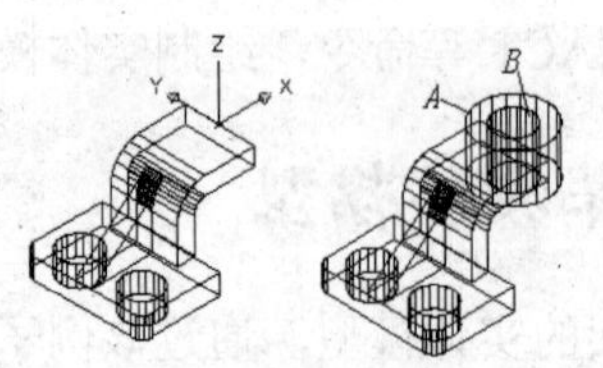

图12-49 创建新用户坐标系并绘制圆柱体

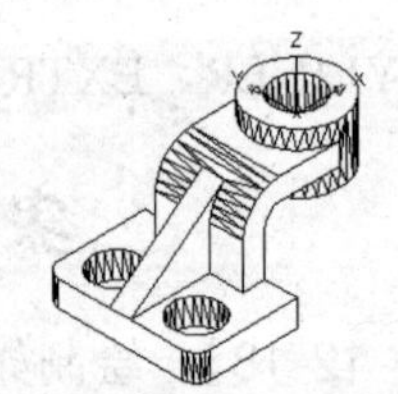

图12-50 执行并运算及差运算

实训 2　创建轴承座实体模型

【案例 12-19】 绘制如图 12-51 所示的轴承座的实体模型。

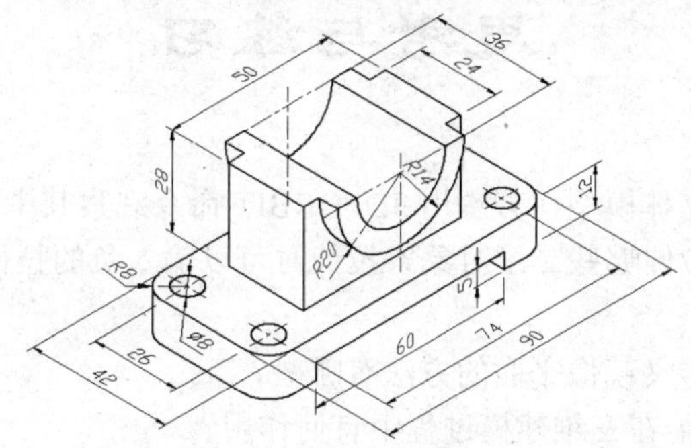

图12-51　轴承座的实体模型

主要作图步骤，如图 12-52 所示。

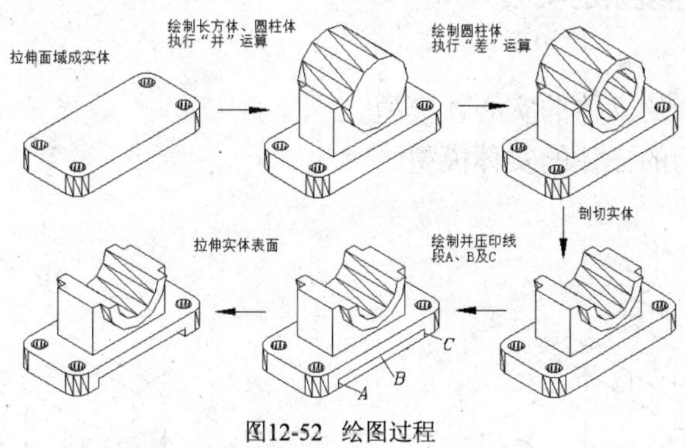

图12-52　绘图过程

项目小结

本项目主要内容总结如下。

(1) 利用标准视点观察模型及用 3DFORBIT 命令动态旋转模型。

(2) 用 BOX 命令创建长方体，用 CYLINDER 命令创建圆柱体。

(3) 用 EXTRUDE 命令将二维对象拉伸成三维实体。

(4) 阵列、旋转、镜像三维模型。

(5) 编辑实心体的面、边和体。

- 编辑面：AutoCAD 提供了拉伸、移动、旋转、锥化等操作。
- 编辑体：把一个几何对象“压印”在三维实体上，对实体进行抽壳操作等。
- 编辑边：复制其棱边或改变某一棱边的颜色。

(6) UCS 命令可以在任意位置、沿任意方向建立用户坐标系。

(7) 控制实体显示的变量：ISOLINES 用于设定实体表面网格线的密度，FACETRES 用于设置实体消隐或渲染后表面网格密度，DISPSILH 用于控制消隐时是否显示出实体表面网格线。

(8) 实体间的布尔运算："并"运算、"差"运算及"交"运算，通过布尔运算构建复杂的三维模型。

思考与练习

一、思考题

1. 三维空间中有两个立体模型，若想用 3DFORBIT 命令观察其中之一，该如何操作？
2. EXTRUDE 命令能拉伸哪些二维对象？拉伸时可以输入负的拉伸高度吗？能指定拉伸锥角吗？
3. 进行三维镜像时，定义镜像平面的方法有哪些？
4. AutoCAD 的压印功能在三维建模过程中有何作用？
5. 如何创建新的用户坐标系？列举 3 种方法。
6. 与实体显示有关的系统变量有哪些？它们的作用是什么？
7. 常用何种方法构建复杂的实心体模型？

二、操作题

1. 绘制图 12-53 所示的立体的实心体模型。
2. 绘制图 12-54 所示的立体的实体模型。

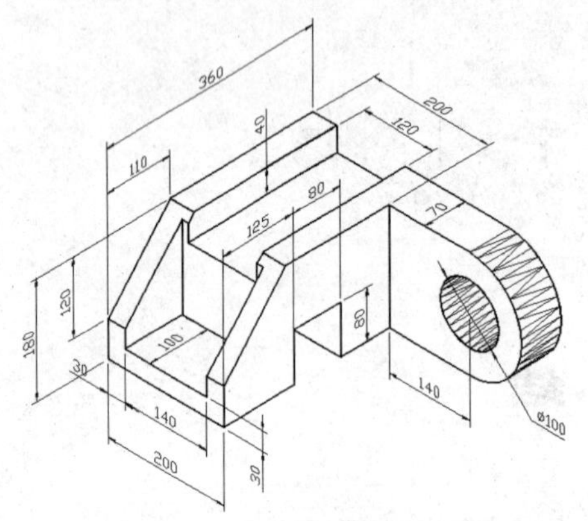

图12-53 创建实体模型练习（1）

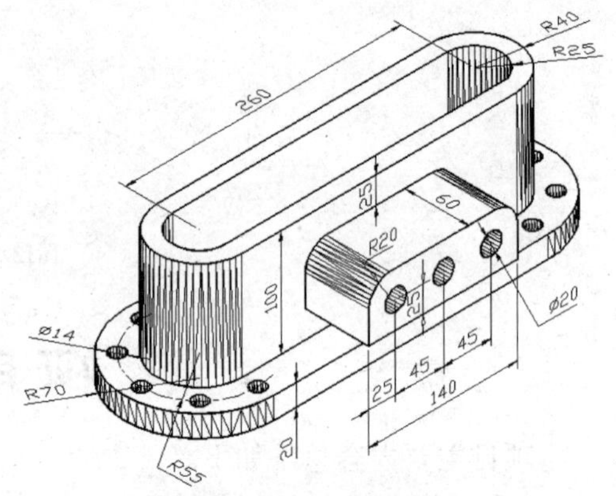

图12-54 创建实体模型练习（2）

3. 绘制图 12-55 所示的立体的实体模型。

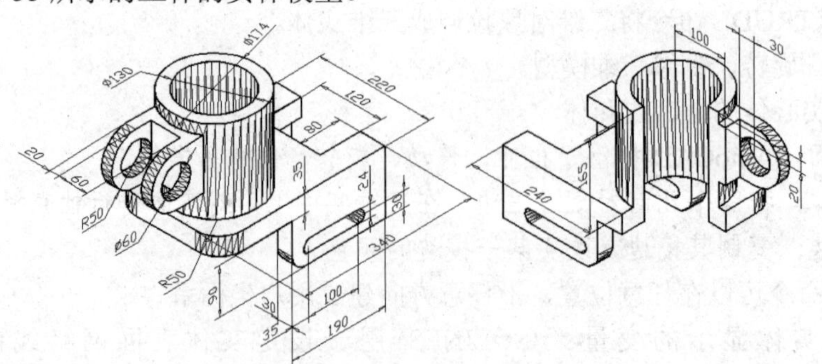

图12-55 创建实体模型练习（3）